本著作获得赣南科技学院学术专著出版基金资助
国家自然科学基金项目“基于深海采矿自由悬停集矿机动力学分析与建模”(项目编号 51864015) 研究成果

水下机器人运动控制策略及实现

刘 辉 唐 军 陈善颖 著

中南大学出版社
www.csupress.com.cn
·长沙·

图书在版编目(CIP)数据

水下机器人运动控制策略及实现 / 刘辉，唐军，陈善颖著. --长沙：中南大学出版社，2024.12.

ISBN 978-7-5487-6085-6

Ⅰ. TP242.2

中国国家版本馆 CIP 数据核字第 2024HD1748 号

水下机器人运动控制策略及实现

SHUIXIA JIQIREN YUNDONG KONGZHI CELÜE JI SHIXIAN

刘 辉　唐 军　陈善颖　著

□出 版 人　林绵优
□责任编辑　陈应征
□责任印制　唐　曦
□出版发行　中南大学出版社
　社址：长沙市麓山南路　邮编：410083
　发行科电话：0731-88876770　传真：0731-88710482
□印　　装　定州启航印刷有限公司

□开　　本　710 mm×1000 mm　1/16　□印张 12.75　□字数 200 千字
□版　　次　2024 年 12 月第 1 版　□印次 2024 年 12 月第 1 次印刷
□书　　号　ISBN 978-7-5487-6085-6
□定　　价　78.00 元

前言 preface

随着海洋科学和海洋工程领域的不断发展，水下机器人在海洋观测、资源勘探以及海底工程中扮演着越来越重要的角色。为了确保水下机器人能够稳定、准确地执行任务，运动控制策略的设计和实现显得尤为关键。本书将着重探讨水下机器人的运动控制策略及其实现技术，主要涉及有缆遥控水下机器人（remotely operated vehicle, ROV）航迹跟踪、ROV 容错控制、推进器和传感器复合故障下的 ROV 姿态容错控制、基于自适应鲁棒算法的无人水下机器人（unmanned underwater vehicles, UUV）容错控制、基于推力分配策略的 UUV 容错控制，以及 ROV 运动控制实验等。对这些关键领域的深入研究有助于提高水下机器人的自主性、灵活性和安全性，为海洋科学和海洋工程领域的发展提供有力支持。

希望本书能够为水下机器人运动控制领域的进一步发展和应用提供有益的参考和启发。

目录 contents

第1章　绪论

1.1　研究背景及意义

海洋覆盖了地球的绝大部分表面，是一个神秘而广阔的世界。海洋涵盖了丰富多样的生物群落和自然资源。海洋对地球生态平衡起着重要作用，海洋不仅能吸收大量的热量和二氧化碳，起到调节气候的作用，还提供了丰富的食物资源，维持着全球生态系统的健康运转。海洋中的浮游生物是全球氧气的主要来源之一，海洋生物链的稳定性直接影响着地球上所有生物的生存和繁衍。此外，海洋还对人类社会有着重要的经济和文化意义。海洋资源丰富，包括渔业资源、矿产资源等，为人类提供了更多的经济机会。海洋是重要的交通通道，连接着世界各国，促进了国际贸易和文化交流。总的来说，海洋不仅是地球生态系统的重要组成部分，还是人类社会发展和文化传承的重要载体，其对人类的影响深远而广泛。

海洋被誉为地球上的蓝色宝库，拥有丰富的资源和广阔的空间，为人类提供了诸多宝贵的物质和能量。然而，海洋环境的复杂多变性也给海洋资源的开发和利用带来了一系列挑战。近年来，随着人类活动的增加和科学技术的发展，水下机器人在海洋资源开发领域得到了广泛应用。水下机器人具有可探测深海、可执行复杂任务、获取数据方便等优势，为海洋资源的科学研究和实际开发提供了强大支持。水下机器人可以代替人类到海洋深处进行勘察和探测工作，帮助科研人员获取海底地形、生物分布等数据，为海洋资源的合理开发提供科学依据。水下机器人还可以执行海底管道维修、水下考古等任务，取代人类进行高风险、高难度的工作。这能有效提高工作效率，降低人员伤亡的风险。因此，水下机器人在海洋资源的开发和利用上有着广阔的应用前景。

水下机器人作为人类了解海洋的工具，是机械和信息科学相结合的产物，可以帮助人类探索海洋的秘密。通常，水下机器人可分为无人水下机器人（unmanned underwater vehicle, UUV）与载人水下机器人（human occupied vehicle，HOV），其中无人水下机器人分为自主水下机器人（autonomous underwater vehicle, AUV）、有缆遥控水下机器人（remotely operated vehicle, ROV）和自主/遥控水下机器人（autonomous/remotely operated vehicle, ARV）。AUV 自带能源，可自主航行，可执行大范围探测任务，但其作业时间、数据实时性、作业能力有限；ROV 依靠脐带电缆提供动力，其水下作业时间长，数据实时性和作业能力较强。UUV 的用途更多，材料成本低，它不需要较大的体积和空间，能代替人类完成一些较为危险的任务，是水下机器人发展的主要方向。目前 UUV 不仅被广泛应用于海洋资源勘探、生物样本采集、水下矿物检测，还承担着水下海洋设备维修、海洋搜救等工作。但海洋环境有着复杂多变的特点，加上 UUV 本身的控制系统是一个时变、强耦合的非线性系统，当受到外界刺激与干扰时，UUV 极为敏感。这会导致 UUV 在工作时偏离目标工作状态，无法正常工作，更严重的会导致机器损坏无法回收，从而造成巨大损失。然而，随着导航定位和各种智能控制手段的发展，UUV 在抗干扰能力上有了显著的提升，但现在水下行业的各方面发展对 UUV 的技术要求包括但不限于抗干扰能力的提升。有效解决工作过程中 UUV 自身的突发问题并提高 UUV 的可靠性受到众多科学家的重视，UUV 对自身故障的实时处理也因此越发重要。UUV 一旦出现故障便立即作出反应，可在稳定工作状态的同时提高其动力定位与轨迹跟踪精度，提升自身可靠性。随着 UUV 工作环境的变化和工作要求的提高，其故障率会大幅提升，容错控制不同于简单的轨迹跟踪，在传感器误差或者动力缺失的情况下会伴随浪涌、系统输出饱和等问题。所以不仅要考虑外界因素，还要考虑传感器和执行器因自身故障而产生的内部干扰。综上所述，若深入发展 UUV 容错控制，需要设计出强鲁棒性与自适应性的控制系统来应对海洋环境与 UUV 自身特性所带来的不利影响，以便实现故障容错控制。容错控制则在系统失效或发生异常情况时，通过相应的控制策略和算法来保证系统正常运行，以帮助系统及时应对故障，减少潜在损失，确保水下机器人在执行任务过程中的安全性，保证 UUV 稳定可靠地完成其在水下的各项任务。因此，UUV 容错控制策略的研究对人类水下事业的发展具有重要意义。

1.2　水下机器人的国内外研究现状

水下机器人是一种能够在水下环境中执行各种任务的机器人。载人水下机器人（HOV），顾名思义就是可以直接载人进入水下环境的机器人。HOV 通过人机结合，有操作灵活、可实时反馈等优势，在海洋科学研究、勘探开发、海洋资源保护等领域有广泛应用，其缺点是成本高昂。HOV 如图 1.1 所示。

（a）“蛟龙”号 HOV

（b）“阿尔文（Alvin）”号 HOV

图 1.1　HOV

详细的水下机器人分类情况如图 1.2 所示。UUV 主要包含自主水下机器人（AUV）、有缆遥控水下机器人（ROV）、自主 / 遥控水下机器人（ARV）三类。AUV 由于携带预设程序，因此能自主航行和执行任务。AUV 主要采用智能或预编程的方式进行控制，常用于海洋地质调查、水下地形测绘等领域。ROV 是通过缆线与地面控制站相连的，地面研究人员通过远程操作控制 ROV 执行各种任务。根据 ROV 的运动方式，ROV 可分为浮游式、拖拽式、爬行式、附着式，常用于海底勘探、海底维修等领域。

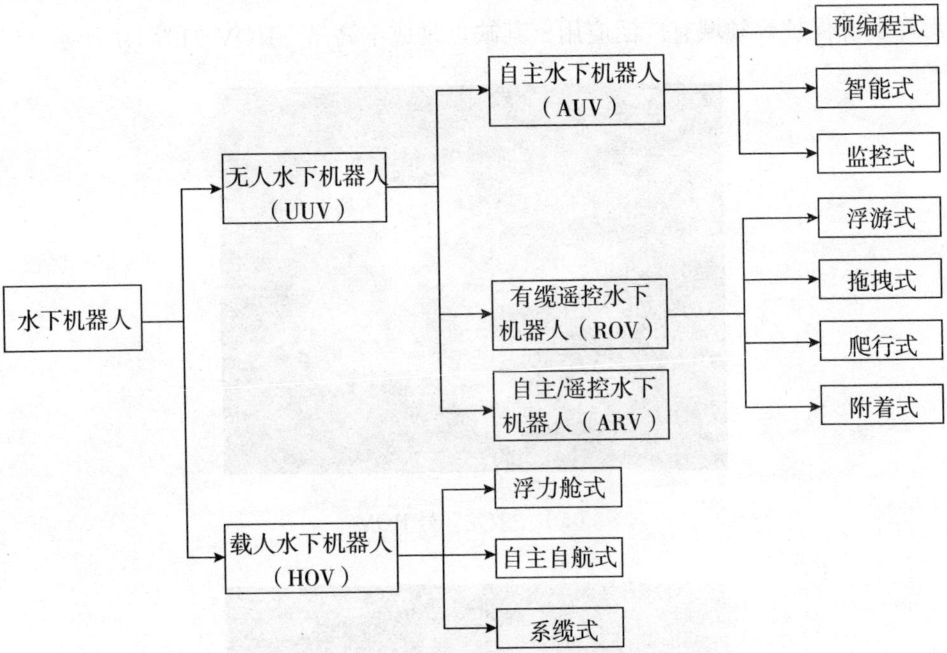

图 1.2　水下机器人分类

1.2.1　水下机器人的国外研究现状

国外水下机器人的发展历程可以追溯到 20 世纪 50 年代初，水下机器人的早期发展主要集中在美国。美国海军研究实验室于 1960 年成功研制出首台 CURV1 型 ROV，如图 1.3 所示。同年，它与深海 HOV“阿尔文”号合作，在海底找到了一枚美国空军遗失的氢弹，这引发了国际社会的广泛关注。在接下来的发展过程中，研究人员陆续开发出 CURV2 和 CURV3 型 ROV，目前最先进的是 CURV21 型 ROV，如图 1.4 所示。20 世纪 70 年代，美国成功研发出第一台商业化ROV——RCV-125，它主要应用于海底石油勘探和开采工作，推动了水下机器人技术的发展和应用，并对后续ROV的研发产生了深远影响。

图1.3 CURV1型ROV

图1.4 CURV21型ROV

美国伍兹霍尔海洋研究所（Woods Hole oceanographic institution, WHOI）研制了Jason Ⅰ型ROV并于1988年投入使用，其主要用于深海科学研究和勘探，它能下潜到6 000 m深处，最大下潜时长超100 h。20世纪90年代，日本海洋科学与技术中心在ROV的研制过程中取得了巨大成就，开发制造了一台下潜深度达到10 000 m级的ROV——“海沟（KAIKO）”号，如图1.5所示，它是当时世界上下潜深度最深的ROV。21世纪初，WHOI研制的Jason系列不断升级，Jason Ⅱ型ROV于2002年推出，如图1.6所示，Jason Ⅱ型ROV在控制系统、传感器技术、作业效率等方面都进行了升级。2009年5月，WHOI取得了突破性进展，成功研制出混合型遥控ROV“海神（Nereus）”号，如图1.7所示，这款ROV成功下潜到地球最深处——马里亚纳海沟，其下潜深度达到11 900 m。这一成就标志着人类科技在深海探索方面迈出了重要的一步，为更深入地探索地球上最神秘的领域提供了强大的技术支持。图 1.8 为英国的萨博海眼（Saab Seaeye）公司研发并生产制造的 Falcon ROV。Falcon ROV 是一款高性能水下机器人，配备了多自由度机械臂、高清摄像头、传感器等设备，能够实时监测水下环境并执行精确操作，其灵活性和高性能使其被广泛应用于海洋工程和科学研究等领域。

图 1.5 “海沟”号 ROV

图 1.6 Jason Ⅱ型 ROV

图 1.7 “海神”号 ROV

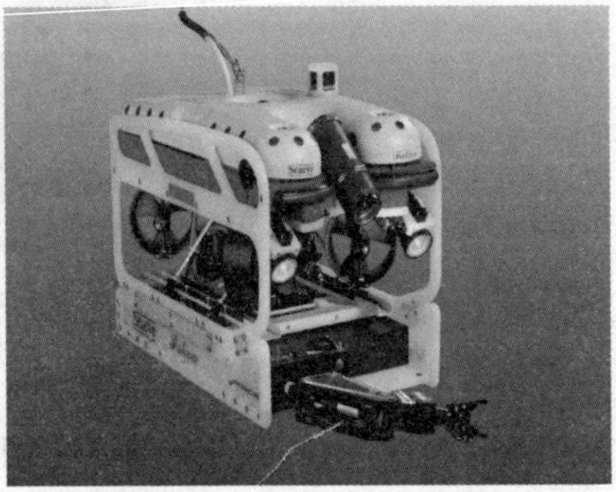

图 1.8 Falcon ROV

在欧洲，还有许多沿海国家积极研制水下机器人，并大力发展海洋事业。法国海军专门用于对失事飞机和船舶进行打捞的指定装备 H2000 ROV 如图 1.9 所示，该 ROV 可以支持各种任务需求，执行多个作业任务，是一款功能强大且多才多艺的水下作业装置，为海军的打捞和调查工作提供了有力支持。荷兰国防装备组织研制了“海黄蜂（Sea Wasp）”ROV，该组织主要进行小型水下机器人的精确控制研究。如图 1.10 所示的“海黄蜂”ROV，采用模块化设计，易于从船上、岸上部署，具有六自由度的高机动性，可在多种场景下进行水下作业。

图 1.9　H2000 ROV

图 1.10　“海黄蜂”ROV

20 世纪中期，美国、挪威等一些发达国家便开始研究 UUV，以弥补海域探测能力的不足。最开始的 UUV 大多集中在海洋科学研究上，并不普及，而且大部分产品有抗干扰性不足、密封性差、故障率高等缺点，在功能上也有较大局限性，如美国的第一台 UUV（SPURV UUV）于 20 世纪 50 年代末诞生，当时采用的是银锌电池，续航能力差，基本上没有自主控制能力，水声通信速率也仅仅达到字节级，如图 1.11 所示。到了 20 世纪 70 年代，UUV 在各行业开始发展，它主要用于海底设备维修、海洋搜救、资源探测等方面。由于当时的国际环境，UUV 也被广泛应用于军事领域，其中大多是搜救失事潜艇、维修军舰、水下扫雷与排雷。

图 1.11　SPURV UUV

20 世纪 80 年代以后，计算机技术的飞速发展，集成电路与通信技术的成熟，使得 UUV 的处理器运算能力和速度大幅度提升，让 UUV 摆脱了大量的冗余装备，腾出了可操作空间，降低了能耗与成本。其中，传感器技术与综合导航能力提高了工作效率，电池的多样性发展增强了续航能力。随着各项技术的突破，为寻求更好的发展，不少公司和大学相继成立了研究所与实验室，例如美国伍德霍伊公司、蓝鳍金枪鱼机器人公司、加利福尼亚大学、法国造舰局（DCNS）、挪威的康斯伯格海事（Kongsberg Maritime）公司等，其中代表性的水下机器人有美国1991年研发制造的全智能导航仪，其通体为球形，能够进行六自由度移动，如图1.12所示。同时期英国生产出Hyball型UUV，如图1.13所示，它拥有操作简单、高性能等优点，其最大特点是完全由计算机控制，能够在水面操控机器人的自由度转向。

图1.12　全智能导航仪

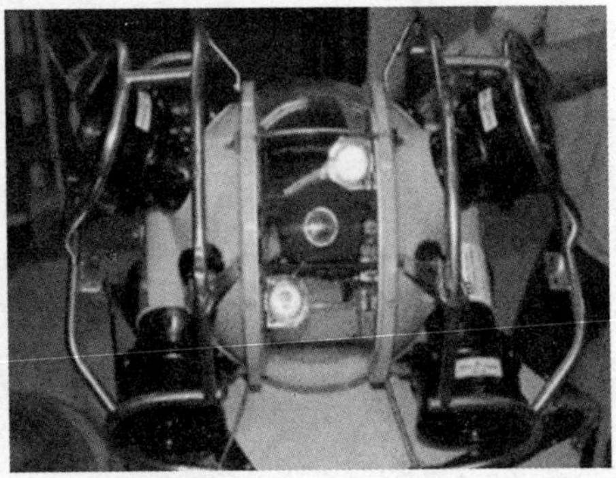

图1.13　Hyball型UUV

21世纪以来，软件技术、通信技术等的进一步革新，控制水平与动力系统性能的提升，推动了UUV的全面发展，各种自适应控制和优化算法的提出与运用使得水下机器人的控制精度得到大幅度提升，其体型设计也更符合流体力学。这不仅降低了成本，还提高了工作效率。由俄罗斯研发的“波塞冬Ⅱ”号UUV如图1.14所示，其质量仅为3.4 kg，不仅配备了温度传感器、影像传感器、照明系统、数字采样与成像系统，其中温度的感知误差小于0.5 ℃，还配备了9 000 mA的锂离子电池，保证了长时间续航。另外，挪威的自主海洋操作与控制中心在2015年设计出Blueye Pioneer UUV，如图1.15所示，这款机器人不仅带有有线遥控与地面Wi-Fi装置，还配备了高清图像采集器。Blueye Pioneer UUV采用全系列的内部陀螺仪与加速度计进行定位，因此非常适合在恶劣条件下工作，它曾经在水下铺设了一条高速公路。各国不仅在微小型UUV上倾注精力，美国、日本等发达国家为加大对深海的探索力度，还加紧研发大型深海UUV，如2009年美国WHOI开发的“海神”号ROV和日本海洋科学与技术中心研发的“海沟”号 ROV。目前国际上 UUV 技术已十分先进，UUV 型号有几百种，其运营方式与产业化逐渐成熟。

图 1.14　“波塞冬Ⅱ”号 UUV

图 1.15　Blueye Pioneer UUV

1.2.2　水下机器人的国内研究现状

国内水下机器人的研究可追溯到 20 世纪 70 年代末，其发展主要经历了自主探索、共谋发展、自主研发三个阶段。1979 年 8 月，中国工程院院士蒋新松率领其研究团队，首次提出了水下机器人的研究计划。1985 年，中国科学院研究团队研制的我国第一台 ROV——HR-01 完成了首次航行，如图 1.16 所示。这标志着我国对 ROV 的研究进入了全新的阶段。1986 年，中国科学院沈阳自动化研究所与美国佩瑞公司开展技术合作，并于 1990 年研制出 RECON-Ⅳ -300-SIA ROV，如图 1.17 所示。这使得我国水下机器人产品首次具备参与国际招标竞争的资格。

图 1.16　HR-01 ROV

图 1.17　RECON-Ⅳ-300-SIA ROV

21 世纪，我国 ROV 发展进入自主研发阶段。由上海交通大学水下工程研究所自主研制的取样型 ROV“海龙”号如图 1.18 所示，其于 2009 年在我国第 21 航次大洋科考任务中创造了 3 200 m 的下潜纪录。这标志着我国科学技术创新实现了新的突破。2014 年，我国又自主研发了“海马”号 ROV，如图 1.19 所示。“海马”号 ROV 能够在海底部署观测网扩展缆，与其他船只共同完成海洋仪器设备的部署工作，提供水下液压和电气设备支持等功能。2018 年，“海星 6000”ROV 由中国科学院沈阳自动化研究所领导研制，其下潜深度达到 6 000 m，它创造了我国 ROV 最大深潜纪录，填补了我国深海 ROV 6 000 m 级深度科考的空白。

图 1.18　“海龙”号 ROV

图 1.19　“海马”号 ROV

近些年，国内的一些中小型机器人企业也开始对 ROV 展开研究。例如深圳鳍源科技有限公司研发出消费级 FIFISH ROV，如图 1.20 所示，其最高航速可达 2 m/s，最大下潜深度约为 100 m，它搭载有 180° 4K 高清影像摄像头，可实时采集水下图像信息。深圳潜行创新科技有限公司研制的 Chasing M2 ROV，配备了 8 台推进器，可 360° 全方位移动，并且支持机械臂、外置 LED 灯和激光卡尺等多种挂载，可用于水下应急救援、船体码头检查、渔业养殖检查、水利水电检查、科考探索、海上风电设施检查等领域，如图 1.21 所示。

图 1.20　FIFISH ROV

图 1.21　Chasing M2 ROV

在 UUV 的研究上，国内相较于国外起步晚，由于技术与经济的落后，直到 20 世纪 70 年代才进入初始阶段。经过约 50 年的探索，我国在 UUV 的发展上取得了较大突破，经历了从学习、借鉴到自主创新的巨大转变。国产 UUV 在动力、导航、控制等核心技术方面实现了新的跨越，广泛应用于民用与军事领域。

中国科学院沈阳自动化研究所在我国 UUV 的研究上处于领先地位，此外上海交通大学、上海海事大学、哈尔滨工程大学等高校也着力于 UUV 的技术研究。1996 年，中国科学院沈阳自动化研究所成功研制了 CR-01 UUV，如图 1.22 所示，其最大下潜深度达 6 000 m，同年，它在太平洋海域完成了科考测试。这标志着我国深海 UUV 的发展步入成熟。2000 年，CR-02 UUV 顺利投入使用，它拥有更好的机动性，并具有针对洋底微地形的探测能力、跟踪能力和爬坡能力，如图 1.23 所示。

图 1.22　CR-01 UUV

图 1.23　CR-02 UUV

步入 21 世纪，随着我国经济实力的提高，UUV 的发展开始与国际接轨，经过了 20 多年的发展，我国逐渐赶上了发达国家的步伐，跻身世界一流水平。2008 年，中国科学院沈阳自动化研究所研制了“北极”号 UUV，如图 1.24 所示，它多次参与北极的科考任务，完成了对北极地区海冰分布与成分的调查，拍摄了大量海底视频，为北极研究提供了可靠数据。2013 年，上海海事大学完成了“海事一号”UUV 的研发，如图 1.25 所示。“海事一号”UUV 拥有体积小、质量轻、灵活度高的特点，可用于海洋搜救与浅海打捞，是一款具有良好的经济效益的民用 UUV。在深海 UUV 方面，我国也取得了不错的成就。2016 年，由中国科学院沈阳自动化研究所研制的“海斗”号 UUV 第一次完成了综合性万米深渊科考，带回了重要数据，最大下潜深度达到 10 767 m，如图 1.26 所示。此后，它多次执行下潜任务，是我国首台下潜超过万米的水下机器人，并成功完成了对马里亚纳海沟的探索。2020 年，中国科学院沈阳自动化研究所在“海斗”号 UUV 的基础上，联合国内多家研究机构共同研发出“海斗一号”UUV，如图 1.27 所示，其配备有声学通信与探测装置、高清图像采集装置、多自由度机械臂，在性能上包揽了多领域榜首，创下了世界纪录，同时提高了我国的深海探测能力。

图 1.24 “北极”号 UUV

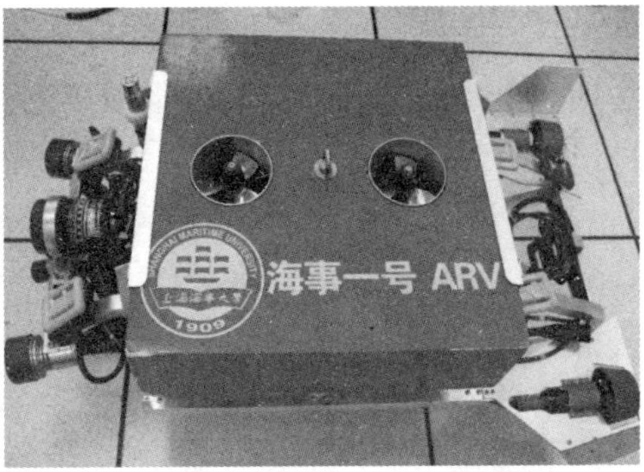

图 1.25 “海事一号”UUV

图 1.26 “海斗”号 UUV

图 1.27 “海斗一号”UUV

在民用方面，各种小型、紧凑型UUV层出不穷，主要运用于浅海探测，江河、湖泊的水下观测，发展十分迅速。现国内民用水下机器人公司数量达到了两位数，产品更是多样化。例如，澎湃海洋探索技术有限公司研发的小型民用 PX-210 UUV，如图 1.28 所示，其采用成熟的电控架构设计，具备精确的导航控制、强大的集群协同作业和实时的在线目标识别处理等能力，采用桨机一体化设计的高效率推进系统，最高航速可达 15 n mile/h；可选配单双横 / 垂推进器，实现垂直潜浮、动力定位等功能，进一步提高机动性；具备强大的在线数据分析与处理能力、定位与地图构建能力，以及数据驱动能力。深圳潜行创新科技有限公司生产了一款八推进器全矢量布局全姿态的 Chasing M2 UUV，如图 1.29 所示。Chasing M2 UUV 是一款为专业用户和行业应用设计的专业观察级水下机器人，其主机质量小于 5 kg，采用全新铝合金紧凑型设计，内置 99 W·h 可更换锂电池，可带上飞机，便于快速开展作业。Chasing M2 UUV 具备航行能力，其最大下潜深度为 100 m，可实现 360° 全方位移动。Chasing M2 UUV

的最大航速为 3 n mile/h，内置 GPS，支持一键自动返航，搭配的专业级遥控手柄和电动绕线器具有自动收线、防炸线、电量显示、电池保护等功能；在影像能力方面，它内置 4K 分辨率 1200 万像素电子防抖相机，搭配 4000 流明 LED 灯。同时，Chasing M2 UUV 支持直播和社交媒体分享，可以边录像边拍照、延时摄影、快速编辑，支持 HDMI（high definition multimedia interface）高清输出等。

图 1.28　PX-210 UUV

图 1.29　Chasing M2 UUV

总而言之，我国的 UUV 技术和总体研发水平已处于国际前列，但由于在一些关键部件和材料方面仍存在较大差距，所以在控制精度、核心技术方面，我国与国际顶尖水平的国家还存在一定的差距，在民用与军事上的覆盖程度上较落后。目前水下机器人的自主控制、导航定位、情景感知与其他类型机器人相比相对较弱，为响应海洋资源开发与海上军事应用的需求，需要进行更多的水下机器人的研究，以提高国际竞争力。

1.3　水下机器人运动控制方法的研究现状

1.3.1　航迹跟踪控制方法研究现状

良好的航迹跟踪控制能力对于完成水下精准的目标定位、路径规划和避障任务至关重要。航迹跟踪控制的目标是使 ROV 能够按照预先规划的航迹或路径运动，并确保其能够准确跟踪所设定的航迹。良好的航迹跟踪控制能力可以确保系统按照预定航迹稳定运行，有效应对各种复杂环境和任务需求，确保任务的准确性和可靠性。随着 ROV 技术的不断发展，智能混合控制策略在国内外的航迹跟踪控制研究中变得越来越重要。Hosseini 等提出了一种用于估计测量误差的线性卡尔曼滤波器，用于校正定位系统的位姿和速度输出，其结合高阶滑模控制器使用，使得 ROV 在存在外部干扰、测量误差以及执行器动态和非线性的情况下实现了精确的轨迹跟踪控制。Wang 等针对由外界未知干扰和建模误差导致的水下机器人难以实现精确运动控制的问题，设计了一种结合非线性模型预测控制和自适应积分滑模控制的新型双闭环控制器，提高了控制系统的鲁棒性，有效地避免了执行器的饱和现象。Ma 等通过应用收缩理论设计控制律来解决水下机器人的水平轨迹跟踪问题，通过引入坐标变换来解决欠驱动问题，通过设计扰动观测器来估计系统总扰动，基于奇异摄动理论和收缩理论设计了饱和控制器，以保证控制系统以相对较高的精度跟踪期望轨迹。Li 等针对水下机器人不可避免地受到未知外部干扰和输入饱和的影响，通过应用一种干扰观测器实现了预定时间的干扰抑制，借助所应用的干扰观测器对观测误差进行了限定，同时构造了具有时变增益的辅助动态系统来处理输入饱和现象。这使得控制系统的跟踪性能得到了明显提升。Sedghi 等基于反步法，设计了新的有限时间控制输入，利用人工神经网络和有限时间自适应律来逼近水下机器人的非线性动力学、随机扰动和外部扰动的上界，采用基于补偿器的有限时间指令滤波方法，克服了反步控制策略的复杂性问题。Londhe 等提出了一种自适应模糊滑模控制方案来实现跟踪控制，利用李雅普诺夫函数推导了模糊控制规则，有效削弱了抖振，采用自适应控制律来自适应模糊逻辑控制器的模糊参数，以提高整个系统的稳定性。Bao 等提出了一种利用自适应粒子群优化算法优化的模型预测控制方法，利用非奇异终端滑模控制构造了内外双闭环控制系统，成功解决了 AUV 在执行器动态条件下实现精确运动跟踪控制的难题，并通过设计的一种基于自适应径向基函数（radial basis function, RBF）神经网络的补偿器，对模型误差和外部海况扰动进行补偿，以提高系统的控制精度。

孙旭瑶通过设计自适应超扭矩终端滑模控制方法，有效减少了滑模控制中的抖振问题；为了有效地降低模型不确定性对水下机器人轨迹跟踪控制器设计的影响，将系统不确定性和外部干扰进行了集中处理，通过设计高阶滑模观测器对水下机器人的速度进行了估计，提高了系统的鲁棒性和适应性，使得轨迹跟踪控制器设计更加可靠和有效。夏伦峰通过构建基于 RBF 神经网络的遥控水下机器人自适应控制系统，采用 RBF 神经网络来逼近和补偿水下机器人的动力学模型，以减小模型误差对系统的影响；同时，在控制器设计中引入鲁棒项来补偿RBF 神经网络的估计误差，并且结合滑模控制保证控制系统稳定有界。饶志荣等将自适应终端滑模控制与非线性干扰观测器有效结合，很好地解决了水下机器人在建模误差和外界扰动下难以精确进行深度控制的问题，利用干扰观测器估计出外部干扰，采用反步法设计了一种自适应终端滑模控制器，并通过李雅普诺夫稳定性理论证明了闭环控制系统的稳定性。他们所设计的控制器可以有效实现深度控制、减少抖振，并具备较强的鲁棒性。王震将滑模控制技术与非线性反馈控制技术相结合，设计了航迹跟踪运动控制器；为了提高运动控制精度，对外部复合干扰进行了有效抑制，并通过采用双曲正切函数减少了抖振，使运动控制器具有超调小和鲁棒性好的特点。

国内外研究显示，滑模控制因其响应快速、强鲁棒性和实现简单等特点，可与其他控制算法相结合，在水下机器人航迹跟踪控制系统中表现出良好的应用前景。

1.3.2 容错控制研究现状

1. 故障分类

故障是指系统在工作过程中出现了参数或者状态的改变，使其偏离预期的结果从而超出能够继续工作的范畴。UUV 工作环境的不同，使其可能面临不同的水下状况，例如水流速度、水质、水下生物等都可能对UUV 造成不利影响。在系统上，UUV 自身作为一个复杂的非线性系统，容易受到外界干扰。在结构上，UUV 包含大量的精密零部件，因而在工作中会有诸多故障隐患，这些故障大致可以分为传感器故障、执行器故障、元器件故障，其具体分类如图 1.30 所示。其中，以传感器故障与执行器故障居多。传感器故障又可分为图像采集系统失效、温度采集系统失效等，一旦传感器出现故障，UUV 将无法实时定位和采集周围环境信息，以致其无法完成指定任务。同样，若执行器出现故障，则可能使 UUV 丧失部分甚至全部动力，轻则影响其正常工作，重则无法回收，造成巨大损失。

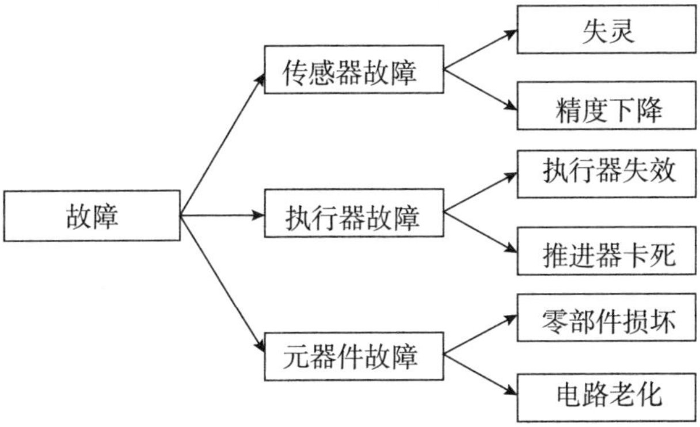

图 1.30 UUV 常见故障分类

2. 容错控制分类

容错控制是指在出现故障时，系统能够自动对自身故障进行诊断，并根据诊断结果采取相应的措施，使得系统能够继续按照规定工作或者能够保证系统在可接受范围内工作，但这可能会牺牲一部分性能。在分类上，容错控制可以依据 UUV 是否有冗余装置分为硬件容错与解析容错，其中硬件容错是在 UUV 结构上安装多个冗余装置，当其中一个装置出现故障时，可切换到另一个装置继续工作，但硬件容错会大大增加 UUV 自身的质量和体积，提高成本，且其响应速度较慢，因此，这种方法渐渐被研究者淘汰。相反，由于各种鲁棒算法与优化算法的发展，加上研究者对非线性系统研究的进一步完善，UUV 作为一个非线性系统，在解析容错方面更加灵活多变，这是 UUV 容错控制研究的主流方向。解析容错又可分为主动容错与被动容错，详细分类如图 1.31 所示。

主动容错即主动获取相关的故障信息和系统的状态，在故障发生后，对系统控制结构作出调整或改变其控制参数使系统重新达到稳定状态。一般来说，除了极少数特殊情况，主动容错需要故障诊断部分提供故障先验知识，而故障诊断主要涉及解析模型、信号处理、先验知识三种方法。由于故障诊断方法已经趋于完善，主动容错被分为多个部分，即控制率重构设计、控制率重新调度等，其中包含基于自适应重构方法、基于多模型方法、基于故障调节方法、基于智能控制方法。

不同于主动容错，被动容错不需要改变控制器与系统结构，且具有对故障信息不敏感的特性，因而不需要故障诊断系统提供的故障信息。被动容错控制系统能够直接根据已有的故障经验进行系统容错，不依赖故障诊断装置。当系统出现故障时，被动容错控制器能够根据经验预判系统可能发生的故障，将系统受到的不同故障或者干扰综合为一个统一的故障项进行容错控制。被动容错可以分为可靠镇定控制、联立镇定控制、完整性控制、可靠控制等，其控制器设计是从鲁棒控制思想出发进行的。

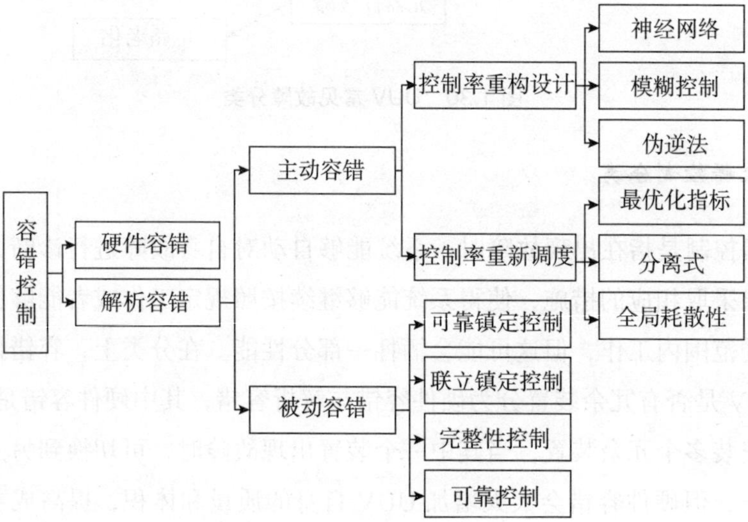

图 1.31　容错控制分类

3. 水下机器人容错控制的国外研究现状

国外对于容错控制的研究可追溯到 20 世纪 60 年代，随着计算机技术的发展，各种设备仪器都向着体积更小、控制精度更高的方向迭代。人们对于各种控制系统的可靠性要求越来越高，因此容错控制领域作为可靠性研究方向得到越来越多研究人员的重视。早期的控制系统主要针对线性系统，其结构较为简单，因此早期的容错控制多为硬件容错。随着人们对飞机、船舶、电机等复杂的非线性多耦合系统的稳定性要求越来越高，加上控制领域理论的完善，基于控制算法的解析容错技术开始飞速发展。到目前为止，比例－积分－微分（proportional-integral-derivative, PID）控制、滑模变结构控制、神经网络算法、观测器法、自适应算法等仍然是非线性控制系统主流的容错控制算法。

水下机器人是典型的非线性系统，国际上关于其容错控制方面的研究成果丰硕。Kadiyam 等针对安装推进器的水下机器人的执行器故障，提出了消除柱法和加权伪逆法，成功地实现了无穷大轨迹上的单个执行器故障修复。此外，他们还通过视距方法将水下机器人视为驱动不足来适应两个推进器的故障，最后通过仿真模拟来说明所讨论方法的有效性。Filaretov 等提出了一种为水下机械手执行容错控制的方法，它主要针对由未知外部扭矩对输出轴的作用导致的故障和由执行器位置传感器错误引起的故障；通过故障隔离和故障估计，生成了额外的控制信号，确保了水下设备的容错控制；通过数学建模验证了所讨论系统的效率。Dos Santos 等提出了一种基于虚拟推进器的自主水下航行容错控制方法，它主要针对不同作用平面的水平推进器发生的部分故障或完全故障。Remmas 等针对四柔性鳍的仿生水下机器人提出了一种消除柱法，该方法通过对六自由度进行解耦，重新配置力分配矩阵，最后通过实验评估了所讨论方法在 PID 控制和滑模控制下对椭球形轨迹进行跟踪的能力。Capocci 等提出了一种新型 ROV 推进器容错控制系统，其由无模型推进器故障检测和隔离子系统、故障调节子系统组成，用来实时检测推进器的内部和外部故障状态。其将子系统提供的信息与预定义的、用户可配置的操作相结合，可以适应部分或全部故障，并执行适当的控制重新分配。Ismail 等提出了一种基于推力分配的容错分解和跟踪目标的区域控制方案；对给定冗余推进器系统，通过所提出的冗余分辨率和区域控制方案确定推进器故障的数量，并提供参考推力，以将水下机器人保持在所需区域内，且采用李雅普诺夫稳定性理论证明了方法的稳定性；最后通过仿真结果证明了推力优化的有效性。Choi 等针对多推进器故障 AUV，通过一系列的仿真实验，验证了 AUV 在 3D 空间中跟踪规划的路径需要改变运动方向及运动方式；此外，当主动水平推进器的数量小于所需的自由度时，由于非完整约束，连续状态反馈控制并不存在。Hosseinnajad 等针对具有推进器饱和度和速率限制的 ROV，提出了一种基于屏障李雅普诺夫函数的新型容错控制系统，该系统结合固定时间故障观测器与反步控制消除了传统基于屏障李雅普诺夫函数的算法对推进器速率限制的敏感性，提高了初始瞬态期间的性能，并更快地响应了故障信息。Hosseinnajad 等在执行器饱和与速率限制的情况下对 AUV 进行了有限时间的稳定调节和故障调节，提出了一种新的调谐算法，该算法消除了传统有限时间控制器在存在推进器约束的情况下对初始误差的敏感性。此外，他们还设计了一种新型的定时故障和状态观测器，通过将定时状态观测器与故障估计单元相结合，实现了输出反馈控制和容错控制。Mazare 提出了一种自适应非奇异滑模方法，该方法不需要事先知道复合故障的界限，且能够在固定时间内快速即时响应。为解决执行器饱和问题，他还设计了一个输入饱和补偿器并将其整合到控制框架中，利用李雅普诺夫稳定性理论证明了系统的稳定性，最后通过仿真模拟验证了方法的有效性。

4. 水下机器人容错控制的国内研究现状

国内对容错控制的研究起步较晚，但在近 20 多年里，随着大批研究人员的重视，国内在水下机器人容错控制研究上也取得了不少成果。Guo 等针对恶劣海况下由深水打捞设备系统故障导致的控制失效问题，提出了一种基于比例对数投影分析的事件触发容错控制方法，建立了更通用的推进器故障模型，采用比例对数投影分析方法设计控制器，通过解析算法替代原始输入，在线隔离和学习故障因素。颜明重等针对 UUV 常见的传感器故障，提出了一种基于有限脉冲响应滤波器模型的故障诊断方法，该方法能够在线对故障进行监测并结合 BP（back propagation）神经网络模型的容错控制策略，实现水下机器人首向角的估计和传感器信号的在线重构。孙啸天等针对 AUV 推进器在复杂的工作环境下容易出现故障的问题，提出了一种基于推力分配的 AUV 推进器容错控制方法，在设计反步滑模控制器的同时，根据不同故障类型和故障程度重构推力并将其分配到各推进器，实现了对故障推进器损失的效率补偿，仿真结果验证了该方法的有效性。闵博旭等针对水下滑翔机在做俯仰姿态运动时出现的执行器故障问题，提出了一种结合反步滑模与径向基函数神经网络的基于事件触发的自适应容错控制方法，该方法在解决俯仰状态时执行器故障与模型不确定性问题的同时降低了能耗。他们采用李雅普诺夫稳定性理论证明了闭环系统的稳定性，最后通过仿真实验结果表明了所提出方法的有效性。经慧祥等为应对 AUV 在作业中由环境、挂载件与自身多力耦合引发的故障问题，提出了一种基于扩张观测器的滑模自抗扰容错控制方法，该方法解耦了自身复杂系统，增强了系统的抗干扰能力。最后，他们采用李雅普诺夫稳定性理论证明了系统的稳定性。仿真结果表明，相比传统的滑模控制和自抗扰控制方法，该方法具有更好的鲁棒性。张瀚文等为提高 AUV 的可靠性和解决作业中的执行器故障问题，提出了一种基于自适应反步滑模的容错控制方法，并结合故障信息，采用伪逆法对推进器进行了推力重分配，增强了其对故障的调节能力，最后通过仿真证明了该方法在推进器故障情况下的有效性。程相勤等为了提高 AUV 导航的安全性和可靠性，设计了一种结合状态反馈增益变化的 H_∞ 鲁棒容错控制器，将 AUV 运动控制问题转化为数学问题，并采用线性矩阵不等式求解分析。仿真结果证明了该方法具有较强的鲁棒性。尹庆华等为了保证欠驱动 AUV 在外界干扰与执行器故障共同影响下，仍然能保持正常的工作状态，设计了一种基于干扰观测器的反步容错控制策略，并利用李雅普诺夫稳定性理论证明了闭环系统的稳定性，最后通过仿真验证了该容错控制器具有良好的抗干扰能力和鲁棒性。王观道等针对 UUV 动力定位过程中出现的执行器故障问题，提出了一种基于非线性观测器的自适应推力分配策略，设计了滑模控制器，并采用非线性观测器对外界干扰进行了估计；在得到控制律后构建二次规划问题，修正了推力分配矩阵，实现了对 UUV 自适应推力的分配。仿真结果显示了所提出的自适应推力分配策略及控制算法的优越性。Yuan 等针对超驱动 AUV 轨迹跟踪过程中的执行器故障问题，提出了一种基于滑模观测器的容错控制策略。另外，他们还提出了一种高效的非线性饱和约束顺序二次规划算法，用于解决控制分配问题。仿真结果证明了所提方法的有效性。Liu 等为补偿因执行器故障所带来的损失，提出了一种基于主动补偿的容错控制算法，将执行器故障的不可预测部分作为主动输入来补偿损失，并将相应的最优输入作为渐进逼近的根；同时提出了一种基于单点割线的容错控制算法，建立了基于选择性抛物线正割的故障补偿机制。仿真实验验证了所提方法的有效性。Xu 等针对 AUV 的轨迹跟踪控制过程中的执行器故障问题，提出了一种基于复合迭代学习观测器的主动非奇异积分终端滑模容错控制策略。与现有的基于自适应非奇异积分终端滑模的容错控制相比，这种容错控制具有更快的收敛速度和更精确的控制精度。同时他们采用 RBF 神经网络对 AUV 的非线性动力学进行了估计，并将神经网络的逼近误差、推力器故障和外部扰动视为全局扰动，以完成对推进器故障的重构，通过李雅普诺夫稳定性理论证明了所提方法的稳定性。仿真实验验证了所提方法的优越性和实用性。Wang 等针对 AUV 推进器故障问题，在减小传统滑模控制器的基础上，提出了一种基于滑模控制与推力分配相结合的容错控制方法，引入了一个推力器加权矩阵，其值随推力器故障的大小而变化，然后利用该控制器对故障推力器的推力不足进行了补偿，最后采用仿真与水池实验验证了所提方法的有效性。

国内外研究表明，各种鲁棒算法与推力分配方法在水下机器人容错控制研究中占有重要地位，其中滑模变结构算法是一种在非线性系统中有着极强鲁棒性的控制算法，其设计简单、排异性小，能够提高系统的暂态性能，然而其特有的切换增益容易使滑模产生抖振，不利于系统良好稳态性能的保持。神经网络拥有万能逼近性能，可应对故障与不确定性干扰，但非线性系统的多耦合性又给其带来了困难。在推力分配方面，伪逆法不但设计简单、参数少，而且抗干扰能力强，但无法克服输出饱和问题；序列二次规划算法拥有较为优秀的局部寻优能力，但难以找到全局最优解；相反，粒子群算法有全局寻优能力，但局部搜索能力较差。随着水下机器人工作环境的变化，依靠上述单一的控制算法已经无法满足水下机器人工作时的精度要求。为更好应对各种突发状况，研究人员需深入分析所应用控制算法的优点与不足，制订相关混合算法的容错控制策略，以更好地将其应用于水下机器人的实际工作中。

第 2 章　ROV 运动模型及故障模型的建立

2.1　引言

建立准确的 ROV 运动模型是确保 ROV 控制性能良好的关键，对于深入研究 ROV 的运动特性和设计高效控制系统具有重要意义。在 ROV 进行水下实际作业过程中，ROV 系统模型参数的不确定性，以及复杂的外界环境影响，都会导致建立的 ROV 系统模型变得复杂，而过于复杂的模型会提高控制系统的设计难度，过于简单的模型会使得控制精度不够。因此，本章将对 ROV 动力学模型进行合理的简化及对推进器故障进行模型化分析，建立相对精确的数学模型，以便后续控制器的设计。本章为后续 ROV 运动控制系统的设计奠定了理论基础，具有非常重要的意义。

2.2　ROV 系统

本书用于控制算法研究的观测型 ROV 为 Chasing M2 ROV，该 ROV 主体结构如图 2.1 所示。其主体采用开架式框架，观测系统由可调节 LED 照明灯和高清运动摄像机组成，动力系统由 8 台电机驱动的三叶螺旋桨推进器组成，电子控制舱体内存储着深度传感器、驱动电池、运动控制装置等各类电子设备，并且控制舱体上有许多外设接口，这些接口可供传感器、通信设备和其他附属设备连接使用。ROV 本体通过脐带电缆接收水面主控计算机发出的控制指令，完成水下运动控制、状态监测及水下视频采集、显示等作业任务。

图 2.1　Chasing M2 ROV 主体结构

Chasing M2 ROV 的主要相关参数如表 2.1 所示。

表 2.1　Chasing M2 ROV 的主要相关参数

参数	数值	单位
尺寸	380 × 267 × 165	mm × mm × mm
质量	4.5	kg
最大深度	100	m
转动惯量	[0.12，0.25，0.2]	$kg \cdot m^2$
最大航速	1.5	m/s
工作温度	−10 ～ 45	℃

水面控制系统主要由监控系统和操控系统组成，主要用于控制 ROV 本体的运动状态，并通过监控系统实时显示 ROV 在水下所采集的视频图像信息、ROV 本体的位姿和速度信息等，以便合理给出下一步操纵信号，完成 ROV 水下作业要求。操控系统主要用于完成监控信息的显示和对 ROV 硬件的操作控制。

水下控制系统用于实现通过脐带电缆通道传送而来的水面执行层发出的控制信号指令，其中微控制器是水下控制系统的核心，主要包括惯性测量单元（inertial measurement unit, IMU）模块（集成了三轴陀螺仪、加速度计、罗盘）、深度计模块、温度计模块、视频信号采集模块、通信模块等。水下控制系统通过脐带电缆高效稳定地将水下各类传感器采集的信息和检测到的环境状况信息上传至水面控制系统，同时接收水面控制系统发出的控制指令并完成相应动作，完成各台推进器的转速分配与转速控制等。ROV 控制系统结构如图 2.2 所示。

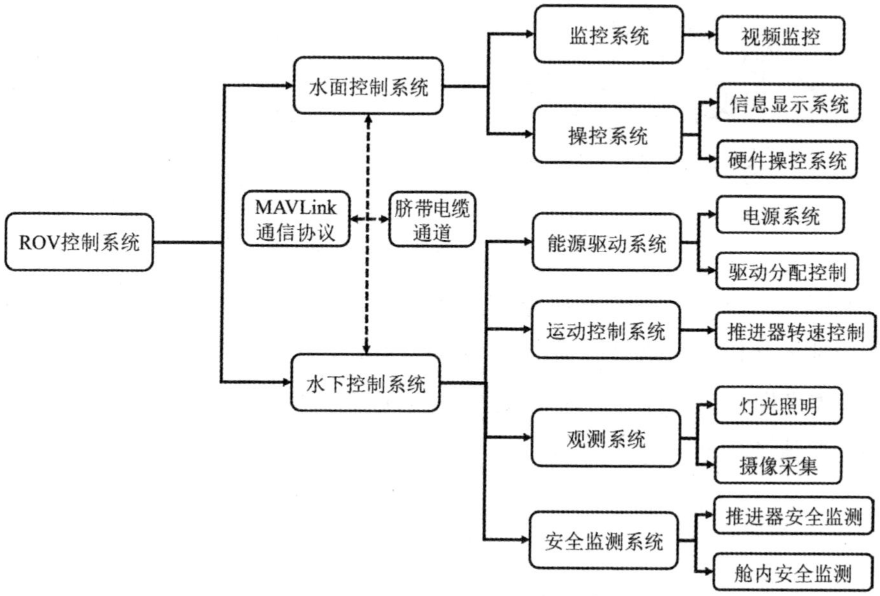

图 2.2　ROV 控制系统结构图

2.3　坐标系的建立与系统运动参数的定义

2.3.1　坐标系的建立

目前，研究 ROV 在空间内的六自由度运动时，存在两种常见的坐标系：一种是被苏联等国家推崇使用的 CCCP（concave-convex procedure）坐标系；另一种是国际船模拖曳水池会议（International Towing Tank Conference, ITTC）提倡采用的 ITTC 坐标系。这两种坐标系的定义原则相同，唯一的差异在于坐标轴的方向。本书采用常见的 ITTC 推荐的坐标系，即笛卡儿坐标系，它采用右手定则确定三个坐标轴的方向，如图 2.3 所示。

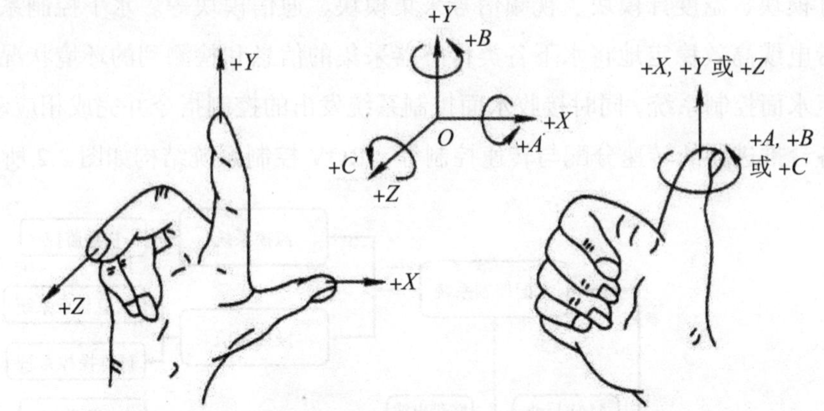

图 2.3　右手定则示意图

如图 2.4 所示，建立 ROV 惯性坐标系与载体坐标系，其中惯性坐标系也被称为地面坐标系，这是因为惯性坐标系的坐标原点通常选取地面上的固定位置；载体坐标系也被称为运动坐标系，这是因为载体坐标系是固连在载体上的，是随着载体的运动一起运动的。

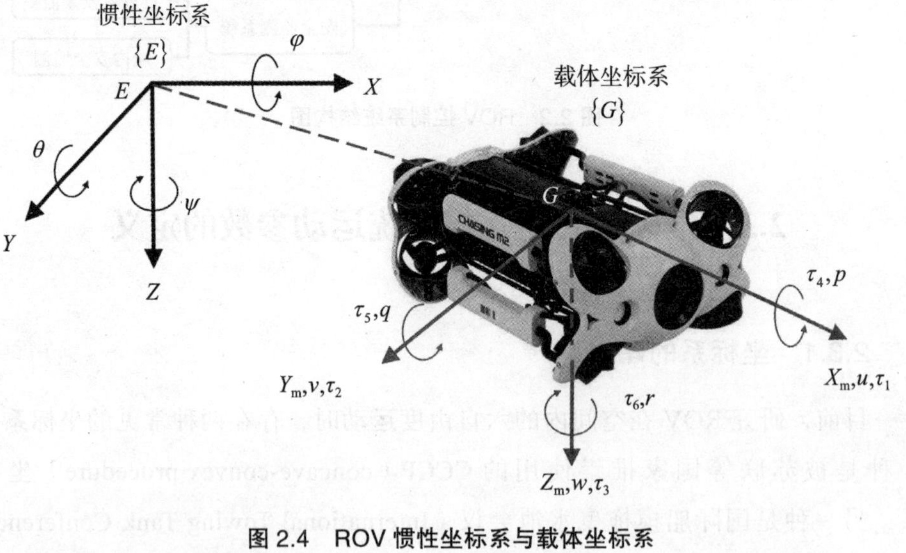

图 2.4　ROV 惯性坐标系与载体坐标系

本书建立的惯性坐标系 $E-XYZ$，用 $\{E\}$ 表示，用于描述和跟踪 ROV 的系统运动状态。该坐标系原点固定于地面上任意一点，EX 轴指向正北方向，EY 轴指向正东方向；根据右手定则可判定 EZ 轴和水平面 EXY 垂直，其正方向指向地心。该坐标系也被称为 NED（north-east-down）坐标系。

本书建立的载体坐标系 $G-X_{\mathrm{m}}Y_{\mathrm{m}}Z_{\mathrm{m}}$，用 $\{G\}$ 表示，用于描述和控制 ROV 的姿态状态。该坐标系原点固定在 ROV 的中心处，GX_{m} 轴与 ROV 的纵轴方向相同，其正方向指向 ROV 艏部；GY_{m} 轴与 ROV 的横轴方向相同，其正方向指向 ROV 的右舷；根据右手定则可判定 GZ_{m} 轴和水平面 $GX_{\mathrm{m}}Y_{\mathrm{m}}$ 垂直，其正方向指向下方。

2.3.2　系统运动参数的定义

本书在矢量形式下描述了 ROV 在惯性坐标系 $\{E\}$ 和载体坐标系 $\{G\}$ 下的矢量符号。

ROV 在惯性坐标系 $\{E\}$ 下的位置矢量和姿态矢量为

$$\boldsymbol{\eta}=\left(\boldsymbol{\eta}_1^{\mathrm{T}},\boldsymbol{\eta}_2^{\mathrm{T}}\right)^{\mathrm{T}}\in\mathbf{R}^3\times\mathbf{S}^3;\ \ \boldsymbol{\eta}_1=\left(x,y,z\right)^{\mathrm{T}}\in\mathbf{R}^3;\ \ \boldsymbol{\eta}_2=\left(\varphi,\theta,\psi\right)^{\mathrm{T}}\in\mathbf{S}^3 \tag{2.1}$$

ROV 在载体坐标系 $\{G\}$ 下的线速度矢量和角速度矢量为

$$\boldsymbol{v}=\left(\boldsymbol{v}_1^{\mathrm{T}},\boldsymbol{v}_2^{\mathrm{T}}\right)^{\mathrm{T}}\in\mathbf{R}^6;\ \ \boldsymbol{v}_1=\left(u,v,w\right)^{\mathrm{T}}\in\mathbf{R}^3;\ \ \boldsymbol{v}_2=\left(p,q,r\right)^{\mathrm{T}}\in\mathbf{R}^3 \tag{2.2}$$

ROV 在载体坐标系 $\{G\}$ 下受到的作用力和力矩为

$$\boldsymbol{\tau}=\left(\boldsymbol{\tau}_1^{\mathrm{T}},\boldsymbol{\tau}_2^{\mathrm{T}}\right)^{\mathrm{T}}\in\mathbf{R}^6;\ \ \boldsymbol{\tau}_1=\left(X,Y,Z\right)^{\mathrm{T}}\in\mathbf{R}^3;\ \ \boldsymbol{\tau}_2=\left(K,M,N\right)^{\mathrm{T}}\in\mathbf{R}^3 \tag{2.3}$$

式中：x、y 和 z 分别为 ROV 的北向坐标、东向坐标和深度坐标；φ、θ 和 ψ 分别为 ROV 在惯性坐标系下的横滚角、纵倾角和偏航角；u、v 和 w 分别为 ROV 在载体坐标系下的纵向线速度、横向线速度和垂向线速度；p、q 和 r 分别为 ROV 在载体坐标系下的横滚角速度、纵倾角速度和偏航角速度；X、Y 和 Z 分别为 ROV 受到的纵向力、横向力、垂向力；K、M 和 N 分别为 ROV 受到的横滚力矩、纵倾力矩和偏航力矩；$\mathbf{R}^3$ 为三维欧几里得空间；$\mathbf{S}^3$ 为三维球面空间。在三维空间中 ROV 的运动状态矢量具体表示如下

$$\boldsymbol{\eta}=\begin{bmatrix}\boldsymbol{\eta}_1\\ \boldsymbol{\eta}_2\end{bmatrix}\in\mathbf{R}^3\times\mathbf{S}^3,\ \ \boldsymbol{v}=\begin{bmatrix}\boldsymbol{v}_1\\ \boldsymbol{v}_2\end{bmatrix}\in\mathbf{R}^6,\ \ \boldsymbol{\tau}=\begin{bmatrix}\boldsymbol{\tau}_1\\ \boldsymbol{\tau}_2\end{bmatrix}\in\mathbf{R}^6 \tag{2.4}$$

具体 ROV 系统运动参数的定义如表 2.2 所示。

表 2.2　具体 ROV 系统运动参数的定义

状态变量	符号	含义
位置	x	北向坐标
	y	东向坐标
	z	深度坐标
姿态	φ	横滚角
	θ	纵倾角
	ψ	偏航角
线速度	u	纵向线速度
	v	横向线速度
	w	垂向线速度
角速度	p	横滚角速度
	q	纵倾角速度
	r	偏航角速度
力	X	纵向力
	Y	横向力
	Z	垂向力
力矩	K	横滚力矩
	M	纵倾力矩
	N	偏航力矩

2.4　ROV 的运动学分析

现阶段人们可以通过变换矩阵、欧拉角、四元数等方式表示坐标系之间的转换，其中旋转矩阵所涉及的参数较少，计算更为便捷，更适合描述 ROV 的受力情况，因此本章选择旋转矩阵来表达不同 ROV 坐标系之间的转换关系。由欧拉角的旋转定理，设定 ROV 的初始运动坐标系 $X_3Y_3Z_3$ 与惯性坐标系 $\{E\}$ 重合，按照以下步骤进行坐标系变换：第一步将 $X_3Y_3Z_3$ 坐标系绕 Z_3 轴旋转 ψ 角，得到一个新的坐标系 $X_2Y_2Z_2(Z_2=Z_3)$；第二步将 $X_2Y_2Z_2$（Z_2=Z_3）坐标系绕 Y_2 轴旋转 θ 角，得到另一个新的坐标系 $X_1Y_1Z_1(Y_1=Y_2)$；第三步将 $X_1Y_1Z_1$（Y_1=Y_2）坐标系绕 X_1 轴旋转 φ 角，得到最终的坐标系 $X_0Y_0Z_0(X_0=X_1)$。经过三次坐标系旋转变换后，运动坐标系 $X_0Y_0Z_0(X_0=X_1)$ 与载体坐标系 $\{G\}$ 的坐标轴同轴、同向且平行。然后，通过坐标系平移变换，将运动坐标系 $X_0Y_0Z_0(X_0=X_1)$ 平移到与载体坐标系 $\{G\}$ 重合的位置。ROV 运动坐标系的旋转过程如图 2.5 所示。

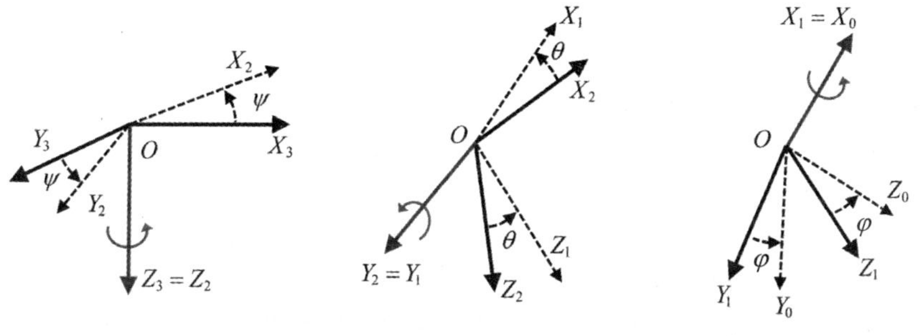

（a）第一次旋转　（b）第二次旋转　（c）第三次旋转

图 2.5　ROV 运动坐标系的旋转过程

将初始运动坐标系 $X_3Y_3Z_3$ 绕 Z_3 轴旋转一个偏航角 ψ 到新坐标系 $X_2Y_2Z_2(Z_2=Z_3)$，得到旋转变换如下

$$\begin{bmatrix} X_2 \\ Y_2 \\ Z_2 \end{bmatrix} = \begin{bmatrix} X_2 \\ Y_2 \\ Z_3 \end{bmatrix} = \begin{bmatrix} \cos\psi & \sin\psi & 0 \\ -\sin\psi & \cos\psi & 0 \\ 0 & 0 & 1 \end{bmatrix} \begin{bmatrix} X_3 \\ Y_3 \\ Z_3 \end{bmatrix} = \boldsymbol{C}_1(\psi) \begin{bmatrix} X_3 \\ Y_3 \\ Z_3 \end{bmatrix} \tag{2.5}$$

将中间坐标系 $X_2Y_2Z_2$（$Z_2=Z_3$）绕 Y_2 轴旋转一个纵倾角 θ 到新坐标系 $X_1Y_1Z_1(Y_1=Y_2)$，得到旋转变换如下

$$\begin{bmatrix} X_1 \\ Y_1 \\ Z_1 \end{bmatrix} = \begin{bmatrix} X_1 \\ Y_2 \\ Z_1 \end{bmatrix} = \begin{bmatrix} \cos\theta & 0 & -\sin\theta \\ 0 & 1 & 0 \\ \sin\theta & 0 & \cos\theta \end{bmatrix} \begin{bmatrix} X_2 \\ Y_2 \\ Z_2 \end{bmatrix} = \boldsymbol{C}_2(\theta) \begin{bmatrix} X_2 \\ Y_2 \\ Z_2 \end{bmatrix} \tag{2.6}$$

将中间坐标系 $X_1Y_1Z_1$（$Y_1=Y_2$）绕 X_1 轴旋转一个横滚角 φ 到新坐标系 $X_0Y_0Z_0(X_0=X_1)$，得到旋转变换如下

$$\begin{bmatrix} X_0 \\ Y_0 \\ Z_0 \end{bmatrix} = \begin{bmatrix} X_1 \\ Y_0 \\ Z_0 \end{bmatrix} = \begin{bmatrix} 1 & 0 & 0 \\ 0 & \cos\varphi & \sin\varphi \\ 0 & -\sin\varphi & \cos\varphi \end{bmatrix} \begin{bmatrix} X_1 \\ Y_1 \\ Z_1 \end{bmatrix} = \boldsymbol{C}_3(\varphi) \begin{bmatrix} X_1 \\ Y_1 \\ Z_1 \end{bmatrix} \tag{2.7}$$

联合式（2.5）~ 式（2.7）可得

$$\begin{bmatrix} X_0 \\ Y_0 \\ Z_0 \end{bmatrix} = \boldsymbol{C}_3(\varphi)\boldsymbol{C}_2(\theta)\boldsymbol{C}_1(\psi) \begin{bmatrix} X_3 \\ Y_3 \\ Z_3 \end{bmatrix} \tag{2.8}$$

令惯性坐标系到载体坐标系的转换矩阵 $\boldsymbol{R}_E^G = \boldsymbol{C}_3(\varphi)\boldsymbol{C}_2(\theta)\boldsymbol{C}_1(\psi)$，则

$$\begin{aligned} \boldsymbol{R}_E^G &= \boldsymbol{C}_3(\varphi)\boldsymbol{C}_2(\theta)\boldsymbol{C}_1(\psi) \\ &= \begin{bmatrix} 1 & 0 & 0 \\ 0 & \cos\varphi & \sin\varphi \\ 0 & -\sin\varphi & \cos\varphi \end{bmatrix} \begin{bmatrix} \cos\theta & 0 & -\sin\theta \\ 0 & 1 & 0 \\ \sin\theta & 0 & \cos\theta \end{bmatrix} \begin{bmatrix} \cos\psi & \sin\psi & 0 \\ -\sin\psi & \cos\psi & 0 \\ 0 & 0 & 1 \end{bmatrix} \\ &= \begin{bmatrix} \cos\theta\cos\psi & \cos\theta\sin\psi & -\sin\theta \\ -\cos\varphi\sin\psi + \sin\varphi\sin\theta\cos\psi & \cos\varphi\cos\psi + \sin\varphi\sin\theta\sin\psi & \sin\varphi\cos\theta \\ \sin\varphi\sin\psi + \cos\varphi\sin\theta\cos\psi & -\sin\varphi\cos\psi + \cos\varphi\sin\theta\sin\psi & \cos\varphi\cos\theta \end{bmatrix} \end{aligned} \tag{2.9}$$

同理可求得 ROV 载体坐标系到惯性坐标系的旋转矩阵 $\boldsymbol{R}_G^E$，

$$\begin{aligned} \boldsymbol{R}_G^E &= (\boldsymbol{R}_E^G)^{\mathrm{T}} \\ &= \begin{bmatrix} \cos\theta\cos\psi & -\cos\varphi\sin\psi + \sin\varphi\sin\theta\cos\psi & \sin\varphi\sin\psi + \cos\varphi\sin\theta\cos\psi \\ \cos\theta\sin\psi & \cos\varphi\cos\psi + \sin\varphi\sin\theta\sin\psi & -\sin\varphi\cos\psi + \cos\varphi\sin\theta\sin\psi \\ -\sin\theta & \sin\varphi\cos\theta & \cos\varphi\cos\theta \end{bmatrix} \end{aligned} \tag{2.10}$$

则 ROV 在载体坐标系下的线速度矢量 $\boldsymbol{v}_1=(u,v,w)^{\mathrm{T}}$ 和在惯性坐标系下的线速度矢量 $\dot{\boldsymbol{\eta}}_1=(\dot{x},\dot{y},\dot{z})^{\mathrm{T}}$ 之间的转换关系为

$$\boldsymbol{v}_1=\begin{bmatrix}u\\v\\w\end{bmatrix}=\boldsymbol{R}_E^G\dot{\boldsymbol{\eta}}_1=\boldsymbol{J}_1(\boldsymbol{\eta}_2)^{-1}\begin{bmatrix}\dot{x}\\\dot{y}\\\dot{z}\end{bmatrix} \tag{2.11}$$

相反，对式（2.11）求逆，有

$$\dot{\boldsymbol{\eta}}_1=\begin{bmatrix}\dot{x}\\\dot{y}\\\dot{z}\end{bmatrix}=\boldsymbol{R}_G^E\boldsymbol{v}_1=\boldsymbol{J}_1(\boldsymbol{\eta}_2)\begin{bmatrix}u\\v\\w\end{bmatrix} \tag{2.12}$$

式中：$\boldsymbol{J}_1(\boldsymbol{\eta}_2)$ 为线速度转换矩阵，即

$$\begin{aligned}\boldsymbol{J}_1(\boldsymbol{\eta}_2)&=\boldsymbol{R}_G^E\\&=\begin{bmatrix}\cos\theta\cos\psi & -\cos\varphi\sin\psi+\sin\varphi\sin\theta\cos\psi & \sin\varphi\sin\psi+\cos\varphi\sin\theta\cos\psi\\ \cos\theta\sin\psi & \cos\varphi\cos\psi+\sin\varphi\sin\theta\sin\psi & -\sin\varphi\cos\psi+\cos\varphi\sin\theta\sin\psi\\ -\sin\theta & \sin\varphi\cos\theta & \cos\varphi\cos\theta\end{bmatrix}\end{aligned} \tag{2.13}$$

由于 $\boldsymbol{R}_E^G$ 为正交矩阵，因此满足 $(\boldsymbol{R}_E^G)^{-1}=(\boldsymbol{R}_E^G)^{\mathrm{T}}=\boldsymbol{R}_G^E$，转换矩阵 $\boldsymbol{J}_1(\boldsymbol{\eta}_2)$ 具有以下性质

$$\begin{gathered}\boldsymbol{J}_1^{\mathrm{T}}(\boldsymbol{\eta}_2)\boldsymbol{J}_1(\boldsymbol{\eta}_2)=\boldsymbol{J}_1(\boldsymbol{\eta}_2)\boldsymbol{J}_1^{\mathrm{T}}(\boldsymbol{\eta}_2)=\boldsymbol{I}_3\\ \det\left(\boldsymbol{J}_1(\boldsymbol{\eta}_2)\right)=1\end{gathered} \tag{2.14}$$

ROV 在载体坐标系下的角速度矢量为 $\boldsymbol{v}_2=(p,q,r)^{\mathrm{T}}$，在惯性坐标系下的姿态角速度矢量为 $\dot{\boldsymbol{\eta}}_2=(\dot{\varphi},\dot{\theta},\dot{\psi})^{\mathrm{T}}$，通过坐标矩阵变换可得

$$\begin{aligned}\boldsymbol{v}_2=\begin{bmatrix}p\\q\\r\end{bmatrix}&=\sum\boldsymbol{C}_3(\varphi)\boldsymbol{C}_2(\theta)\boldsymbol{C}_1(\psi)\begin{bmatrix}0\\0\\\dot{\psi}\end{bmatrix}+\sum\boldsymbol{C}_3(\varphi)\boldsymbol{C}_2(\theta)\begin{bmatrix}0\\\dot{\theta}\\0\end{bmatrix}+\boldsymbol{C}_3(\varphi)\begin{bmatrix}\dot{\varphi}\\0\\0\end{bmatrix}\\&=\boldsymbol{J}_2^{-1}(\boldsymbol{\eta}_2)\begin{bmatrix}\dot{\varphi}\\\dot{\theta}\\\dot{\psi}\end{bmatrix}\end{aligned} \tag{2.15}$$

将式（2.15）展开可得角速度转换矩阵 $\boldsymbol{J}_2^{-1}(\boldsymbol{\eta}_2)$，$\boldsymbol{J}_2^{-1}(\boldsymbol{\eta}_2)$ 可表示如下

$$J_2^{-1}(\boldsymbol{\eta}_2)=\begin{bmatrix}1 & 0 & -\sin\theta\\ 0 & \cos\varphi & \cos\theta\sin\varphi\\ 0 & -\sin\varphi & \cos\theta\cos\varphi\end{bmatrix} \tag{2.16}$$

对式（2.15）求逆可得 ROV 在载体坐标系下的角速度矢量 $\boldsymbol{v}_2=(p,q,r)^{\mathrm{T}}$ 与在惯性坐标系下的姿态角速度矢量 $\dot{\boldsymbol{\eta}}_2=(\dot{\varphi},\dot{\theta},\dot{\psi})^{\mathrm{T}}$ 之间的转换关系，即

$$\begin{bmatrix}\dot{\varphi}\\ \dot{\theta}\\ \dot{\psi}\end{bmatrix}=\begin{bmatrix}1 & \sin\varphi\tan\theta & \cos\varphi\tan\theta\\ 0 & \cos\varphi & -\sin\varphi\\ 0 & \sin\varphi/\cos\theta & \cos\varphi/\cos\theta\end{bmatrix}\begin{bmatrix}p\\ q\\ r\end{bmatrix}\Rightarrow \dot{\boldsymbol{\eta}}_2=\boldsymbol{J}_2(\boldsymbol{\eta}_2)\boldsymbol{v}_2 \tag{2.17}$$

当纵倾角 $\theta=\pm\pi/2$ 时，角速度转换矩阵 $\boldsymbol{J}_2(\boldsymbol{\eta}_2)$ 不存在，为了避免奇异值，纵倾角 θ 的取值范围为 $(-\pi/2,\pi/2)$，并且在实际工程中，ROV 的纵倾角 θ 通常限制在 $\pm 90^\circ$ 范围内，因此大家无须担心奇异值问题。

综上所述，根据式（2.12）、式（2.17）可得 ROV 的六自由度运动方程的微分形式，即

$$\begin{bmatrix}\dot{x}\\ \dot{y}\\ \dot{z}\\ \dot{\varphi}\\ \dot{\theta}\\ \dot{\psi}\end{bmatrix}=\begin{bmatrix}u\cos\psi\cos\theta+v(\sin\theta\sin\varphi\cos\psi-\sin\psi\cos\varphi)+w(\sin\psi\sin\varphi+\cos\psi\cos\varphi\sin\theta)\\ u\sin\psi\cos\theta+v(\cos\varphi\cos\psi+\sin\varphi\sin\theta\sin\psi)+w(\sin\theta\sin\psi\cos\varphi-\cos\psi\sin\varphi)\\ -u\sin\theta+v\cos\theta\sin\varphi+w\cos\theta\cos\varphi\\ p+q\sin\varphi\tan\theta+r\cos\varphi\tan\theta\\ q\cos\varphi-r\sin\varphi\\ (q\sin\varphi+r\cos\varphi)/\cos\theta\end{bmatrix}(\theta\neq\pm\pi/2) \tag{2.18}$$

2.5　ROV 的动力学分析

ROV 的动力学主要研究 ROV 所受的外力和它自身的运动之间的关系。为了研究需要，必须建立 ROV 在水下的本体动力学模型和外部干扰力模型，以描述其动力学特性，这是通过牛顿（Newton）动量定理来实现的。将在水下运动的 ROV 等效为一个刚体进行处理，通过分析 ROV 在水下的运动可知，ROV 在水下受到各种外力和外力矩作用，其中主要包括水动力、静水力、环境干扰力以及自身推进器所产生的运动控制推力。本书基于适用于水下机器人的操纵运动方程，以及 ROV 的实际工作状况和推进器配置，推导出适用于本

书中的 ROV 的动力学模型。

2.5.1　刚体动力学分析

ROV 的水下运动通常被看作刚体的水下运动，运用牛顿运动定律可得

$$\begin{cases} m\left[\dot{\boldsymbol{v}}_1+\boldsymbol{v}_2\boldsymbol{v}_1+\dot{\boldsymbol{v}}_2\boldsymbol{r}_G+\boldsymbol{v}_2(\boldsymbol{v}_2\boldsymbol{r}_G)\right]=\boldsymbol{\tau}_1 \\ \boldsymbol{I}_0\dot{\boldsymbol{v}}_2+\boldsymbol{v}_2(\boldsymbol{I}_0\boldsymbol{v}_2)+m\boldsymbol{r}_G(\dot{\boldsymbol{v}}_1+\boldsymbol{v}_2\boldsymbol{v}_1)=\boldsymbol{\tau}_2 \end{cases} \tag{2.19}$$

式中：m 为刚体 ROV 的质量；$\boldsymbol{v}_1$ 和 $\boldsymbol{v}_2$ 分别为 ROV 在惯性坐标系下的线速度与角速度矢量；$\boldsymbol{r}_G=(x_G,y_G,z_G)^{\mathrm{T}}$，为 ROV 的重心坐标；$\boldsymbol{\tau}_1$ 和 $\boldsymbol{\tau}_2$ 分别为 ROV 在水下运动时所受到的外力和外力矩；$\boldsymbol{I}_0$ 为 ROV 的转动惯量矩阵。$\boldsymbol{I}_0$ 具体为

$$\boldsymbol{I}_0=\begin{bmatrix} I_x & -I_{xy} & -I_{xz} \\ -I_{yx} & I_y & -I_{yz} \\ -I_{zx} & -I_{zy} & I_z \end{bmatrix},\ \boldsymbol{I}_0=\boldsymbol{I}_0^{\mathrm{T}}>\boldsymbol{0},\ \dot{\boldsymbol{I}}_0=\boldsymbol{0} \tag{2.20}$$

式中：I_x、I_y、I_z 分别为 ROV 在载体坐标系下绕 x 轴、y 轴、z 轴转动的转动惯量；$I_{xy}=I_{yx}$、$I_{yz}=I_{zy}$、$I_{xz}=I_{zx}$ 为 ROV 的惯量积。

将式（2.19）改写为 ROV 的刚体动力学方程沿三个轴的平动和转动分量形式，具体表达式如下

$$\begin{cases} m\left[\dot{u}-vr+wq-x_G(q^2+r^2)+y_G(pq-\dot{r})+z_G(pr+\dot{q})\right]=X \\ m\left[\dot{v}-wp+ur-y_G(r^2+p^2)+z_G(qr-\dot{p})+x_G(qp+\dot{r})\right]=Y \\ m\left[\dot{w}-uq+vp-z_G(p^2+q^2)+x_G(rp-\dot{q})+y_G(rq+\dot{p})\right]=Z \\ I_x\dot{p}+(I_z-I_y)qr+m\left[y_G(\dot{w}+pv-qu)-z_G(\dot{v}+ru-pw)\right]- \\ \qquad (\dot{r}+pq)I_{xz}+(r^2-q^2)I_{yz}+(pr-\dot{q})I_{xy}=K \\ I_y\dot{q}+(I_x-I_z)rp+m\left[z_G(\dot{u}+qw-rv)-x_G(\dot{w}+pv-qu)\right]- \\ \qquad (\dot{p}+qr)I_{xy}+(p^2-r^2)I_{xz}+(qp-\dot{r})I_{yz}=M \\ I_z\dot{r}+(I_y-I_x)pq+m\left[x_G(\dot{v}+ru-pw)-y_G(\dot{u}+qw-rv)\right]- \\ \qquad (\dot{q}+rp)I_{yz}+(q^2-p^2)I_{xy}+(rq-\dot{p})I_{xz}=N \end{cases} \tag{2.21}$$

将式（2.21）进一步简化为如下六自由度刚体力和力矩的矢量形式

$$\boldsymbol{M}_{RB}\dot{\boldsymbol{v}}+\boldsymbol{C}_{RB}(\boldsymbol{v})\boldsymbol{v}=\boldsymbol{\tau} \tag{2.22}$$

式中：$\boldsymbol{M}_{RB}\in\mathbf{R}^{6\times6}$ 和 $\boldsymbol{C}_{RB}(\boldsymbol{v})\in\mathbf{R}^{6\times6}$ 分别为 ROV 的刚体惯性矩阵、刚体科氏力及向

心力矩阵。刚体惯性矩阵 $\boldsymbol{M}_{RB}$ 满足 $\boldsymbol{M}_{RB}=\boldsymbol{M}_{RB}^{\mathrm{T}}$，将其描述为如下形式

$$\boldsymbol{M}_{RB}=\begin{bmatrix} m\boldsymbol{I}_3 & -m\boldsymbol{S}(\boldsymbol{r}_G) \\ m\boldsymbol{S}(\boldsymbol{r}_G) & \boldsymbol{I}_g \end{bmatrix} =\begin{bmatrix} m & 0 & 0 & 0 & mz_G & -my_G \\ 0 & m & 0 & -mz_G & 0 & mx_G \\ 0 & 0 & m & my_G & -mx_G & 0 \\ 0 & -mz_G & my_G & I_x & -I_{xy} & -I_{xz} \\ mz_G & 0 & -mx_G & -I_{yx} & I_y & -I_{yz} \\ -my_G & mx_G & 0 & -I_{zx} & -I_{zy} & I_z \end{bmatrix} \tag{2.23}$$

刚体科氏力及向心力矩阵 $\boldsymbol{C}_{RB}(\boldsymbol{v})$ 满足 $\boldsymbol{C}_{RB}(\boldsymbol{v})=-\boldsymbol{C}_{RB}^{\mathrm{T}}(\boldsymbol{v})$，将其描述为如下形式

$$\boldsymbol{C}_{RB}(\boldsymbol{v})=\begin{bmatrix} \boldsymbol{0}_{3\times3} & -m\boldsymbol{S}(\boldsymbol{v}_1)-m\boldsymbol{S}(\boldsymbol{v}_2)\boldsymbol{S}(\boldsymbol{r}_G) \\ -m\boldsymbol{S}(\boldsymbol{v}_1)+m\boldsymbol{S}(\boldsymbol{v}_2)\boldsymbol{S}(\boldsymbol{r}_G) & -\boldsymbol{S}(\boldsymbol{I}_g\boldsymbol{v}_2) \end{bmatrix}$$

$$=\begin{bmatrix} 0 & 0 & 0 & m(y_Gq+z_Gr) & -m(x_Gq-w) & -m(x_Gr+v) \\ 0 & 0 & 0 & -m(y_Gp+w) & m(z_Gr+x_Gp) & -m(y_Gr-u) \\ 0 & 0 & 0 & -m(z_Gp-v) & -m(z_Gq+u) & m(x_Gp+y_Gq) \\ -m(y_Gq+z_Gr) & m(y_Gp+w) & m(z_Gp-v) & 0 & -(I_{yz}q+I_{xz}p-I_zr) & I_{yz}r+I_{xy}p-I_yq \\ m(x_G+w) & -m(z_Gr+x_Gp) & m(z_Gq+u) & I_{yz}q+I_{xz}p-I_zr & 0 & -(I_{xz}r+I_{xy}q-I_xp) \\ m(x_Gr-v) & m(yr-u) & -m(x_Gp+y_Gq) & -(I_{yz}r+I_{xy}p-I_yq) & I_{xz}r+I_{xy}q-I_xp & 0 \end{bmatrix} \tag{2.24}$$

式中：$\boldsymbol{S}(\cdot)$ 为反对称矩阵，由矢量叉乘运算 $\boldsymbol{\lambda}\times\boldsymbol{a}=\boldsymbol{S}(\boldsymbol{\lambda})\boldsymbol{a}$ 定义。$\boldsymbol{S}(\boldsymbol{\lambda})$ 可表示为

$$\boldsymbol{S}(\boldsymbol{\lambda})=-\boldsymbol{S}^{\mathrm{T}}(\boldsymbol{\lambda})=\begin{bmatrix} 0 & -\lambda_3 & \lambda_2 \\ \lambda_3 & 0 & -\lambda_1 \\ -\lambda_2 & \lambda_1 & 0 \end{bmatrix},\ \boldsymbol{\lambda}=\begin{bmatrix} \lambda_1 \\ \lambda_2 \\ \lambda_3 \end{bmatrix} \tag{2.25}$$

ROV 在运动时受到的各种外力和外力矩可以表示为

$$\boldsymbol{\tau}=\boldsymbol{\tau}_H+\boldsymbol{\tau}_g+\boldsymbol{\tau}_P+\boldsymbol{\tau}_d \tag{2.26}$$

式中：$\boldsymbol{\tau}$ 为 ROV 所受的合力和合力矩；$\boldsymbol{\tau}_H$ 为 ROV 所受的水动力和力矩；$\boldsymbol{\tau}_g$ 为 ROV 所受的静水力和力矩；$\boldsymbol{\tau}_P$ 为 ROV 推进器的推力和力矩；$\boldsymbol{\tau}_d$ 为 ROV 所受

的环境干扰力和力矩。

2.5.2　水动力分析

由流体力学原理可知，当 ROV 在水下运动时，它会对流体产生一定的作用力，使静止的水产生一定的加速度，根据牛顿第三定律可知，流体也会对 ROV 本体产生反作用力。当 ROV 在深海运动时，流场边界的影响可以被忽略，此时，水动力系数不受其他外界条件的影响，仅与 ROV 的机械结构和运动状态等因素相关，也就是说水动力 $\boldsymbol{\tau}_H$ 是一个不随时间变化的多元函数，具体可表示为

$$\boldsymbol{\tau}_H = \boldsymbol{\tau}_H\left(u,v,w,p,q,r,\dot{u},\dot{v},\dot{w},\dot{p},\dot{q},\dot{r}\right) \tag{2.27}$$

将式（2.27）在某一基准点（偏导数或混合偏导数存在）按泰勒级数展开并简化可得

$$\boldsymbol{\tau}_H = \begin{bmatrix} X_H \\ Y_H \\ Z_H \\ K_H \\ M_H \\ N_H \end{bmatrix} = \begin{bmatrix} X_{qq}q^2 + X_{rr}r^2 + X_{rp}rp + X_{\dot{u}}\dot{u} + X_{vr}vr + X_{wq}wq + X_{uu}u^2 + X_{vv}v^2 + X_{ww}w^2 \\ Y_{\dot{r}}\dot{r} + Y_{\dot{p}}\dot{p} + Y_{p|p|}\left|p\right| + Y_{pq}pq + Y_{qr}qr + Y_{\dot{v}}\dot{v} + Y_{vq}vq + Y_{wp}wp + Y_{wr}wr + Y_{r}ur + \\ Y_{p}up + Y_{v|r|}\dfrac{v}{|v|}\left|\left(v^2+w^2\right)^{1/2}\right|\left|r\right| + Y_0u^2 + Y_vuv + Y_{v|v|}v\left|\left(v^2+w^2\right)^{1/2}\right| + Y_{vw}vw \\ Z_{\dot{q}}\dot{q} + Z_{pp}p^2 + Z_{rr}r^2 + Z_{rp}rp + Z_{\dot{w}}\dot{w} + Z_{vr}vr + Z_{vp}vp + Z_{q}uq + Z_{w|q|}\dfrac{w}{|w|}\left|\left(v^2+w^2\right)^{1/2}\right|\left|q\right| + \\ Z_0u^2 + Z_wuw + Z_{w|w|}w\left|\left(v^2+w^2\right)^{1/2}\right| + Z_{|w|}u\left|w\right| + Z_{ww}\left|w\left(v^2+w^2\right)^{1/2}\right| + Z_{vv}v^2 \\ K_{\dot{p}}\dot{p} + K_{\dot{r}}\dot{r} + K_{qr}qr + K_{pq}pq + K_{p|p|}p\left|p\right| + K_{p}up + K_{r}ur + K_{\dot{v}}\dot{v} + K_{vq}vq + K_{wp}wp + \\ K_{wr}wr + K_0u^2 + K_vuv + K_{v|v|}v\left|\left(v^2+w^2\right)^{1/2}\right| + K_{vw}vw \\ M_{\dot{q}}\dot{q} + M_{pp}p^2 + M_{rr}r^2 + M_{rp}rp + M_{q|q|}q\left|q\right| + M_{\dot{w}}\dot{w} + M_{vr}vr + M_{vp}vp + M_{q}uq + M_{w}uw + \\ M_{|w|q}\left|\left(v^2+w^2\right)^{1/2}\right|q + M_0u^2 + M_{w|w|}w\left|\left(v^2+w^2\right)^{1/2}\right| + M_{|w|}u\left|w\right| + M_{ww}\left|w\left(v^2+w^2\right)^{1/2}\right| + M_{vv}v^2 \\ N_{\dot{r}}\dot{r} + N_{\dot{p}}\dot{p} + N_{pq}pq + N_{qr}qr + N_{r|r|}r\left|r\right| + N_{\dot{v}}\dot{v} + N_{ur}ur + N_{wp}wp + N_{vq}vq + N_{p}up + \\ N_{r}ur + N_{|v|r}\left|\left(v^2+w^2\right)^{1/2}\right|r + N_0u^2 + N_vuv + N_{v|v|}v\left|\left(v^2+w^2\right)^{1/2}\right| + N_{vw}vw \end{bmatrix} \tag{2.28}$$

式中：$X_{\dot{u}}$、X_{vr}、X_{uu} 等为水动力系数。将惯性类水动力和黏性类水动力分开，则水动力 $\boldsymbol{\tau}_H$ 可表示为如下形式

$$\boldsymbol{\tau}_H = \boldsymbol{\tau}_A + \boldsymbol{\tau}_D \tag{2.29}$$

式中：$\boldsymbol{\tau}_A$ 为惯性类水动力；$\boldsymbol{\tau}_D$ 为黏性类水动力。

1. 惯性类水动力

惯性类水动力主要与 ROV 在水下运动时的加速度有关，其大小通常与 ROV 的加速度大小成正比，其方向与加速度的方向相反。惯性类水动力可以用附加质量矩阵、附加质量科氏力及向心力矩阵表示，其具体表达式为

$$\boldsymbol{\tau}_A = -\boldsymbol{M}_A\dot{\boldsymbol{v}} - \boldsymbol{C}_A(\boldsymbol{v})\boldsymbol{v} \tag{2.30}$$

式中：$\boldsymbol{M}_A$ 为附加质量矩阵，且满足 $\boldsymbol{M}_A = \boldsymbol{M}_A^{\mathrm{T}} \geqslant \boldsymbol{0}$，$\boldsymbol{M}_A$ 具体可表示为

$$\boldsymbol{M}_A = -\begin{bmatrix} X_{\dot{u}} & X_{\dot{v}} & X_{\dot{w}} & X_{\dot{p}} & X_{\dot{q}} & X_{\dot{r}} \\ Y_{\dot{u}} & Y_{\dot{v}} & Y_{\dot{w}} & Y_{\dot{p}} & Y_{\dot{q}} & Y_{\dot{r}} \\ Z_{\dot{u}} & Z_{\dot{v}} & Z_{\dot{w}} & Z_{\dot{p}} & Z_{\dot{q}} & Z_{\dot{r}} \\ K_{\dot{u}} & K_{\dot{v}} & K_{\dot{w}} & K_{\dot{p}} & K_{\dot{q}} & K_{\dot{r}} \\ M_{\dot{u}} & M_{\dot{v}} & M_{\dot{w}} & M_{\dot{p}} & M_{\dot{q}} & M_{\dot{r}} \\ N_{\dot{u}} & N_{\dot{v}} & N_{\dot{w}} & N_{\dot{p}} & N_{\dot{q}} & N_{\dot{r}} \end{bmatrix} \tag{2.31}$$

$\boldsymbol{C}_A(\boldsymbol{v})$ 为附加质量科氏力及向心力矩阵，且 $\boldsymbol{C}_A = -\boldsymbol{C}_A^{\mathrm{T}}$ 成立，$\boldsymbol{C}_A(\boldsymbol{v})$ 具体可表示为

$$\boldsymbol{C}_A(\boldsymbol{v}) = \begin{bmatrix} 0 & 0 & 0 & 0 & -a_3 & a_2 \\ 0 & 0 & 0 & a_3 & 0 & -a_1 \\ 0 & 0 & 0 & -a_2 & a_1 & 0 \\ 0 & -a_3 & a_2 & 0 & -b_3 & b_2 \\ a_3 & 0 & -a_1 & b_3 & 0 & -b_1 \\ -a_2 & a_1 & 0 & -b_2 & b_1 & 0 \end{bmatrix} \tag{2.32}$$

其中

$$\begin{cases} a_1 = X_{\dot{u}}u + X_{\dot{v}}v + X_{\dot{w}}w + X_{\dot{p}}p + X_{\dot{q}}q + X_{\dot{r}}r \\ a_2 = X_{\dot{v}}u + Y_{\dot{v}}v + Y_{\dot{w}}w + Y_{\dot{p}}p + Y_{\dot{q}}q + Y_{\dot{r}}r \\ a_3 = X_{\dot{w}}u + X_{\dot{w}}v + Z_{\dot{w}}w + Z_{\dot{p}}p + Z_{\dot{q}}q + Z_{\dot{r}}r \\ b_1 = X_{\dot{p}}u + Y_{\dot{p}}v + Z_{\dot{p}}w + K_{\dot{p}}p + K_{\dot{q}}q + K_{\dot{r}}r \\ b_2 = X_{\dot{q}}u + Y_{\dot{q}}v + Z_{\dot{q}}w + K_{\dot{q}}p + M_{\dot{q}}q + M_{\dot{r}}r \\ b_3 = X_{\dot{r}}u + Y_{\dot{r}}v + Z_{\dot{r}}w + K_{\dot{r}}p + M_{\dot{r}}q + N_{\dot{r}}r \end{cases} \tag{2.33}$$

2. 黏性类水动力

黏性类水动力主要受 ROV 的几何尺寸和形状的影响。当 ROV 的运动速度不大时，流体动力耦合不明显；阻尼矩阵中的阻尼项和耦合项中的高阶阻尼项和耦合项被忽略。因此，黏性类水动力阻尼矩阵可概括为线性阻尼矩阵以及非

线性阻尼矩阵。

$$\begin{aligned}&\boldsymbol{\tau}_D=-\boldsymbol{D}(\boldsymbol{v})\boldsymbol{v}\\&\boldsymbol{D}(\boldsymbol{v})=\boldsymbol{D}_L+\boldsymbol{D}_{NL}(\boldsymbol{v})\end{aligned} \tag{2.34}$$

$$\boldsymbol{D}_L=-\begin{bmatrix}X_u&0&0&0&0&0\\0&Y_v&0&0&0&0\\0&0&Z_w&0&0&0\\0&0&0&K_p&0&0\\0&0&0&0&M_q&0\\0&0&0&0&0&N_r\end{bmatrix} \tag{2.35}$$

$$\boldsymbol{D}_{NL}(\boldsymbol{v})=-\begin{bmatrix}X_{u|u|}|u|&0&0&0&0&0\\0&Y_{v|v|}|v|&0&0&0&0\\0&0&Z_{w|w|}|w|&0&0&0\\0&0&0&K_{p|p|}|p|&0&0\\0&0&0&0&M_{q|q|}|q|&0\\0&0&0&0&0&N_{r|r|}|r|\end{bmatrix} \tag{2.36}$$

式中：$\boldsymbol{D}_L$为线性阻尼矩阵；$\boldsymbol{D}_{NL}(\boldsymbol{v})$为二阶非线性阻尼矩阵。

2.5.3　静水力分析

ROV 的静水力通常指的是在静止水体中，ROV 所受到的浮力和重力之间的平衡关系。ROV 所受到的浮力的大小等于其自身排开水的重力。浮力作用在 ROV 的浮心，方向竖直向上；重力等效作用在 ROV 的重心，方向竖直向下。用$G=mg$和$B=\rho gV$分别表示 ROV 所受到的重力和浮力的大小，其中 m 为 ROV 的质量，g为重力加速度，V为 ROV 排开水的体积，ρ为水的密度。通过惯性坐标系与载体坐标系的矩阵转换，静水力在载体坐标系$\{G\}$中可表示为

$$\boldsymbol{\tau}_{Fg}=\boldsymbol{\tau}_G+\boldsymbol{\tau}_B=\boldsymbol{J}_1^{-1}(\boldsymbol{\eta}_2)\begin{bmatrix}0\\0\\G\end{bmatrix}+\boldsymbol{J}_1^{-1}(\boldsymbol{\eta}_2)\begin{bmatrix}0\\0\\-B\end{bmatrix}=(G-B)\begin{bmatrix}-\sin\theta\\\cos\theta\sin\varphi\\\cos\theta\cos\varphi\end{bmatrix} \tag{2.37}$$

静水力矩在载体坐标系$\{G\}$中可表示为

$$\boldsymbol{\tau}_{Mg} = G\boldsymbol{r}_G \begin{bmatrix} -\sin\theta \\ \cos\theta\sin\varphi \\ \cos\theta\cos\varphi \end{bmatrix} - B\boldsymbol{r}_B \begin{bmatrix} -\sin\theta \\ \cos\theta\sin\varphi \\ \cos\theta\cos\varphi \end{bmatrix} \tag{2.38}$$

式中：$\boldsymbol{r}_G = (x_G, y_G, z_G)^{\mathrm{T}}$、$\boldsymbol{r}_B = (x_B, y_B, z_B)^{\mathrm{T}}$分别为重心坐标、浮心坐标。联立式（2.37）、式（2.38），可将 ROV 受到的静水力和静水力矩表示如下

$$\boldsymbol{\tau}_g = \begin{bmatrix} \boldsymbol{\tau}_{Fg} \\ \boldsymbol{\tau}_{Mg} \end{bmatrix} = -\boldsymbol{g}(\boldsymbol{\eta}) = \begin{bmatrix} -(G-B)\sin\theta \\ (G-B)\cos\theta\sin\varphi \\ (G-B)\cos\theta\cos\varphi \\ (y_G G - y_B B)\cos\theta\cos\varphi - (z_G G - z_B B)\cos\theta\sin\varphi \\ -(x_G G - x_B B)\cos\theta\cos\varphi - (z_G G - z_B B)\sin\theta \\ (x_G G - x_B B)\cos\theta\sin\varphi + (y_G G - y_B B)\sin\theta \end{bmatrix} \tag{2.39}$$

由式（2.39）可知，通过对 ROV 重心坐标和浮心坐标的调整，可以使重心和浮心位于同一垂直线上。一般情况下，为了简化数学模型，默认重心和浮心位置重合。

2.5.4 环境干扰力分析

当 ROV 在复杂多变的海洋环境中工作时，外部环境时刻影响着 ROV 的运动状态，复杂外部环境干扰主要包括水流的影响、壁效应、水压以及温度变化的影响。由于 ROV 通常在较深且宽广的水域工作，因此可忽略风浪等其他因素的干扰，只需要考虑海流的影响。海流是海洋中水的运动，通常受风、地球自转、太阳引力和海底地形等因素影响。它主要是由海洋表面大气系统与流体液面之间的相互作用形成的，具有一定的随机性。因此，在 ROV 控制系统设计中，海流因素不可被忽略。针对海流干扰，常见的处理方法是计算 ROV 相对海流的速度和加速度，然后将其应用于动力学方程，以转换求出 ROV 受到的水动力和海流干扰力。

假设 ROV 遭受的是无旋定常海流的干扰，即与大地平行的水平海流，且海流的流速与方向保持不变。根据常用的 Fossen 模型中介绍的海流产生的干扰力和力矩的建模方法，用式（2.40）表示海流干扰力

$$\boldsymbol{\tau}_w = -\boldsymbol{M}_A\dot{\boldsymbol{v}}_c + \boldsymbol{C}_A(\boldsymbol{v}_r)\boldsymbol{v}_r - \boldsymbol{C}_A(\boldsymbol{v})\boldsymbol{v} + \boldsymbol{D}(\boldsymbol{v}_r)\boldsymbol{v}_r - \boldsymbol{D}(\boldsymbol{v})\boldsymbol{v} \tag{2.40}$$

式中：$\boldsymbol{v}_r = \boldsymbol{v} - \boldsymbol{v}_c = (u_r, v_r, w_r, 0, 0, 0)^{\mathrm{T}}$ 为 ROV 相对海流的速度矢量，通常假设海流是无旋定常的，即海流速度的矢量形式在载体坐标系下可表示为 $\boldsymbol{v}_c = (u_c, v_c, w_c, 0, 0, 0)^{\mathrm{T}}$。ROV 相对于海流的速度在惯性坐标系下的通常表达式为

$$\begin{cases} u_r = u - V_c \cos\theta \cos(\alpha_c - \psi) \\ v_r = v - V_c \sin(\alpha_c - \psi) \\ w_r = w - V_c \sin\theta \cos(\alpha_c - \psi) \end{cases} \tag{2.41}$$

式中：α_c 为流向角；ψ 为偏航角；V_c 为海流速度。利用一阶高斯 - 马尔可夫过程求解可得

$$V_c + \mu_c V_c = \omega_c \tag{2.42}$$

式中：ω_c 为高斯白噪声；$\mu_c \geqslant 0$，为定常数。

由于海流是无旋定常的，式（2.41）对时间微分后得到如下 ROV 相对海流的加速度

$$\begin{cases} \dot{u}_r = \dot{u} + V_c q \sin\theta \cos(\alpha_c - \psi) - V_c r \cos\theta \sin(\alpha_c - \psi) \\ \dot{v}_r = \dot{v} - V_c r \cos(\alpha_c - \psi) \\ \dot{w}_r = \dot{w} - V_c q \cos\theta \cos(\alpha_c - \psi) - V_c r \sin\theta \sin(\alpha_c - \psi) \end{cases} \tag{2.43}$$

在实际情况中，海流的方向并非固定不变的，可能会随着时间和空间位置的变化而发生改变。本书仅考虑无旋定常海流的影响，即对式（2.43）设定 α_c 的值为定值，此时海流的方向在惯性坐标系下是固定不变的。

2.5.5　推进器的推力分析

推进器作为 ROV 的唯一执行机构，在 ROV 中扮演着至关重要的角色。推进器的输出不仅直接影响着 ROV 的运动状态，还决定了其操控性能和稳定性，因此在 ROV 设计和操作中，推进器的选择和调整需精心考虑，以确保 ROV 能够高效、准确地完成各项任务。本书所研究的 ROV 装配有 8 台电机驱动三叶螺旋桨推进器，推进器的推力可以通过其转速来调节，而其转速可以通过调节电子调速器的脉冲宽度调制（pulse width modulation, PWM）信号来控制和改变。一般情况下，用式（2.44）来描述螺旋桨推进器的推力

$$\begin{cases} T = \rho n^2 D^4 K_T \\ Q = \rho n^2 D^5 K_Q \\ J = \dfrac{V_A}{nD} \end{cases} \tag{2.44}$$

式中：T为螺旋桨推进器产生的推力；Q为螺旋桨推进器的扭矩；ρ为水的密度；K_T、K_Q分别为推进器的推力系数、扭矩系数；n为螺旋桨推进器的转速；D为螺旋桨的直径；V_A为螺旋桨相对于水的运动速度；J为进给系数。对于常见螺旋桨推进器而言，推进器产生的推力与其转速之间近似符合二次函数关系，如图 2.6 所示，具体函数表达式如下

$$T = F(n) = an^2 + bn + c \tag{2.45}$$

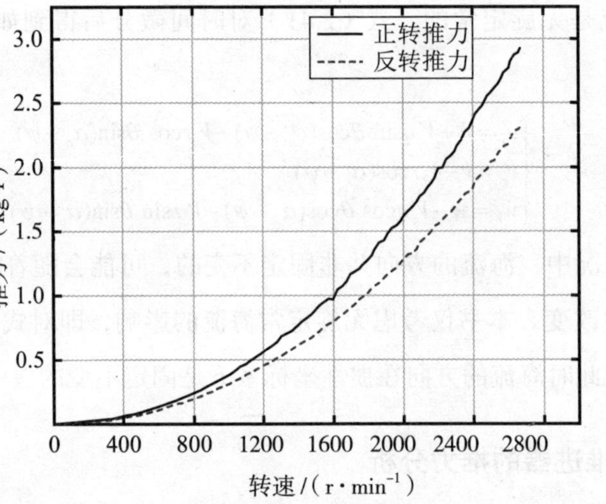

图 2.6　推进器的推力特性曲线

本书所研究 ROV 的 8 台推进器布置在 ROV 主体的 8 个角上，且呈矢量对称分布，其位置固定不变，因此推进器方位角变化问题并不存在。推进器的具体位置和角度布置如图 2.7 所示。

① 1kg · f =9.80665N。

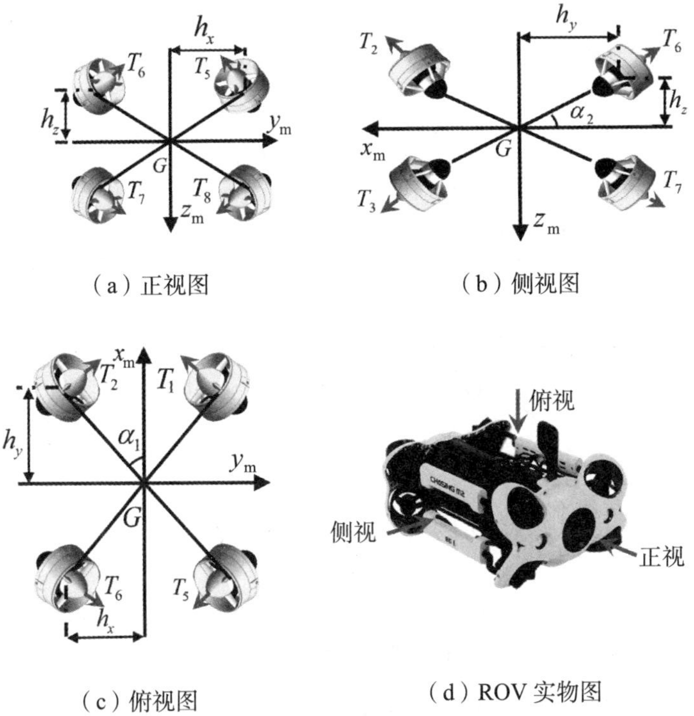

（a）正视图　　（b）侧视图

（c）俯视图　　（d）ROV 实物图

图 2.7　推进器的具体位置和角度布置

由 ROV 推进器的布置特点可知，ROV 的艏部和艉部均对称布置着 4 台推进器。为了便于叙述，用 $T_i(i=1,2,\cdots,8)$ 表示推进器，其中 T_1、T_2、T_5 和 T_6 位于 ROV 的上方，T_3、T_4、T_7 和 T_8 位于 ROV 的下方，ROV 的 8 台推进器的外形结构完全相同。如图 2.7（c）所示，推进器 T_1、T_2、T_5 和 T_6 在 Gx_my_m 平面上的投影呈水平菱形分布，其正方向指向 ROV 的内侧，各台推进器与载体坐标系的 Gx_m 轴成 α_1 角放置，与 Gy_mz_m 平面的垂直距离为 h_y。如图 2.7（b）所示，推进器 T_2、T_3、T_6 和 T_7 在 Gx_mz_m 平面上的投影呈“X”形分布，各台推进器与载体坐标系的 Gx_m 轴成 α_2 角放置，与 Gx_my_m 平面的垂直距离为 h_z。如图 2.7（a）所示，推进器 T_5、T_6、T_7 和 T_8 在 Gy_mz_m 平面上的投影呈水平菱形分布，其正方向指向 ROV 的内侧，与 Gx_mz_m 平面的垂直距离为 h_x。各台推进器的推力与 Gz_m 轴夹角都为 β_1。将各台推进器的推力分别在 Gx_my_m 平面上进行投影，并将投影后的推

力分别沿 Gx_m 、Gy_m 轴进行水平分解，可以得到各台推进器的推力在 Gx_my_m 水平面上的推力分量。推进器的推力水平分解示意图如图 2.8 所示。

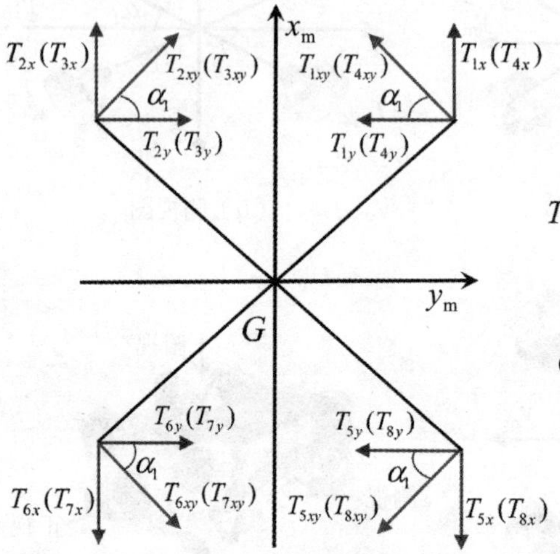

（a）水平分解示意图

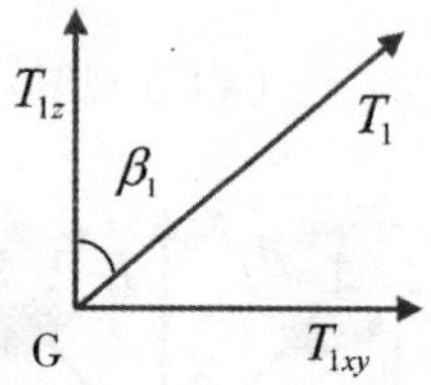

（b）局部放大图

图 2.8　推进器的推力水平分解示意图

8 台推进器具体安装信息配置如表 2.3 所示。

表 2.3　8 台推进器具体安装信息配置表

序号	描述	h_x /m	h_y /m	h_z /m	α_1/(°)	α_2/(°)	β_1/(°)
1#	艏右上	0.094	0.145	−0.057	−55	45	50.68
2#	艏左上	0.094	−0.145	−0.057	55	−45	50.68
3#	艏左下	0.094	−0.145	0.057	55	45	−50.68
4#	艏右下	0.094	0.145	0.057	−55	−45	−50.68
5#	艉右上	−0.094	0.145	−0.057	55	−45	50.68
6#	艉左上	−0.094	−0.145	−0.057	−55	45	50.68
7#	艉左下	−0.094	−0.145	0.057	−55	−45	−50.68
8#	艉右下	−0.094	0.145	0.057	55	45	−50.68

根据图 2.8 对推进器的推力进行分解合成后，由 ROV 的推进器布置特点，以及运动控制器可解算出沿 $Gx_{\rm m}$、$Gy_{\rm m}$ 和 $Gz_{\rm m}$ 轴方向的运动期望力，则各台推进器对 ROV 本体产生的合推力在 $Gx_{\rm m}$、$Gy_{\rm m}$ 和 $Gz_{\rm m}$ 轴方向上有下述表达式

$$\begin{cases}\boldsymbol{\tau}_X = T_1L_1 + T_2L_1 + T_3L_1 + T_4L_1 - T_5L_1 - T_6L_1 - T_7L_1 - T_8L_1 \\ \boldsymbol{\tau}_Y = -T_1L_2 + T_2L_2 + T_3L_2 - T_4L_2 - T_5L_2 + T_6L_2 + T_7L_2 - T_8L_2 \\ \boldsymbol{\tau}_Z = -T_1\cos\beta_1 - T_2\cos\beta_1 + T_3\cos\beta_1 + T_4\cos\beta_1 - T_5\cos\beta_1 - T_6\cos\beta_1 + T_7\cos\beta_1 + T_8\cos\beta_1\end{cases} \tag{2.46}$$

式中：$\boldsymbol{\tau}_X$、$\boldsymbol{\tau}_Y$、$\boldsymbol{\tau}_Z$ 为 ROV 推进器分别沿 $Gx_{\rm m}$、$Gy_{\rm m}$、$Gz_{\rm m}$ 轴方向上的合推力；$L_1 = \sin\beta_1\sin\alpha_1$，$L_2 = \sin\beta_1\cos\alpha_1$，且满足 $\tan\beta_1\sin\alpha_1\tan\alpha_2 = 1$；$\alpha_1$、$\alpha_2$ 为推进器放置角；β_1 为推进器与 $Gz_{\rm m}$ 轴的夹角。

根据 ROV 的推进器布置特点可知，推进器的安装位置与 ROV 的重心不在同一水平面上。因此，当推进器正常工作时，在 ROV 载体坐标系的 3 个运动轴方向上将会产生推力矩，经过推进器的推力分解合成后，各台推进器对 ROV 产生的合推力矩在 $Gx_{\rm m}$、$Gy_{\rm m}$ 和 $Gz_{\rm m}$ 轴方向上有下述表达式

$$\begin{cases}\boldsymbol{\tau}_K = -T_1\cos\beta_1h_x - T_1L_2h_z + T_2\cos\beta_1h_x + T_2L_2h_z - T_3\cos\beta_1h_x - T_3L_2h_z + T_4\cos\beta_1h_x + T_4L_2h_z - \\ \qquad T_5\cos\beta_1h_x - T_5L_2h_z + T_6\cos\beta_1h_x + T_6L_2h_z - T_7\cos\beta_1h_x - T_7L_2h_z + T_8\cos\beta_1h_x + T_8L_2h_z \\ \boldsymbol{\tau}_M = T_1\cos\beta_1h_y + T_1L_1h_z + T_2\cos\beta_1h_y + T_2L_1h_z - T_3\cos\beta_1h_y - T_3L_1h_z - T_4\cos\beta_1h_y - T_4L_1h_z - \\ \qquad T_5\cos\beta_1h_y - T_5L_1h_z - T_6\cos\beta_1h_y - T_6L_1h_z + T_7\cos\beta_1h_y + T_7L_1h_z + T_8\cos\beta_1h_y + T_8L_1h_z \\ \boldsymbol{\tau}_N = -T_1L_1h_x - T_1L_2h_y + T_2L_1h_x + T_2L_2h_y + T_3L_1h_x + T_3L_2h_y - T_4L_1h_x - T_4L_2h_y + \\ \qquad T_5L_1h_x + T_5L_2h_y - T_6L_1h_x - T_6L_2h_y - T_7L_1h_x - T_7L_2h_y + T_8L_1h_x + T_8L_2h_y\end{cases} \tag{2.47}$$

式中：$\boldsymbol{\tau}_K$、$\boldsymbol{\tau}_M$、$\boldsymbol{\tau}_N$ 为推进器分别沿 $Gx_{\rm m}$、$Gy_{\rm m}$、$Gz_{\rm m}$ 轴方向的合推力矩。将式（2.46）、式（2.47）转换为如下矩阵向量形式

$$\boldsymbol{\tau}_P = \boldsymbol{Bu} \tag{2.48}$$

式中：$\boldsymbol{\tau}_P = (\tau_X, \tau_Y, \tau_Z, \tau_K, \tau_M, \tau_N)^{\rm T}$ 为运动控制器输出的期望力和力矩向量；$\boldsymbol{u} = (T_1, T_2, T_3, T_4, T_5, T_6, T_7, T_8)^{\rm T}$ 为各台推进器推力大小向量；$\boldsymbol{B}$ 为推进器矢量布置矩阵，其具体表达式为

$$
\boldsymbol{B}=\begin{bmatrix}
L_1 & L_1 & L_1 & L_1 & -L_1 & -L_1 & -L_1 & -L_1 \\
-L_2 & L_2 & L_2 & -L_2 & -L_2 & L_2 & L_2 & -L_2 \\
-\cos\beta_1 & -\cos\beta_1 & \cos\beta_1 & \cos\beta_1 & -\cos\beta_1 & -\cos\beta_1 & \cos\beta_1 & \cos\beta_1 \\
-\cos\beta_1 h_x - L_2 h_z & \cos\beta_1 h_x + L_2 h_z & -\cos\beta_1 h_x - L_2 h_z & \cos\beta_1 h_x + L_2 h_z & -\cos\beta_1 h_x - L_2 h_z & \cos\beta_1 h_x + L_2 h_z & -\cos\beta_1 h_x - L_2 h_z & \cos\beta_1 h_x + L_2 h_z \\
\cos\beta_1 h_y + L_1 h_z & \cos\beta_1 h_y + L_1 h_z & -\cos\beta_1 h_y - L_1 h_z & -\cos\beta_1 h_y - L_1 h_z & -\cos\beta_1 h_y - L_1 h_z & -\cos\beta_1 h_y - L_1 h_z & \cos\beta_1 h_y + L_1 h_z & \cos\beta_1 h_y + L_1 h_z \\
-L_1 h_x - L_2 h_y & L_1 h_x + L_2 h_y & L_1 h_x + L_2 h_y & -L_1 h_x - L_2 h_y & L_1 h_x + L_2 h_y & -L_1 h_x - L_2 h_y & -L_1 h_x - L_2 h_y & L_1 h_x + L_2 h_y
\end{bmatrix} \tag{2.49}
$$

将推进器布置参数 α_1，α_2，β_1，h_x，h_y，h_z 的具体值代入式（2.49）可得如下 ROV 推进器布置矩阵

$$
\boldsymbol{B}=\begin{bmatrix}
-0.634 & -0.634 & -0.634 & -0.634 & 0.634 & 0.634 & 0.634 & 0.634 \\
-0.444 & 0.444 & 0.444 & -0.444 & -0.444 & 0.444 & 0.444 & -0.444 \\
-0.634 & -0.634 & 0.634 & 0.634 & -0.634 & -0.634 & 0.634 & 0.634 \\
-0.085 & 0.085 & -0.085 & 0.085 & -0.085 & 0.085 & -0.085 & 0.085 \\
0.128 & 0.128 & -0.128 & -0.128 & -0.128 & -0.128 & 0.128 & 0.128 \\
-0.124 & 0.124 & 0.124 & -0.124 & 0.124 & -0.124 & -0.124 & 0.124
\end{bmatrix} \tag{2.50}
$$

2.6 ROV 动力学模型的建立

动力学建模主要依据牛顿运动定律和动量定理。基于前述方法对 ROV 进行数学建模，作者发现 ROV 系统模型结构复杂，且其参数具有不确定性，同时该模型容易受到复杂外部环境的影响，模型中相关的未知水动力参数难以准确获得，因此难以得到精确的模型。为了便于后续研究分析，根据 ROV 的工作特点与结构特性，本书对 ROV 动力学模型进行了合理的简化处理。

（1）ROV 的重心和浮心重合于载体坐标系原点 G，即浮心坐标为 $\boldsymbol{r}_B=(0,0,0)^{\mathrm{T}}$。

（2）ROV 本体结构高度对称，通常情况下，惯性类水动力中非对角线元素所产生的影响较小，因此忽略惯性矩阵 $\boldsymbol{M}_{RB}$、附加质量矩阵 $\boldsymbol{M}_A$ 中非对角线元素。

（3）ROV 的航速较低，一般情况下不超过 1.5 m/s，因此水动力耦合不明显，阻尼矩阵中的阻尼项与耦合项中的高阶阻尼项和耦合项被忽略，只保留一次项和二次项系数。

基于以上假设，并结合 2.5 节内容，根据拉格朗日（Lagrange）方法可得如下 ROV 在载体坐标系中的非线性动力学方程

$$\boldsymbol{M}\dot{\boldsymbol{v}}+\boldsymbol{C}(\boldsymbol{v})\boldsymbol{v}+\boldsymbol{D}(\boldsymbol{v})\boldsymbol{v}+\boldsymbol{g}(\boldsymbol{\eta})=\boldsymbol{\tau}_P+\boldsymbol{\tau}_d \tag{2.51}$$

式中：总质量矩阵 $\boldsymbol{M}$ 由 $\boldsymbol{M}_{RB}$ 和 $\boldsymbol{M}_A$ 组成，简化表示为

$$\boldsymbol{M}=\boldsymbol{M}_{RB}+\boldsymbol{M}_A=\mathrm{diag}\left\{m_u,m_v,m_w,m_p,m_q,m_r\right\} \tag{2.52}$$

式中：$m_u=m-X_{\dot{u}}$；$m_v=m-Y_{\dot{v}}$；$m_w=m-Z_{\dot{w}}$；$m_p=I_x-K_{\dot{p}}$；$m_q=I_y-M_{\dot{q}}$；$m_r=I_z-N_{\dot{r}}$；$K_{\dot{p}}$、$M_{\dot{q}}$、$N_{\dot{r}}$、$X_{\dot{u}}$、$Y_{\dot{v}}$、$Z_{\dot{w}}$ 为 ROV 的惯性类水动力系数。

科氏力及向心力矩阵 $\boldsymbol{C}(\boldsymbol{v})$ 由 $\boldsymbol{C}_{RB}(\boldsymbol{v})$ 和 $\boldsymbol{C}_A(\boldsymbol{v})$ 组成，简化表示为

$$\boldsymbol{C}(\boldsymbol{v})=\boldsymbol{C}_{RB}(\boldsymbol{v})+\boldsymbol{C}_A(\boldsymbol{v})=\begin{bmatrix}0&0&0&0&m_w w&-m_v v\\0&0&0&-m_w w&0&m_u u\\0&0&0&m_v v&-m_u u&0\\0&m_w w&-m_v v&0&m_r r&-m_q q\\-m_w w&0&m_u u&-m_r r&0&m_p p\\m_v v&-m_u u&0&m_q q&-m_p p&0\end{bmatrix} \tag{2.53}$$

水动力阻尼矩阵 $\boldsymbol{D}(\boldsymbol{v})$ 简化表示为

$$\begin{aligned}\boldsymbol{D}(\boldsymbol{v})=\boldsymbol{D}_L+\boldsymbol{D}_{NL}(\boldsymbol{v})=-\mathrm{diag}\left\{X_u,Y_v,Z_w,K_p,M_q,N_r\right\}-\\ \mathrm{diag}\left\{X_{u|u|}|u|,Y_{v|v|}|v|,Z_{w|w|}|w|,K_{p|p|}|p|,M_{q|q|}|q|,N_{r|r|}|r|\right\}\end{aligned} \tag{2.54}$$

式中：X_u、Y_v、Z_w、K_p、M_q、N_r 为线性阻尼系数；$X_{u|u|}$、$Y_{v|v|}$、$Z_{w|w|}$、$K_{p|p|}$、$M_{q|q|}$、$N_{r|r|}$ 为非线性阻尼系数。

静水力和力矩矢量 $\boldsymbol{g}(\boldsymbol{\eta})$ 简化表示为

$$\boldsymbol{g}(\boldsymbol{\eta})=\begin{bmatrix}(G-B)\sin\theta\\-(G-B)\cos\theta\sin\varphi\\-(G-B)\cos\theta\cos\varphi\\y_B B\cos\theta\cos\varphi-z_B B\cos\theta\sin\varphi\\-x_B B\cos\theta\cos\varphi-z_B B\sin\theta\\x_B B\cos\theta\sin\varphi+y_B B\sin\theta\end{bmatrix} \tag{2.55}$$

在实际工程应用中，由于测量误差、外部环境噪声和参数漂移等因素的影响，水动力系数的准确性无法得到保证，$\boldsymbol{M}$、$\boldsymbol{C}(\boldsymbol{v})$、$\boldsymbol{D}(\boldsymbol{v})$、$\boldsymbol{g}(\boldsymbol{\eta})$不易准确得到。因此，考虑上述干扰因素对系统的影响，将这四项分为系统矩阵中的标称项和摄动项。

$$\begin{cases}\boldsymbol{M}=\boldsymbol{M}_0+\Delta\boldsymbol{M}\\ \boldsymbol{C}(\boldsymbol{v})=\boldsymbol{C}_0(\boldsymbol{v})+\Delta\boldsymbol{C}(\boldsymbol{v})\\ \boldsymbol{D}(\boldsymbol{v})=\boldsymbol{D}_0(\boldsymbol{v})+\Delta\boldsymbol{D}(\boldsymbol{v})\\ \boldsymbol{g}(\boldsymbol{\eta})=\boldsymbol{g}_0(\boldsymbol{\eta})+\Delta\boldsymbol{g}(\boldsymbol{\eta})\end{cases} \tag{2.56}$$

式中：$\boldsymbol{M}_0$、$\boldsymbol{C}_0(\boldsymbol{v})$、$\boldsymbol{D}_0(\boldsymbol{v})$、$\boldsymbol{g}_0(\boldsymbol{\eta})$为通过计算流体动力学（computational fluid dynamics, CFD）仿真计算或模型实验得到的模型参数的标称值；$\Delta\boldsymbol{M}$、$\Delta\boldsymbol{C}(\boldsymbol{v})$、$\Delta\boldsymbol{D}(\boldsymbol{v})$、$\Delta\boldsymbol{g}(\boldsymbol{\eta})$为模型参数的摄动值。因此，式（2.51）可写成如下形式

$$\boldsymbol{M}_0\dot{\boldsymbol{v}}+\boldsymbol{C}_0(\boldsymbol{v})\boldsymbol{v}+\boldsymbol{D}_0(\boldsymbol{v})\boldsymbol{v}+\boldsymbol{g}_0(\boldsymbol{\eta})=\boldsymbol{\tau}_P+\boldsymbol{d}(\boldsymbol{v},\dot{\boldsymbol{v}}) \tag{2.57}$$

式中：复合干扰项$\boldsymbol{d}(\boldsymbol{v},\dot{\boldsymbol{v}})$由模型不确定项$\boldsymbol{\tau}_{un}$和未知外界干扰项$\boldsymbol{\tau}_d$组成，$\boldsymbol{d}(\boldsymbol{v},\dot{\boldsymbol{v}})$的具体表达式为

$$\boldsymbol{d}(\boldsymbol{v},\dot{\boldsymbol{v}})=\boldsymbol{\tau}_{un}+\boldsymbol{\tau}_d=-\Delta\boldsymbol{M}\dot{\boldsymbol{v}}-\Delta\boldsymbol{C}(\boldsymbol{v})\boldsymbol{v}-\Delta\boldsymbol{D}(\boldsymbol{v})\boldsymbol{v}-\Delta\boldsymbol{g}(\boldsymbol{\eta})+\boldsymbol{\tau}_d \tag{2.58}$$

ROV 为开架式结构，其水动力系数难以根据经验得到。ROV 的主体结构是由电子控制舱、主体框架、推进器等几部分组成的。通过 CFD 单独仿真计算各主体的水动力系数，然后进行叠加、近似修正、综合经验度量等，最终得到如表 2.4 所示的 ROV 相关水动力参数。

表 2.4　ROV 相关水动力参数

参数	值	参数	值
$X_{\dot{u}}/\text{kg}$	−2.61	$K_{\dot{p}}/(\text{kg}\cdot\text{m}^2\cdot\text{rad}^{-1})$	−0.15
$X_u/(\text{N}\cdot\text{s}\cdot\text{m}^{-1})$	−2.47	$K_p/(\text{N}\cdot\text{s}\cdot\text{rad}^{-1})$	−0.82
$X_{u\|u\|}/(\text{N}\cdot\text{s}^2\cdot\text{m}^{-2})$	−8.33	$K_{p\|p\|}/(\text{N}\cdot\text{s}^2\cdot\text{rad}^{-2})$	−2.95
$Y_{\dot{v}}/\text{kg}$	−5.56	$M_{\dot{q}}/(\text{kg}\cdot\text{m}^2\cdot\text{rad}^{-1})$	−0.26

续表　2.4

参数	值	参数	值
$Y_v/(\mathrm{N\cdot s\cdot m^{-1}})$	−3.54	$M_q/(\mathrm{N\cdot s\cdot rad^{-1}})$	−0.90
$Y_{v\|v\|}/(\mathrm{N\cdot s^2\cdot m^{-2}})$	−10.82	$M_{q\|q\|}/(\mathrm{N\cdot s^2\cdot rad^{-2}})$	−3.67
$Z_{\dot{w}}/\mathrm{kg}$	−9.75	$N_{\dot{r}}/(\mathrm{kg\cdot m^2\cdot rad^{-1}})$	−0.21
$Z_w/(\mathrm{N\cdot s\cdot m^{-1}})$	−2.38	$N_r/(\mathrm{N\cdot s\cdot rad^{-1}})$	−0.45
$Z_{w\|w\|}/(\mathrm{N\cdot s^2\cdot m^{-2}})$	−14.13	$N_{r\|r\|}/(\mathrm{N\cdot s^2\cdot rad^{-2}})$	−1.56

2.7　ROV 推进器故障模型的建立

由于工作环境恶劣、情况复杂多变、不可控因素较多，因此 ROV 易出现各种各样的未知故障。任何一种故障都有可能给 ROV 带来严重影响和损失，甚至会带来灾难性的后果。因此，对其进行实时的状态监测和故障诊断是很有必要的。推进器是 ROV 的核心动力部件，其稳定工作是 ROV 安全作业的核心保障。螺旋桨伺服电机是推进器的主要组件。当驱动电机发生部分或者完全失效情况，不能有效地执行控制器输出的指令时，ROV 推进器被认为发生了故障。推进器故障按照发生方式不同可分为加性和乘性两类故障，如图 2.9 所示。

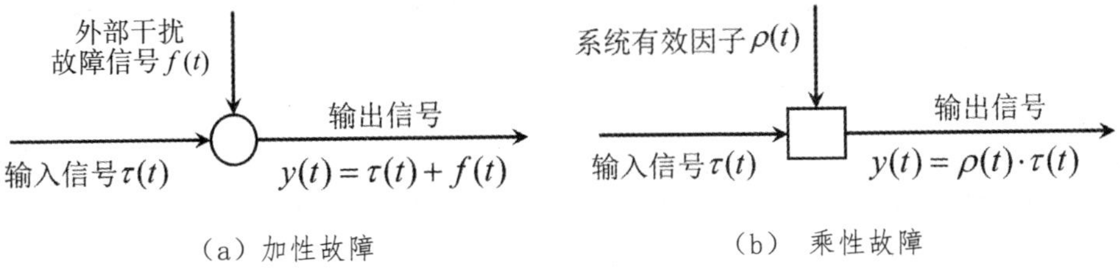

图 2.9　推进器故障分类

推进器故障按照外部干扰故障信号 $f(t)$ 和系统有效因子 $\rho(t)$ 的取值不同又可进行如表 2.5 所示分类。

表 2.5 ROV 推进器故障分类

故障类型	$\rho(t)$	$f(t)$	描述
恒定增益	(0,1)	0	期望输出与实际成比例
卡死	0	0	输出恒定，系统卡死
恒定偏差	0	常值或随机	产生恒定或随机偏差
饱和	>1	0	系统最大输出
正常	1	0	系统无故障

综合实际应用考虑，ROV 推进器存在一些不同的故障类型，如卡死、叶片掉落和叶片断裂等。常见的不同故障类型主要用以下故障模型来描述：

（1）卡死故障模型。$\boldsymbol{\tau}_a=\boldsymbol{\delta}$，式中：$\boldsymbol{\delta}$为常数向量；$\boldsymbol{\tau}_a$为实际推力。

（2）恒定增益故障模型。$\boldsymbol{\tau}_a=\boldsymbol{\omega\tau}$，式中：$\boldsymbol{\omega}$为恒定增益变化的比例因子；$\boldsymbol{\tau}$为理论推力。

（3）恒定偏差故障模型。$\boldsymbol{\tau}_a=\boldsymbol{\tau}+\boldsymbol{\sigma}$，式中：$\boldsymbol{\sigma}$为常数向量。

通过对上述推进器故障模型的分析，当推进器发生故障时，推进器的实际推力将小于理论推力。推进器的推力输出与控制信号成正比，设$\boldsymbol{\tau}\in\mathbf{R}^n$为期望控制力；$\boldsymbol{f}_a\in\mathbf{R}^n$为推进器的故障信号矢量，具体为推进器由故障导致的推力损失，其数值大小代表推进器发生故障的程度。$\boldsymbol{f}_a=\boldsymbol{0}$表示推进器无故障；$\boldsymbol{f}_a=\boldsymbol{\tau}$表示推进器发生完全失效故障，即卡死故障；$\boldsymbol{0}<\boldsymbol{f}_a<\boldsymbol{\tau}$表示推进器发生部分失效故障。因此，推进器的故障模型可以表示为

$$\boldsymbol{\tau}_a=\boldsymbol{\tau}-\boldsymbol{f}_a \tag{2.59}$$

式中：$\boldsymbol{\tau}_a$为实际输出力；$\boldsymbol{\tau}$为理论输出力；$\boldsymbol{f}_a$为推进器的故障信号矢量。在实际情况中，推进器的故障信号存在最大值$f_{a\max}$，即故障信号有上界，满足

$$\|\boldsymbol{f}_a\|\leqslant f_{a\max} \tag{2.60}$$

考虑到推进器故障影响的是推力分布矩阵，通过对常见的推进器故障信息

的分析，推进器故障可以归纳为遭受有效性损失和偏差故障问题，真实的控制输入可以写成如下表达式

$$\boldsymbol{\tau} = \boldsymbol{B}(\boldsymbol{E} - \boldsymbol{D})\boldsymbol{u} = \boldsymbol{\tau}_u - \boldsymbol{\tau}_f \tag{2.61}$$

式中：$\boldsymbol{\tau}_u = \boldsymbol{Bu}$，为推进器实际推力输出分配到各自由度上的力和力矩；$\boldsymbol{\tau}_f = \boldsymbol{DBu}$，为推进器故障信号分配到各自由度上的力和力矩；$\boldsymbol{B} \in \mathbf{R}^{6\times8}$，为推进器矢量布置矩阵；$\boldsymbol{E} \in \mathbf{R}^{8\times8}$，为单位矩阵；$\boldsymbol{D} = \mathrm{diag}\{d_1, d_2, \cdots, d_8\} \in \mathbf{R}^{8\times8}$，为有效性矩阵，其中 d_i 为第 i 台推进器的效率，$d_i = 0$ 为第 i 台推进器无故障，$d_i = 1$ 为第 i 台推进器发生完全失效故障，即卡死故障，$0 < d_i < 1$ 为第 i 台推进器发生部分失效故障；$\boldsymbol{u} \in \mathbf{R}^8$，为期望的推进器推力控制输入信号矢量。

2.8　本章小结

本章主要介绍了 ROV 的整体结构和基本参数，建立了两种不同的坐标系，并对 ROV 的各项运动参数进行了定义。首先，基于欧拉角的旋转定理对 ROV 进行了运动学分析。其次，详细分析了 ROV 在水下运动时所受到的各种力的情况，并以此为基础建立了 ROV 的动力学模型。再次，在综合考虑 ROV 系统模型参数的不确定性和外部环境干扰的基础上，进一步建立了 ROV 的动力学模型，并对其进行了相应的简化处理。最后，对常见的 ROV 推进器故障模型进行了分析，以便进行后续运动控制系统的设计。

第 3 章　ROV 航迹跟踪控制方法

3.1　引言

随着技术的发展，水下机器人正变得越来越智能化和自主化，能够通过自主路径规划获得良好的航迹跟踪性能以更好地适应复杂的水下环境，已广泛应用于海洋科学研究的各个领域。随着水下作业任务的不断增多，以及水下作业复杂性的持续提高，航迹跟踪控制技术也在不断发展和完善，以应对各种复杂环境和挑战。因此，提高 ROV 航迹跟踪的实时性及鲁棒性已成为当前水下机器人控制研究的热点问题。

随着研究的深入，许多航迹跟踪控制方法如自适应控制、神经网络控制、滑模观测器等被应用于水下机器人的运动控制中。本章针对 ROV 系统模型参数的不确定性和外界干扰对 ROV 的影响，提出了一种基于自适应快速终端滑模观测器的 ROV 航迹跟踪控制优化方法。首先，建立带有模型参数不确定性、未知外界干扰和执行器动态特性的 ROV 动力学模型，设计具有自适应特性的快速终端滑模控制器，以保证所有的状态估计误差在有限时间内快速收敛，并结合 RBF 神经网络逼近模型误差项和未知外界干扰项，提高航迹跟踪的控制精度。其次，针对推力分配问题，分别采用伪逆法和序列二次规划（sequential quadratic programming, SQP）法对推进器的推力进行合理有效的分配。最后，对所提出的控制方法进行稳定性证明，并通过 ROV 航迹跟踪仿真实验说明该方法的可行性和有效性。

3.2　控制设计方法

3.2.1　滑模变结构控制

滑模变结构控制是一种基于滑模面的控制方法，通过引入滑模面来控制系统状态。滑模变结构控制的优势主要表现为可以在系统模型不确定或存在扰动的情况下保持系统的稳定性和鲁棒性。在实际的工程应用中，由于滑模变结构控制的设计和实现相对简单，不需要精确的系统模型，并且具有快速响应和追踪的性能，对模型不确定项和未知外界干扰项具有一定的抑制能力，能够减小干扰对系统的影响，因此滑模变结构控制有着广泛的实际应用。

在滑模变结构控制中，系统的运动可以分为趋近运动阶段和滑模运动阶段。理想滑模运动状态图如图 3.1 所示。

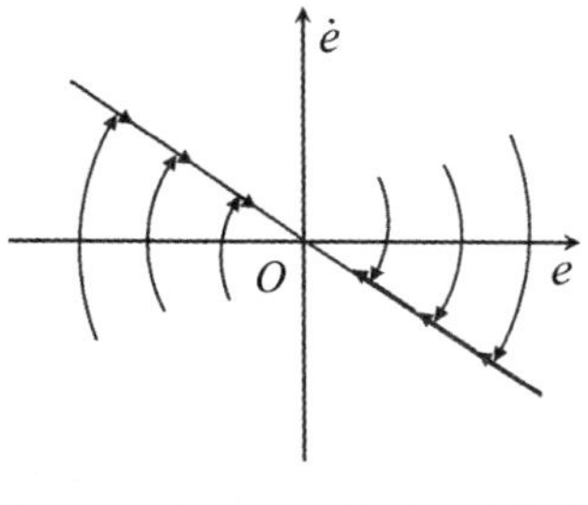

图 3.1　理想滑模运动状态图

在趋近运动阶段，控制器使系统状态尽快接近滑模面，以实现系统状态的快速调整和趋近目标状态，为进入滑模运动阶段做准备。在滑模运动阶段，控制器的目标是使系统状态沿着滑模面运动，而不偏离该表面。作用于滑模面的控制力可以用来抵消模型不确定项和未知外界干扰项的影响，从而使系统状态得到精确的控制。因此，滑模运动具有较强的鲁棒性和抗干扰能力。

滑模变结构控制中的趋近运动和滑模运动是一种理想情况，在实际应用中可能会受到系统误差、外部环境、执行器故障的影响，从而出现滑模抖振等问题。本书采用了一种新型非线性滑模函数来替代传统的线性滑模函数，以提升控制系统中运动状态的品质。线性滑模与非线性滑模的相轨迹图如图 3.2 所示，当系统误差较大时，非线性滑模函数的收敛速度将非线性地增大到某一定值领域内，这可在保证收敛速度的同时保证系数跟踪精度；当系统误差较小时，较大的收敛速度可被设置，以保证系统快速收敛。非线性滑模控制在适应非线性特性、提供鲁棒性、施加精确的控制力和优化性能指标等方面具有优势，因此采用非线性滑模能够提升控制系统中运动状态的品质。

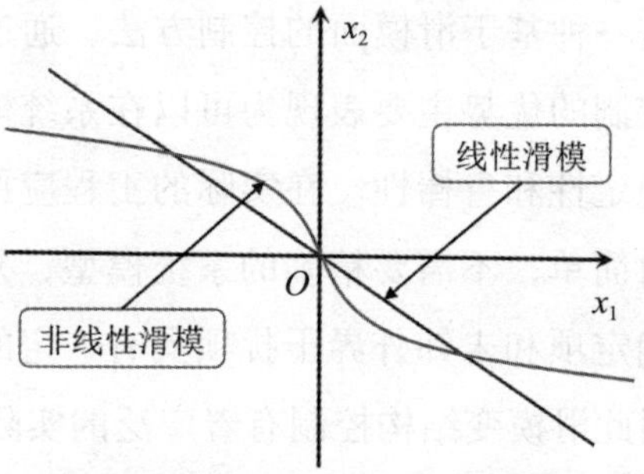

图 3.2　线性滑模与非线性滑模的相轨迹图

3.2.2　RBF 神经网络

RBF 神经网络是一种前馈神经网络。它是一种人工神经网络，也是一种用于模拟生物神经网络的行为计算模型，由许多简单的神经元组成，这些神经元通过连接进行信息传递和处理。

RBF 神经网络主要包含输入层、隐含层和输出层。第一层为接收输入数据的输入层，由感知神经元组成；第二层为节点，常被设计成高斯函数或 sigmoid 函数等非线性函数的隐含层，常采用径向基函数对输入空间进行划分，并将输入层数据映射到高维特征空间，进而捕捉非线性关系；第三层为基于第二层的映射对信息进行预测的输出层。由于 RBF 神经网络具有良好的局部逼近能力，能够有效处理非线性问题，对干扰信号具有一定的鲁棒性，因此它在模式识别、函数逼近和时间序列预测等领域具有广泛的应用。

在如图 3.3 所示的 RBF 神经网络拓扑结构图中，输入层节点数量为 n，隐含层节点数量为 m，输出层节点数量为 1，x_i 为输入层节点对应输入向量的特征。每个隐含层节点都有一个径向基函数，它用于对输入数据进行非线性变换。本书以具有强非线性拟合能力、参数可调性、结构简单等优点的高斯基函数为径

向基函数，其具体表达式如下

$$h_j = \exp\left(-\frac{\left\|\boldsymbol{x}-\boldsymbol{C}_j\right\|}{2b_j^{\,2}}\right), j=1,2,\cdots,m \tag{3.1}$$

式中：$\boldsymbol{x}$ 为输入向量；$\boldsymbol{C}_j$ 为高斯基函数中心点的坐标向量；b_j 为高斯基函数的宽度。

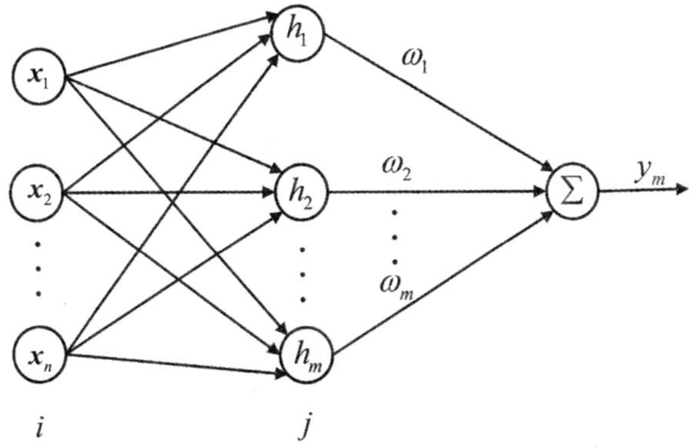

图 3.3　RBF 神经网络拓扑结构图

输出层节点接收隐含层节点的输出，并产生最终的网络输出。输出层节点的输出可以表示为

$$y_m = \sum_{j=1}^{m}\left(\omega_j h_j\right) \tag{3.2}$$

式中：ω_j 为输出层节点与隐含层节点之间的连接权重。

3.2.3　有限时间控制方法

相较于传统的稳定性控制方法，有限时间控制方法能在有限时间内使系统达到期望状态或轨迹。有限时间控制方法强调在确定的时间内实现控制目标，能提升闭环系统的响应速度和收敛速度，因此有限时间控制方法在机器人运动控制领域有着广泛的应用。其中，具体的有限时间稳定条件表示如下

$$\dot{\boldsymbol{x}} = \boldsymbol{f}(\boldsymbol{x}), \boldsymbol{f}(\boldsymbol{0}) = \boldsymbol{0}, \boldsymbol{x}(\boldsymbol{0}) = \boldsymbol{x}_0 \tag{3.3}$$

式中：$\boldsymbol{x} = (x_1, x_2, \cdots, x_n)^{\mathrm{T}} \in \mathbf{R}^n$；$\boldsymbol{f}(\boldsymbol{x}) = \left(f_1(\boldsymbol{x}), f_2(\boldsymbol{x}), \cdots, f_n(\boldsymbol{x})\right)^{\mathrm{T}}$，$f{:}\mathbf{R}^n \to \mathbf{R}^n$。

假设 $V(t)$ 是在原点邻域内连续可导的正定函数，那么 $\exists c_1>0$ 和 $0<\alpha_1<1$ 使得如下条件成立

$$\dot{V}(\boldsymbol{x})+c_1V^{\alpha_1}(\boldsymbol{x})\leqslant 0 \tag{3.4}$$

则原点为式（3.4）的全局有限时间稳定平衡点，即 $\exists t_1>0$，使得当 $t>t_1$ 时，有 $\|\boldsymbol{x}(t)\|=0$ 成立，其中

$$t_1=\frac{1}{c_1(1-\alpha_1)}V^{1-\alpha_1}(\boldsymbol{x}_0)$$

3.2.4 主要引理

引理 1：对于 $x_i\in\mathbf{R}, i=1,2,\cdots,N$，且 $0<p\leqslant 1$，有

$$\left(\sum_{i=1}^{N}|x_i|\right)^p\leqslant\sum_{i=1}^{N}|x_i|^p\leqslant N^{1-p}\left(\sum_{i=1}^{N}|x_i|\right)^p \tag{3.5}$$

引理 2：考虑非线性系统 $\dot{\boldsymbol{x}}=\boldsymbol{f}(\boldsymbol{x}), \boldsymbol{f}(\boldsymbol{0})=\boldsymbol{0}$，若存在一个连续可微的正定函数 $V(\boldsymbol{x})$，满足式（3.6），则存在一个有限时间 $T\geqslant 0$，使得 $\boldsymbol{x}(t)=\boldsymbol{0},\forall t>T$。

$$\dot{V}(\boldsymbol{x})\leqslant -bV^{\alpha_1}(\boldsymbol{x})-cV^{\alpha_2}(\boldsymbol{x}),\boldsymbol{x}\in\mathbf{R}^n/\{\boldsymbol{0}\} \tag{3.6}$$

式中：$0<\alpha_1<1,\ \alpha_2\geqslant 1$，为已知常数，其中控制系统达到稳定的有限时间 T 为

$$T=\begin{cases}\dfrac{1}{c(1-\alpha_2)}+\dfrac{V^{1-\alpha_1}(\boldsymbol{x}(0))-1}{b(1-\alpha_1)},\alpha_1>1\\[2ex]\dfrac{1}{b(1-\alpha_2)}\ln\left[1+\dfrac{b}{c}V^{1-\alpha_2}(\boldsymbol{x}(0))\right],\alpha_1=1\end{cases} \tag{3.7}$$

3.3 基于自适应快速终端滑模观测器的 ROV 航迹跟踪控制

3.3.1 滑模观测器的设计

定义系统状态变量 $\boldsymbol{x}=[\boldsymbol{x}_1,\boldsymbol{x}_2]^{\mathrm{T}}=[\boldsymbol{\eta},\dot{\boldsymbol{\eta}}]^{\mathrm{T}}$，其中 $\boldsymbol{x}_1=\boldsymbol{\eta}$，$\boldsymbol{x}_2=\boldsymbol{J}(\boldsymbol{\eta})\boldsymbol{v}$。将式（2.57）（ROV 动力学方程）转化为如下状态空间方程的形式

$$\begin{cases}\dot{\boldsymbol{x}}_1=\boldsymbol{x}_2\\ \dot{\boldsymbol{x}}_2=\boldsymbol{F}_1(\boldsymbol{x}_1,\boldsymbol{x}_2)+\boldsymbol{G}_1(\boldsymbol{x}_1)\boldsymbol{\tau}_a\\ \boldsymbol{y}=\boldsymbol{x}_2\end{cases} \tag{3.8}$$

式中：$\boldsymbol{y}$ 为系统输出量；$\boldsymbol{F}(\boldsymbol{x}_1,\boldsymbol{x}_2)$ 为模型不确定项和未知外界干扰项。结合式（2.57）有

$$\boldsymbol{F}_1(\boldsymbol{x}_1,\boldsymbol{x}_2)=\boldsymbol{J}(\boldsymbol{x}_1)\boldsymbol{M}_0^{-1}\begin{bmatrix}-\boldsymbol{C}_0(\boldsymbol{J}^{-1}(\boldsymbol{x}_1)\boldsymbol{x}_2)\cdot\boldsymbol{J}^{-1}(\boldsymbol{x}_1)\boldsymbol{x}_2-\boldsymbol{D}_0(\boldsymbol{J}^{-1}(\boldsymbol{x}_1)\boldsymbol{x}_2)\boldsymbol{J}^{-1}(\boldsymbol{x}_1)\boldsymbol{x}_2\\ -\boldsymbol{g}_0(\boldsymbol{x}_1)+\boldsymbol{\tau}_d+\Theta(\boldsymbol{\eta},\boldsymbol{v},\dot{\boldsymbol{v}})\end{bmatrix}+\boldsymbol{J}(\boldsymbol{x}_1)'\boldsymbol{J}^{-1}(\boldsymbol{x}_1)\boldsymbol{x}_2 \tag{3.9}$$

$$\boldsymbol{G}_1(\boldsymbol{x}_1)=\boldsymbol{J}(\boldsymbol{x}_1)\boldsymbol{M}_0^{-1} \tag{3.10}$$

假设 1：对于非线性函数 $\boldsymbol{F}(\boldsymbol{x}_1,\boldsymbol{x}_2)$，其满足利普希茨（Lipschitz）条件，即有

$$\left\|\boldsymbol{F}_1(\boldsymbol{x}_1,\boldsymbol{x}_2)-\boldsymbol{F}_1(\bar{\boldsymbol{x}}_1,\bar{\boldsymbol{x}}_2)\right\|\leqslant L\left\|(\boldsymbol{x}_1-\bar{\boldsymbol{x}}_1)+(\boldsymbol{x}_2-\bar{\boldsymbol{x}}_2)\right\| \tag{3.11}$$

式中：L 为利普希茨常数；$\boldsymbol{F}_1(\bar{\boldsymbol{x}}_1,\bar{\boldsymbol{x}}_2)$ 为 $\boldsymbol{F}_1(\boldsymbol{x}_1,\boldsymbol{x}_2)$ 的上界。

针对如式（3.8）所示的系统，设计如下滑模观测器对 ROV 系统的状态变量进行观测

$$\begin{cases}\dot{\hat{\boldsymbol{x}}}_1=\hat{\boldsymbol{x}}_2+k_1(\boldsymbol{x}_2-\hat{\boldsymbol{x}}_2)\\ \dot{\hat{\boldsymbol{x}}}_2=\hat{\boldsymbol{F}}_1(\hat{\boldsymbol{x}}_1,\hat{\boldsymbol{x}}_2)+\hat{\boldsymbol{G}}_1(\hat{\boldsymbol{x}}_1)\boldsymbol{\tau}-\boldsymbol{v}+k_2(\boldsymbol{x}_2-\hat{\boldsymbol{x}}_2)\\ \hat{\boldsymbol{y}}=\hat{\boldsymbol{x}}_2\end{cases} \tag{3.12}$$

式中：$\hat{\boldsymbol{x}}_1$、$\hat{\boldsymbol{x}}_2$ 分别为状态变量 $\boldsymbol{x}_1$、$\boldsymbol{x}_2$ 的观测值；$\boldsymbol{K}=[k_1,k_2]^{\mathrm{T}}$，为所设计的滑模观测器的增益矩阵；$\boldsymbol{v}$ 为所需设计的滑模控制律。

ROV 在实际作业过程中，存在模型不确定项和未知外界干扰项 $\boldsymbol{F}_1(\boldsymbol{x}_1,\boldsymbol{x}_2)$、$\boldsymbol{G}_1(\boldsymbol{x}_1)$，这包括水流、风浪等未知外界干扰。对此本书采用 RBF 神经网络在线逼近模型参数和外界干扰的方法，使得建立的数学预测模型更为精确，更能反映实际情况。

RBF 神经网络输入输出算法的定义为

$$h_j=\exp\left(\frac{\left\|\boldsymbol{x}-\boldsymbol{c}_j\right\|^2}{2b_j^{\,2}}\right),j=1,2,\cdots,m \tag{3.13}$$

由于模型不确定项和未知外界干扰项会对模型的预测产生影响，本书使用 RBF 神经网络分别对 $\boldsymbol{F}_1(\boldsymbol{x}_1,\boldsymbol{x}_2)$ 和 $\boldsymbol{G}_1(\boldsymbol{x}_1)$ 进行逼近，逼近结果如下

$$f(\cdot)=\boldsymbol{W}^{*\mathrm{T}}\boldsymbol{h}_f(\boldsymbol{x})+\varepsilon_f \tag{3.14}$$

$$g(\cdot)=\boldsymbol{V}^{*\mathrm{T}}\boldsymbol{h}_g(\boldsymbol{x})+\varepsilon_g \tag{3.15}$$

式中：$\boldsymbol{W}^*$ 和 $\boldsymbol{V}^*$ 分别为逼近 $f(\cdot)$ 和 $g(\cdot)$ 的理想网络权值；$\boldsymbol{h}_f(\boldsymbol{x})$ 和 $\boldsymbol{h}_g(\boldsymbol{x})$ 为高斯基函数的输出；ε_f 和 ε_g 为 RBF 神经网络的逼近误差，且满足 $|\varepsilon_f|\leqslant\varepsilon_{Mf}$, $|\varepsilon_g|\leqslant\varepsilon_{Mg}$。

设理想网络权值 $\boldsymbol{W}^*$ 和 $\boldsymbol{V}^*$ 满足如下界限

$$\|\boldsymbol{W}^*\|\leqslant\boldsymbol{W}^*_{\max} \tag{3.16}$$

$$\|\boldsymbol{V}^*\|\leqslant\boldsymbol{V}^*_{\max} \tag{3.17}$$

综合以上分析，由式（3.14）和式（3.15），可将 $\boldsymbol{F}_1(\boldsymbol{x}_1,\boldsymbol{x}_2)$ 、$\boldsymbol{G}_1(\boldsymbol{x}_1)$ 的估计值表示为

$$\hat{\boldsymbol{F}}_1(\hat{\boldsymbol{x}}_1,\hat{\boldsymbol{x}}_2)=\hat{\boldsymbol{W}}^{\mathrm{T}}\boldsymbol{h}_f(\hat{\boldsymbol{x}}_1,\hat{\boldsymbol{x}}_2) \tag{3.18}$$

$$\hat{\boldsymbol{G}}_1(\hat{\boldsymbol{x}}_1)=\hat{\boldsymbol{V}}^{\mathrm{T}}\boldsymbol{h}_g(\hat{\boldsymbol{x}}_1) \tag{3.19}$$

式中：$\hat{\boldsymbol{W}}$ 、$\hat{\boldsymbol{V}}$ 为逼近 $\boldsymbol{F}_1(\boldsymbol{x}_1,\boldsymbol{x}_2)$ 、$\boldsymbol{G}_1(\boldsymbol{x}_1)$ 的理想网络权值估计值；$\boldsymbol{h}_f(\hat{\boldsymbol{x}}_1,\hat{\boldsymbol{x}}_2)$ 和 $\boldsymbol{h}_g(\hat{\boldsymbol{x}}_1)$ 为高斯基函数的输出。

3.3.2 快速终端滑模控制律的设计

针对模型不确定项和未知外界干扰项的 ROV 系统控制问题设计的滑模控制律为等效控制项加变结构控制项，这样设计的优势在于利用了等效控制项应对 ROV 系统已知部分的控制问题，从而使系统具备了更稳定的控制效果，使模型不确定项和未知外界干扰项用变结构控制项进行了自适应控制，以此消除了模型不确定性和未知外界干扰等复合干扰项的影响，使系统的控制精度更高、整体稳定性更强。设计滑模控制律 $\boldsymbol{v}$ 为

$$\boldsymbol{v}=\boldsymbol{u}_{eq}+\boldsymbol{u}_{sw} \tag{3.20}$$

式中：$\boldsymbol{u}_{eq}$ 为等效控制项，用于控制 ROV 系统中的已知部分；$\boldsymbol{u}_{sw}$ 为变结构控制

项，用于控制 ROV 系统中模型不确定性和未知外界干扰等复合干扰项。

首先设计用于 ROV 系统确定部分控制的等效控制项 $\boldsymbol{u}_{eq}$。定义 ROV 系统的位姿误差为 $\boldsymbol{e}(t)$，速度误差为 $\dot{\boldsymbol{e}}(t)$，控制输出误差为 $\boldsymbol{e}_y(t)$，则具体可表示为

$$\begin{cases}\boldsymbol{e}(t)=\boldsymbol{x}_1(t)-\boldsymbol{x}_d(t)\\ \dot{\boldsymbol{e}}(t)=\boldsymbol{x}_2(t)-\dot{\boldsymbol{x}}_d(t)\\ \boldsymbol{e}_y(t)=\boldsymbol{y}(t)-\hat{\boldsymbol{y}}(t)\end{cases} \tag{3.21}$$

式中：$\boldsymbol{x}_d(t)$ 为期望航迹；$\dot{\boldsymbol{x}}_d(t)$ 为期望速度；$\hat{\boldsymbol{y}}(t)$ 为输出估计值。为了在后续稳定性证明过程中确保滑模面、位姿误差以及速度误差快速收敛到零，即在有限时间内误差稳定，设计滑模面如下

$$\boldsymbol{s}=\dot{\boldsymbol{e}}+\alpha\boldsymbol{e}^{l/m}+\beta\boldsymbol{e}^{p/r} \tag{3.22}$$

式中：α、β 均大于 0；l、m、p、r 为正奇数且满足 $l>m,r>p$。给出式（3.22）的有限时间收敛上界 t_s 如下

$$\begin{cases}t_s=\dfrac{r}{r-p}\displaystyle\int_0^{g(0)}\frac{1}{\alpha g^{\frac{r}{r-p}(\frac{l}{m}-\frac{r}{p})}+\beta}\mathrm{d}g\\ \boldsymbol{g}(t)=\boldsymbol{e}(t)^{p-r/p}\\ t_s<t_{\max}=\dfrac{1}{u}\cdot\dfrac{m}{l-m}+\dfrac{1}{\beta}\cdot\dfrac{r}{r-p}\end{cases} \tag{3.23}$$

根据参考文献 [100] 可知，滑模变结构控制中的滑模运动可在有限时间内收敛。基于式（3.22）的滑模控制方法可以保证 ROV 系统在有限时间内全局收敛稳定。

在不考虑 ROV 推进器故障的情况下，将式（3.8）中确定部分与不确定部分分开讨论，可得式（3.24）

$$\begin{cases}\dot{\boldsymbol{x}}_1=\boldsymbol{x}_2\\ \dot{\boldsymbol{x}}_2=\boldsymbol{G}_1(\boldsymbol{x}_1)\boldsymbol{\tau}+\boldsymbol{Q}(\boldsymbol{x}_1,\boldsymbol{x}_2)+\boldsymbol{\Delta}(\boldsymbol{x}_1,\boldsymbol{x}_2,t)\end{cases} \tag{3.24}$$

式中：$\boldsymbol{Q}(\boldsymbol{x}_1,\boldsymbol{x}_2)=\boldsymbol{J}(\boldsymbol{x}_1)\boldsymbol{M}_0^{-1}\left[-\boldsymbol{C}_0(\boldsymbol{J}^{-1}(\boldsymbol{x}_1)\boldsymbol{x}_2)\cdot\boldsymbol{J}^{-1}(\boldsymbol{x}_1)\boldsymbol{x}_2-\boldsymbol{D}_0(\boldsymbol{J}^{-1}(\boldsymbol{x}_1)\boldsymbol{x}_2)\boldsymbol{J}^{-1}(\boldsymbol{x}_1)\boldsymbol{x}_2-\boldsymbol{g}_0(\boldsymbol{x}_1)\right]+$ $\boldsymbol{J}(\boldsymbol{x}_1)'\boldsymbol{J}^{-1}(\boldsymbol{x}_1)\boldsymbol{x}_2$ 为确定部分；$\boldsymbol{\Delta}(\boldsymbol{x}_1,\boldsymbol{x}_2,t)=\boldsymbol{J}(\boldsymbol{x}_1)\boldsymbol{M}_0^{-1}\left[\boldsymbol{\tau}_d+\Theta(\boldsymbol{\eta},\boldsymbol{v},\dot{\boldsymbol{v}})\right]$ 为不确定部分，包含模型不确定项和未知外界干扰项，且满足 $\boldsymbol{\Delta}(\boldsymbol{x}_1,\boldsymbol{x}_2,t)\leqslant\overline{\boldsymbol{\Delta}(\boldsymbol{x}_1,\boldsymbol{x}_2,t)}$，其中 $\overline{\boldsymbol{\Delta}(\boldsymbol{x}_1,\boldsymbol{x}_2,t)}$ 为

$\Delta(x_1,x_2,t)$的上界。

为保证系统的状态变量趋于滑模面，将式（3.21）、式（3.24）代入式（3.22）中，使用二阶滑模面控制，即令$\dot{s}(t)=\mathbf{0}$，则有

$$
\begin{aligned}
\dot{s} &= \ddot{e}+\frac{\alpha l}{m}\dot{e}e^{\frac{l}{m}-1}+\frac{\beta p}{r}\dot{e}e^{\frac{p}{r}-1} \\
&= \dot{x}_2-\ddot{x}_d+\frac{\alpha l}{m}(x_2-\dot{x}_d)(x_1-x_d)^{\frac{l}{m}-1}+\frac{\beta p}{r}(x_2-\dot{x}_d)(x_1-x_d)^{\frac{p}{r}-1} \\
&= \left[G_1(x_1)\tau+Q(x_1,x_2)+\Delta(x_1,x_2,t)-\ddot{x}_d\right]+\frac{\alpha l}{m}(x_2-\dot{x}_d)(x_1-x_d)^{\frac{l}{m}-1}+ \\
&\quad \frac{\beta p}{r}(x_2-\dot{x}_d)(x_1-x_d)^{\frac{p}{r}-1}
\end{aligned}
\tag{3.25}
$$

等效控制项是对ROV系统中的确定部分进行控制的，令推进器系统控制输入项$\tau=u_{eq}$，忽略系统中模型不确定性和未知外界干扰等复合干扰项的影响，为使系统的状态变量收敛到滑模面，设计等效控制律为

$$
u_{eq}=G_1^{-1}(x_1)\left[\ddot{x}_d-Q(x_1,x_2)-\frac{\alpha l}{m}(x_2-\dot{x}_d)(x_1-x_d)^{\frac{l}{m}-1}-\frac{\beta p}{r}(x_2-\dot{x}_d)(x_1-x_d)^{\frac{p}{r}-1}\right] \tag{3.26}
$$

为了使系统的状态变量稳定在滑模运动状态上，采用变结构控制律u_{sw}对估计误差进行补偿，将变结构控制律设计为

$$
u_{sw}=-(k+\mu)\cdot \operatorname{sgn} s \tag{3.27}
$$

式中：μ为一个小的正常数；k为变结构控制增益，其上界取决于包含模型不确定项和未知外界干扰项的系统不确定项$\Delta(x_1,x_2,t)$，满足$k\geqslant\overline{\Delta(x_1,x_2,t)}$，变结构控制增益$k$取决于观测器的精度。

为保证观测精度，本书提出了一种自适应滑模控制方法来帮助控制器自动适应模型不确定项。设计的自适应的变结构控制律为

$$
u_{asw}=-(\hat{k}+\mu)\cdot \operatorname{sgn} s \tag{3.28}
$$

式中：$\hat{k}$为理想开关增益k^*的估计值，通过以下自适应法更新

$$
\dot{\hat{k}}=\rho|s| \tag{3.29}
$$

式中：$\rho>0$，为自适应增益。

一般情况下，滑模运动只能在理想状态下进行，因此，$\hat{k}$在式（3.29）中

会不断增大。此时参数值随时间发生变化或漂移，这将会导致系统性能下降或不稳定，对 ROV 控制系统的准确性和可靠性产生影响。为了解决这个问题，采用以下自适应法对理想开关增益进行更新

$$\hat{\boldsymbol{k}}=\begin{cases}\rho(\boldsymbol{s}), & |\boldsymbol{s}|>\varepsilon \\ 0, & |\boldsymbol{s}|\leqslant\varepsilon\end{cases} \tag{3.30}$$

式中：ε为足够小的常数。

3.3.3　稳定性分析

采用李雅普诺夫稳定性理论来判定上述控制方案的稳定性，将式（3.20）、式（3.26）和式（3.28）代入式（3.25），有如下关系式

$$\begin{aligned}\dot{\boldsymbol{s}}&=\ddot{\boldsymbol{e}}+\frac{\alpha l}{m}\dot{\boldsymbol{e}}\boldsymbol{e}^{\frac{l}{m}-1}+\frac{\beta p}{r}\dot{\boldsymbol{e}}\boldsymbol{e}^{\frac{p}{r}-1}\\&=\dot{\boldsymbol{x}}_2-\ddot{\boldsymbol{x}}_d+\frac{\alpha l}{m}(\boldsymbol{x}_2-\dot{\boldsymbol{x}}_d)(\boldsymbol{x}_1-\boldsymbol{x}_d)^{\frac{l}{m}-1}+\frac{\beta p}{r}(\boldsymbol{x}_2-\dot{\boldsymbol{x}}_d)(\boldsymbol{x}_1-\boldsymbol{x}_d)^{\frac{p}{r}-1}\\&=\left[\boldsymbol{G}_1(\boldsymbol{x}_1)\boldsymbol{\tau}+\boldsymbol{Q}(\boldsymbol{x}_1,\boldsymbol{x}_2)+\boldsymbol{\Delta}(\boldsymbol{x}_1,\boldsymbol{x}_2,t)-\ddot{\boldsymbol{x}}_d\right]+\frac{\alpha l}{m}(\boldsymbol{x}_2-\dot{\boldsymbol{x}}_d)(\boldsymbol{x}_1-\boldsymbol{x}_d)^{\frac{l}{m}-1}+\\&\quad\frac{\beta p}{r}(\boldsymbol{x}_2-\dot{\boldsymbol{x}}_d)(\boldsymbol{x}_1-\boldsymbol{x}_d)^{\frac{p}{r}-1}\\&=\left[\boldsymbol{G}_1(\boldsymbol{x}_1)(\boldsymbol{u}_{eq}+\boldsymbol{u}_{asw})+\boldsymbol{Q}(\boldsymbol{x}_1,\boldsymbol{x}_2)+\boldsymbol{\Delta}(\boldsymbol{x}_1,\boldsymbol{x}_2,t)-\ddot{\boldsymbol{x}}_d\right]+\\&\quad\frac{\alpha l}{m}(\boldsymbol{x}_2-\dot{\boldsymbol{x}}_d)(\boldsymbol{x}_1-\boldsymbol{x}_d)^{\frac{l}{m}-1}+\frac{\beta p}{r}(\boldsymbol{x}_2-\dot{\boldsymbol{x}}_d)(\boldsymbol{x}_1-\boldsymbol{x}_d)^{\frac{p}{r}-1}\\&=\boldsymbol{G}(\boldsymbol{x}_1)\boldsymbol{u}_{asw}+\boldsymbol{\Delta}(\boldsymbol{x}_1,\boldsymbol{x}_2,t)\end{aligned} \tag{3.31}$$

证明：

定义李雅普诺夫函数为 $V=\frac{1}{2}\boldsymbol{s}^{\mathrm{T}}\boldsymbol{s}$。对 V求导得

$$
\begin{aligned}
\dot{V} &= \boldsymbol{s}^{\mathrm{T}}\dot{\boldsymbol{s}} \\
&= \boldsymbol{s}^{\mathrm{T}}\left[\boldsymbol{G}_1(\boldsymbol{x}_1)\boldsymbol{u}_{asw} + \boldsymbol{\varDelta}(\boldsymbol{x}_1,\boldsymbol{x}_2,t)\right] \\
&= \boldsymbol{s}^{\mathrm{T}}\left\{\boldsymbol{G}_1(\boldsymbol{x}_1)\left[-(\hat{\boldsymbol{k}}+\boldsymbol{\mu})\cdot \mathrm{sgn}\boldsymbol{s}\right] + \boldsymbol{\varDelta}(\boldsymbol{x}_1,\boldsymbol{x}_2,t)\right\} \\
&= -\boldsymbol{G}_1(\boldsymbol{x}_1)(\hat{\boldsymbol{k}}+\boldsymbol{\mu})\sum_{i=1}^{n}\left|s_i\right| + \boldsymbol{\varDelta}(\boldsymbol{x}_1,\boldsymbol{x}_2,t)^{\mathrm{T}}\boldsymbol{s} \\
&\leqslant -(\hat{\boldsymbol{k}}+\boldsymbol{\mu})\sum_{i=1}^{n}\left|s_i\right| + \boldsymbol{\varDelta}(\boldsymbol{x}_1,\boldsymbol{x}_2,t)^{\mathrm{T}}\boldsymbol{s} \\
&\leqslant -\boldsymbol{\mu}\sum_{i=1}^{n}\left|s_i\right| \\
&\leqslant -\mu\|\boldsymbol{s}\| \\
&= -\sqrt{2}\mu V^{1/2} < 0
\end{aligned}
\tag{3.32}
$$

在式（3.32）中，由于$\|\boldsymbol{\varDelta}(\boldsymbol{x}_1,\boldsymbol{x}_2,t)\|\leqslant\|\boldsymbol{k}\|$，由李雅普诺夫稳定性理论可知，系统是渐近稳定的。

本书所设计的控制律包含不连续的符号函数，可能会引起抖振现象。滑模抖振是滑模控制中的一种现象，是指在滑模控制器的输出信号中出现高频振荡的情况。在实际应用中，由于传感器的测量误差、执行器的非线性特性以及系统模型的不确定性等因素的存在，滑模控制器的输出信号可能会出现抖振现象。这种抖振表现为控制器的输出信号在滑模面附近快速振荡，即出现高频成分。滑模抖振会对系统的稳定性产生负面影响，因此需采取方法降低滑模抖振的影响。为了避免抖振，本章采用饱和函数 $\mathrm{sat}(\boldsymbol{s})$ 代替符号函数 $\mathrm{sgn}\,\boldsymbol{s}$，来削弱抖振对控制器的不良影响，所设计的饱和函数为如下

$$
\mathrm{sat}(\boldsymbol{s}) = \begin{cases} 1 \ , & |\boldsymbol{s}| > \Delta \\ k\boldsymbol{s} \ , & |\boldsymbol{s}| \leqslant \Delta \text{ 且 } k = \dfrac{1}{\Delta} \\ -1 \ , & |\boldsymbol{s}| < -\Delta \end{cases}
\tag{3.33}
$$

本章提出的 ROV 航迹跟踪控制系统结构框图如图 3.4 所示。

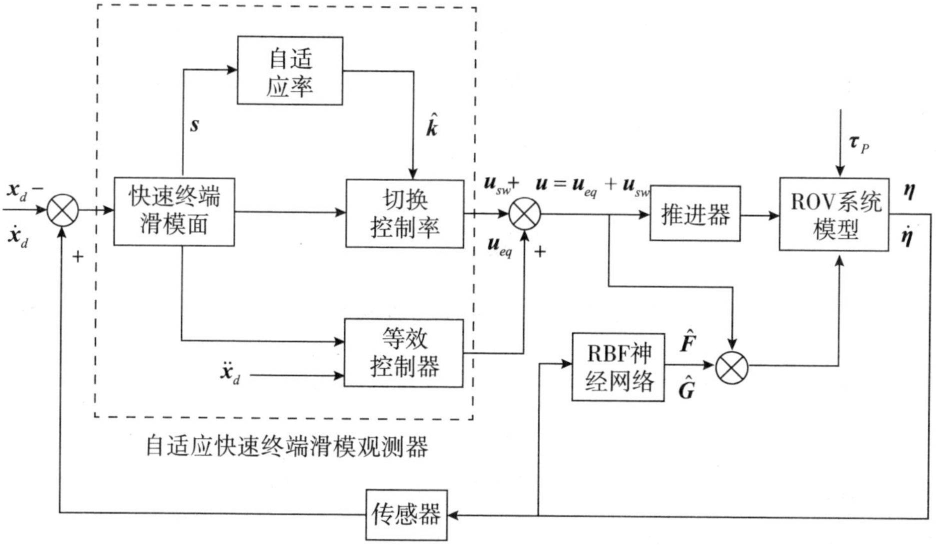

图 3.4　ROV 航迹跟踪控制系统结构框图

3.4　推力分配问题的描述

在过驱动 ROV 中，每个螺旋桨驱动电机都可以提供一个推力，而推力的大小和方向决定了 ROV 的运动状态。推力分配控制的目的就是根据控制要求，将总推力合理分配给各个电机，以实现良好的航向、姿态和位置控制。在本书的 ROV 多推进器系统中，如何合理地分配每台推进器的推力，以达到特定的航行控制要求和性能指标是研究的目标。本节分别探讨了如何使用伪逆法和 SQP 法进行推力控制分配设计。

3.4.1　推力分配问题的数学模型

本书将电机驱动的三叶螺旋桨推进器作为 ROV 推进系统的直接动力来源。螺旋桨推进器的推力输出与转速之间的关系如下

$$T = \rho n^2 D^4 K_T \tag{3.34}$$

式中：T 为推进器的推力；n 为推进器的转速；ρ 为水的密度；D 为螺旋桨的直径；K_T 为推进器的推力系数，一般默认为常数。

螺旋桨推进器的能耗与输出转矩有以下关系

$$P = 2\pi n Q \tag{3.35}$$

式中：P为推进器的能耗；n为推进器的转速；Q为推进器的输出转矩。由转速n与输出转矩Q的关系，可得如下关系式

$$P = 2\pi \frac{K_Q T^{\frac{3}{2}}}{D\sqrt{\rho K_T{}^3}} \tag{3.36}$$

式中：K_Q为推进器的扭矩系数，一般默认为常数。简便起见，将目标函数中推进器的能耗项表示为

$$\boldsymbol{P} = \boldsymbol{T}^{\mathrm{T}}\boldsymbol{W}\boldsymbol{T} \tag{3.37}$$

式中：$\boldsymbol{W} = \mathrm{diag}\{w_1, w_2, \cdots, w_n\}$为各台推进器推力的权值矩阵。

在ROV的实际应用过程中，由于推进器的推力变化率的限制、模型不确定性以及控制策略的局限性等，推力分配效果不是很理想，即在某些情况下，推力分配问题可能无法在可行范围内获得最佳解，这将导致优化过程自动终止。为避免上述问题，引入松弛变量$\boldsymbol{s}$，即$\boldsymbol{s} = \boldsymbol{\tau} - \boldsymbol{BT}$，$\boldsymbol{s}$也是分配误差。为实现最小化分配误差的推力控制，在目标函数中引入松弛变量$\boldsymbol{s}$，并采用以下二次型函数进行表示

$$J_s = \boldsymbol{s}^{\mathrm{T}}\boldsymbol{Q}\boldsymbol{s} \tag{3.38}$$

式中：$\boldsymbol{Q}$为权值矩阵，且为对角矩阵。

本书所研究对象是方位角固定的ROV，其推进器的具体位置和角度布置如图2.7所示，推进器的位置和数量按照系统要求进行合理的设计和布置，可以有效避免奇异配置问题，保证系统的正常稳定运行。因此，对于本书已进行合理推进器布置设计的ROV，在推力分配目标函数中将不考虑推进器奇异配置问题。

对于方向固定式推进器，各台推进器推力与运动控制器输出期望控制指令的关系如下

$$\boldsymbol{\tau}_P = \boldsymbol{BT} \tag{3.39}$$

式中：$\boldsymbol{\tau}_P = (\tau_X, \tau_Y, \tau_Z, \tau_K, \tau_M, \tau_N)^{\mathrm{T}}$为运动控制器输出期望力和力矩向量；$\boldsymbol{T} = (T_1, T_2, T_3, T_4, T_5, T_6, T_7, T_8)^{\mathrm{T}}$为推进器推力向量；$\boldsymbol{B}$为推进器矢量布置矩阵。

在实际情况下，每台推进器的推力输出都受到上下限的限制，即有以下关系式

$$T_{\min} \leqslant T_i \leqslant T_{\max} \tag{3.40}$$

式中：$T_{\min}$ 为推进器推力的最小值；$T_{\max}$ 为推进器推力的最大值。

推力分配的优化除了需要考虑推进器推力的上下限，还需要考虑推进器的推力变化率，因为推进器产生的推力幅值变化是有限的。关于推力变化率的关系式如下

$$T^- \leqslant \dot{T} \leqslant T^+ \tag{3.41}$$

式中：$T^+ = \min\{T_{\max}, T_0 + \Delta T_{\max}\Delta t\}$；$T^- = \max\{T_{\min}, T_0 + \Delta T_{\min}\Delta t\}$；$\dot{T}$ 为推进器的推力变化率；T_0 为上一时刻的推力；Δt 为时间间隔；$\Delta T_{\max}$ 和 $\Delta T_{\min}$ 分别为推进器的最大和最小推力变化率。

综合考虑推进器的能耗、松弛变量、推力变化率以及动态推力约束，建立如下推力分配问题的二次规划子问题的目标函数

$$\min J(\boldsymbol{s},\boldsymbol{T}) = \sum_{i=1}^{n} \boldsymbol{T}^{\mathrm{T}}\boldsymbol{W}\boldsymbol{T} + \boldsymbol{s}^{\mathrm{T}}\boldsymbol{Q}_1\boldsymbol{s} + (\boldsymbol{T}-\boldsymbol{T}_0)^{\mathrm{T}}\boldsymbol{Q}_2(\boldsymbol{T}-\boldsymbol{T}_0) \tag{3.42}$$

约束条件为

$$\boldsymbol{s} = \boldsymbol{\tau} - \boldsymbol{B}\boldsymbol{T} \tag{3.43}$$

$$\boldsymbol{T}_{\min} \leqslant \boldsymbol{T} \leqslant \boldsymbol{T}_{\max} \tag{3.44}$$

$$\Delta\boldsymbol{T}_{\min} \leqslant \boldsymbol{T} - \boldsymbol{T}_0 \leqslant \Delta\boldsymbol{T}_{\max} \tag{3.45}$$

目标函数中的第一项为推进器系统总能量消耗项，对角权值矩阵 $\boldsymbol{W}$ 用于调节优化目标的权值；第二项为目标函数的惩罚项，对角权值矩阵 $\boldsymbol{Q}_1$ 取值越大，分配误差 $\boldsymbol{s}$ 就越接近 $\boldsymbol{0}$，并且由于第二项中的松弛变量 $\boldsymbol{s}$ 的存在，优化问题始终有可行解；第三项为推进器的推力变化率约束项，权值矩阵 $\boldsymbol{Q}_2$ 用于调节优化目标的权值。

3.4.2　基于伪逆法的推力分配方法的研究

基于伪逆法的推力分配方法是一种有效的推力分配控制方法，已在 ROV 的控制中得到广泛应用，通过对各个电机的推力进行分配来实现对 ROV 的控

制。推力分配方法通过使用伪逆矩阵来计算各台推进器的推力，伪逆法具有高效的推力解算能力，可以解决电机数量不等、位置不同、性能差异大等复杂情况下的推力分配问题；可以在 ROV 运动状态发生变化时，自动调整各个电机的推力分配，且计算简单、易于实现。具体来说，基于伪逆法的推力分配方法首先通过建立 ROV 的动力学模型，计算出 ROV 所需的总推力和推力方向；然后，通过伪逆矩阵计算出各台推进器的推力，使它们的合力等于所需的总推力，并使它们满足 ROV 的控制要求。

由式（2.49）可知 ROV 推进器的安装角度为固定值，推进器的角度优化问题并不存在。ROV 推进器的矢量布置矩阵 $\boldsymbol{B}$ 为定值，优化目标函数如下

$$\begin{cases}\min f = \boldsymbol{T}^{\mathrm{T}}\boldsymbol{W}\boldsymbol{T} \\ \text{s.t. } \boldsymbol{\tau}_P - \boldsymbol{B}\boldsymbol{T} = \boldsymbol{0}\end{cases} \tag{3.46}$$

式中：f 为推进器的推力消耗的能量；$\boldsymbol{W}$ 为 8 阶正定对角矩阵。

根据上述关系，定义基于等式约束的拉格朗日函数如下

$$L(\boldsymbol{u},\boldsymbol{\lambda}) = \boldsymbol{u}^{\mathrm{T}}\boldsymbol{W}\boldsymbol{u} + \boldsymbol{\lambda}^{\mathrm{T}}(\boldsymbol{\tau}_P - \boldsymbol{B}\boldsymbol{u}) \tag{3.47}$$

式中：$\boldsymbol{\lambda}$ 为拉格朗日乘子向量。该拉格朗日函数对变量求导可得

$$\begin{cases}\dfrac{\partial L(\boldsymbol{u},\boldsymbol{\lambda})}{\partial \boldsymbol{u}} = 2\boldsymbol{W}\boldsymbol{u} - \boldsymbol{B}^{\mathrm{T}}\boldsymbol{\lambda} = \boldsymbol{0} \\ \dfrac{\partial L(\boldsymbol{u},\boldsymbol{\lambda})}{\partial \boldsymbol{\lambda}} = \boldsymbol{\tau}_P - \boldsymbol{B}\boldsymbol{u} = \boldsymbol{0}\end{cases} \tag{3.48}$$

由局部最优定理和边界条件可得

$$\begin{gathered}\boldsymbol{u} = \frac{1}{2}\boldsymbol{W}^{-1}\boldsymbol{B}^{\mathrm{T}}\boldsymbol{\lambda} \\ \boldsymbol{\tau}_P = \boldsymbol{B}\boldsymbol{u} = \frac{1}{2}\boldsymbol{B}\boldsymbol{W}^{-1}\boldsymbol{B}^{\mathrm{T}}\boldsymbol{\lambda}\end{gathered} \tag{3.49}$$

则 $\boldsymbol{\lambda}$ 可以表示为

$$\boldsymbol{\lambda} = 2\left(\boldsymbol{B}\boldsymbol{W}^{-1}\boldsymbol{B}^{\mathrm{T}}\right)^{-1}\boldsymbol{\tau}_P \tag{3.50}$$

将其代入式（3.49），可得拉格朗日方程的解如下

$$\boldsymbol{u} = \boldsymbol{W}^{-1}\boldsymbol{B}^{\mathrm{T}}\left(\boldsymbol{B}\boldsymbol{W}^{-1}\boldsymbol{B}^{\mathrm{T}}\right)^{-1}\boldsymbol{\tau}_P = \boldsymbol{B}^{\#}\boldsymbol{\tau}_P \tag{3.51}$$

则逆矩阵 $\boldsymbol{B}^{\#}$ 可表示为

$$B^{\#}=W^{-1}B^{\mathrm{T}}\left(BW^{-1}B^{\mathrm{T}}\right)^{-1} \tag{3.52}$$

根据 ROV 推进器的实际布置情况，当正定对角矩阵 $W=I$ 时，有

$$B^{\#}=B^{\mathrm{T}}\left(BB^{\mathrm{T}}\right)^{-1} \tag{3.53}$$

一般情况下，$B^{\#}$ 采用奇异分解法求解。

3.4.3　基于 SQP 法的推力分配方法的研究

SQP 法被认为是较为高效的解决约束优化问题的方法之一。其核心思想是通过不断迭代，将原始问题转化到一个二次规划子问题上进行求解，这也是 SQP 法的由来。SQP 法具有高效、稳定、可靠等优点，能处理多种类型的约束优化和非线性问题，在工程、科学研究等领域有着广泛应用。

本小节利用 SQP 法对 ROV 推进器的推力进行分配设计，目标函数和约束方程采用式（3.42）~式（3.45）所建立的推力分配问题优化模型中的目标函数和约束函数。针对仅含有等式约束的非线性优化问题，常采用牛顿 - 拉格朗日解法求解，即

$$\begin{cases}\min\ f(\boldsymbol{x})\\ \text{s.t.}\ c_i(\boldsymbol{x})=0\ ,\ i=1,2,\cdots,m_1\end{cases} \tag{3.54}$$

式中：目标函数 $f:\mathbf{R}^n\to\mathbf{R}$ 和约束函数 $c_i:\mathbf{R}^n\to\mathbf{R}$ 形式不限，但要求关于决策变量 $\boldsymbol{x}$ 至少二阶可导。定义目标函数的拉格朗日函数如下

$$L(\boldsymbol{x},\boldsymbol{\lambda})=f(\boldsymbol{x})-\boldsymbol{\lambda}^{\mathrm{T}}\boldsymbol{c}_E(\boldsymbol{x}) \tag{3.55}$$

将等式约束 $\boldsymbol{c}_E(\boldsymbol{x})$ 的雅可比（Jacobi）矩阵记为

$$\boldsymbol{J}_E(\boldsymbol{x})=\nabla\boldsymbol{c}_E(\boldsymbol{x})=\left[\nabla c_1(\boldsymbol{x})\ \ \nabla c_2(\boldsymbol{x})\ \ \cdots\ \ \nabla c_{m_1}(\boldsymbol{x})\right]^{\mathrm{T}} \tag{3.56}$$

式中：∇ 为求导符号，则拉格朗日函数关于 $\boldsymbol{x}$ 和 $\boldsymbol{\lambda}$ 的梯度向量为

$$\nabla L(\boldsymbol{x},\boldsymbol{\lambda})=\begin{bmatrix}\nabla_x L(\boldsymbol{x},\boldsymbol{\lambda})\\ \nabla_\lambda L(\boldsymbol{x},\boldsymbol{\lambda})\end{bmatrix}=\begin{bmatrix}\boldsymbol{g}(\boldsymbol{x})-\boldsymbol{J}_E(\boldsymbol{x})^{\mathrm{T}}\boldsymbol{\lambda}\\ -\boldsymbol{c}_E(\boldsymbol{x})\end{bmatrix} \tag{3.57}$$

采用牛顿下降法求解方程，继续求函数 $\nabla_x L(\boldsymbol{x},\boldsymbol{\lambda})$ 和 $\nabla_\lambda L(\boldsymbol{x},\boldsymbol{\lambda})$ 分别关于 $\boldsymbol{x}$ 和 $\boldsymbol{\lambda}$ 的二阶梯度信息，则

$$\nabla^2 L(\boldsymbol{x},\boldsymbol{\lambda})=\begin{bmatrix}\nabla_{xx}^2 L(\boldsymbol{x},\boldsymbol{\lambda}) & \nabla_{x\lambda}^2 L(\boldsymbol{x},\boldsymbol{\lambda})\\ \nabla_{\lambda x}^2 L(\boldsymbol{x},\boldsymbol{\lambda}) & \nabla_{\lambda\lambda}^2 L(\boldsymbol{x},\boldsymbol{\lambda})\end{bmatrix}=\begin{bmatrix}\boldsymbol{H}(\boldsymbol{x})-\sum_{i=1}^{m_1}\lambda_i\nabla^2 c_i(\boldsymbol{x}) & -\boldsymbol{J}_E(\boldsymbol{x})^{\mathrm{T}}\\ -\boldsymbol{J}_E(\boldsymbol{x}) & 0\end{bmatrix} \tag{3.58}$$

式中：$\boldsymbol{H}(\boldsymbol{x})\in\mathbf{R}^{n\times n}$ 为 $f(\boldsymbol{x})$ 的黑塞（Hesse）矩阵。简便起见，将拉格朗日函数关于 $\boldsymbol{x}$ 的黑塞矩阵 $\nabla_{xx}^2 L(\boldsymbol{x},\boldsymbol{\lambda})$ 记为 $\boldsymbol{W}(\boldsymbol{x},\boldsymbol{\lambda})$，即

$$\boldsymbol{W}(\boldsymbol{x},\boldsymbol{\lambda})=\nabla_{xx}^2 L(\boldsymbol{x},\boldsymbol{\lambda})=\boldsymbol{H}(\boldsymbol{x})-\sum_{i=1}^{m_1}\lambda_i\nabla^2 c_i(\boldsymbol{x}) \tag{3.59}$$

则式（3.58）可写为

$$\nabla^2 L(\boldsymbol{x},\boldsymbol{\lambda})=\begin{bmatrix}\nabla_{xx}^2 L(\boldsymbol{x},\boldsymbol{\lambda}) & \nabla_{x\lambda}^2 L(\boldsymbol{x},\boldsymbol{\lambda})\\ \nabla_{\lambda x}^2 L(\boldsymbol{x},\boldsymbol{\lambda}) & \nabla_{\lambda\lambda}^2 L(\boldsymbol{x},\boldsymbol{\lambda})\end{bmatrix}=\begin{bmatrix}\boldsymbol{W}(\boldsymbol{x},\boldsymbol{\lambda}) & -\boldsymbol{J}_E(\boldsymbol{x})^{\mathrm{T}}\\ -\boldsymbol{J}_E(\boldsymbol{x}) & \boldsymbol{0}\end{bmatrix} \tag{3.60}$$

采用如下牛顿迭代公式

$$\begin{bmatrix}\boldsymbol{x}^{(k+1)}\\ \boldsymbol{\lambda}^{(k+1)}\end{bmatrix}=\begin{bmatrix}\boldsymbol{x}^{(k)}\\ \boldsymbol{\lambda}^{(k)}\end{bmatrix}+\begin{bmatrix}\boldsymbol{\delta}_x^{(k)}\\ \boldsymbol{\delta}_\lambda^{(k)}\end{bmatrix} \tag{3.61}$$

逐步迭代求解式（3.60）的最优解，在迭代方向上采用一维搜索法中的二分法求原始问题的最优解。在用牛顿法解式（3.60）时，将方程组展开、合并同类项后，得到如下相应的牛顿 – 拉弗森（Raphson）公式的等价形式

$$\begin{bmatrix}\boldsymbol{W}(\boldsymbol{x}^{(k)},\boldsymbol{\lambda}^{(k)}) & -\boldsymbol{J}_E(\boldsymbol{x}^{(k)})^{\mathrm{T}}\\ -\boldsymbol{J}_E(\boldsymbol{x}^{(k)}) & \boldsymbol{0}\end{bmatrix}\begin{bmatrix}\boldsymbol{\delta}_x^{(k)}\\ \boldsymbol{\lambda}^{(k+1)}\end{bmatrix}=\begin{bmatrix}-\boldsymbol{g}(\boldsymbol{x}^{(k)})\\ \boldsymbol{c}_E(\boldsymbol{x}^{(k)})\end{bmatrix} \tag{3.62}$$

式中：$\boldsymbol{\delta}_x^{(k)}$ 和 $\boldsymbol{\delta}_\lambda^{(k)}$ 分别为 $f(\boldsymbol{x})$ 在点 $(\boldsymbol{x}^{(k)},\boldsymbol{\lambda}^{(k)})$ 处关于决策变量和拉格朗日乘子向量的牛顿方向。设 $\boldsymbol{\delta}_x^{(k)}$ 为下面二次规划问题的最优解

$$\begin{cases}\min\ \dfrac{1}{2}(\boldsymbol{\delta}_x)^{\mathrm{T}}\boldsymbol{W}(\boldsymbol{x}^{(k)},\boldsymbol{\lambda}^{(k)})\boldsymbol{\delta}_x+(\boldsymbol{\delta}_x)^{\mathrm{T}}\boldsymbol{g}(\boldsymbol{\delta}_x)^{\mathrm{T}}\\ \text{s.t.}\ \ \boldsymbol{J}_E(\boldsymbol{x}^{(k)})\boldsymbol{\delta}_x=-\boldsymbol{c}_E(\boldsymbol{x}^{(k)})\end{cases} \tag{3.63}$$

则式（3.62）恰为式（3.63）的二次规划问题的精确 KKT 条件，即用牛顿 – 拉弗森公式解非线性优化问题的 KKT 条件式，等价于求一个二次规划问题的最优解，这是 SQP 法的基本思想。该结论同样适用于如下一般形式的优化问题

$$\begin{cases}\min\ f(\boldsymbol{x})\\ \text{s.t.}\ \ c_i(\boldsymbol{x})=0,\ i=1,2,\cdots,m_1\\ \qquad c_i(\boldsymbol{x})\geqslant 0,\ i=m_1+1,m_1+2,\cdots,m_1+m_2\end{cases} \tag{3.64}$$

对式（3.64）进行处理，即可获得二次规划子问题，其目标函数为

$$\min \quad \frac{1}{2}\boldsymbol{\delta}_x{}^{\mathrm{T}}\boldsymbol{W}(\boldsymbol{x}^k,\boldsymbol{\lambda}^k)\boldsymbol{\delta}_x+\boldsymbol{\delta}_x{}^{\mathrm{T}}\boldsymbol{g}^k \tag{3.65}$$

等式约束和不等式约束为

$$\begin{cases}\boldsymbol{J}_E(\boldsymbol{x}^k)\boldsymbol{\delta}_x=-\boldsymbol{c}_E(\boldsymbol{x}^k)\\ \boldsymbol{J}_I(\boldsymbol{x}^k)\boldsymbol{\delta}_x\geqslant-\boldsymbol{c}_I(\boldsymbol{x}^k)\end{cases} \tag{3.66}$$

由于采用式（3.62）求解的数值不是很稳定，为了得到准确可靠的求解数值，将式（3.62）中的 $\boldsymbol{W}(\boldsymbol{x},\boldsymbol{\lambda})$ 用一个正定矩阵来代替，使问题变为完全的凸二次规划问题。黑塞矩阵 $\boldsymbol{W}(\boldsymbol{x},\boldsymbol{\lambda})$ 的计算量相对较大，尤其是对规模较大的问题，计算效率较低。为了减小计算量，采用如下修正的 SQP 法，在迭代过程中采用正定矩阵 $\boldsymbol{B}^k$ 来近似逼近 $\boldsymbol{W}(\boldsymbol{x},\boldsymbol{\lambda})$，令

$$\begin{cases}\boldsymbol{s}_k=\boldsymbol{x}_{k+1}-\boldsymbol{x}_k\\ \boldsymbol{y}_k=\nabla_x L(\boldsymbol{x}_{k+1},\boldsymbol{u}_{k+1})-\nabla_x L(\boldsymbol{x}_k,\boldsymbol{u}_k)\end{cases} \tag{3.67}$$

由于采用修正的 SQP 法，需要向量 $\boldsymbol{s}_k$ 和 $\boldsymbol{y}_k$ 满足曲率条件，即 $\boldsymbol{s}_k{}^{\mathrm{T}}\boldsymbol{y}_k>0$。但在实际问题中，向量 $\boldsymbol{s}_k$ 和 $\boldsymbol{y}_k$ 可能并不能满足该曲率条件，对此，利用如下修正式对向量 $\boldsymbol{y}_k$ 进行修正

$$\boldsymbol{z}_k=\theta_k\boldsymbol{y}_k+(1-\theta_k)\boldsymbol{B}_k\boldsymbol{s}_k \tag{3.68}$$

式中：θ_k 的表达式如下

$$\theta_k=\begin{cases}1\ , & \boldsymbol{s}_k^{\mathrm{T}}\boldsymbol{y}_k\geqslant 0.2\boldsymbol{s}_k^{\mathrm{T}}\boldsymbol{B}_k\boldsymbol{s}_k\\ \dfrac{0.8\boldsymbol{s}_k^{\mathrm{T}}\boldsymbol{B}_k\boldsymbol{s}_k}{\boldsymbol{s}_k^{\mathrm{T}}\boldsymbol{B}_k\boldsymbol{s}_k-\boldsymbol{s}_k^{\mathrm{T}}\boldsymbol{y}_k}\ , & \boldsymbol{s}_k^{\mathrm{T}}\boldsymbol{y}_k<0.2\boldsymbol{s}_k^{\mathrm{T}}\boldsymbol{B}_k\boldsymbol{s}_k\end{cases} \tag{3.69}$$

于是，正定矩阵 $\boldsymbol{B}_k$ 的校正公式为

$$\boldsymbol{B}_{k+1}=\boldsymbol{B}_k-\frac{\boldsymbol{B}_k\boldsymbol{s}_k\boldsymbol{s}_k^{\mathrm{T}}\boldsymbol{B}_k}{\boldsymbol{s}_k^{\mathrm{T}}\boldsymbol{B}_k\boldsymbol{s}_k}+\frac{\boldsymbol{z}_k\boldsymbol{z}_k^{\mathrm{T}}}{\boldsymbol{s}_k^{\mathrm{T}}\boldsymbol{z}_k} \tag{3.70}$$

当 $\theta_k=1$ 时，有

$$\boldsymbol{s}_k^{\mathrm{T}}\boldsymbol{z}_k=\boldsymbol{s}_k^{\mathrm{T}}\boldsymbol{y}_k\geqslant 0.2\boldsymbol{s}_k^{\mathrm{T}}\boldsymbol{B}_k\boldsymbol{s}_k>0 \tag{3.71}$$

当 $\theta_k\neq 1$ 时，有

$$\boldsymbol{s}_k^{\mathrm{T}}\boldsymbol{z}_k=\theta_k\boldsymbol{s}_k^{\mathrm{T}}\boldsymbol{y}_k+(1-\theta_k)\boldsymbol{s}_k^{\mathrm{T}}\boldsymbol{B}_k\boldsymbol{s}_k=0.2\boldsymbol{s}_k^{\mathrm{T}}\boldsymbol{B}_k\boldsymbol{s}_k>0 \tag{3.72}$$

由式（3.71）和式（3.72）可知，式（3.70）是正定的，即正定矩阵$\boldsymbol{B}_k$的校正公式满足条件。

由正定矩阵$\boldsymbol{B}^k$逼近拉格朗日函数的黑塞矩阵$\boldsymbol{W}(\boldsymbol{x}^k,\boldsymbol{\lambda}^k)$，可以得到下面二次规划子问题

$$\begin{cases}\min\ \dfrac{1}{2}\boldsymbol{\delta}_x^{\mathrm{T}}\boldsymbol{B}^k\boldsymbol{\delta}_x+\boldsymbol{\delta}_x^{\mathrm{T}}\boldsymbol{g}^k\\ \text{s.t. } \boldsymbol{J}_E(\boldsymbol{x}^k)\boldsymbol{\delta}_x=-\boldsymbol{c}_E(\boldsymbol{x}^k)\\ \qquad \boldsymbol{J}_I(\boldsymbol{x}^k)\boldsymbol{\delta}_x\geqslant-\boldsymbol{c}_I(\boldsymbol{x}^k)\end{cases}\tag{3.73}$$

因为$\boldsymbol{B}^k$总是正定矩阵，所以式（3.64）是凸二次规划问题。算法具体步骤如下：

（1）根据目标函数与约束函数选择初始点的值。

（2）计算目标函数的梯度值与约束函数的值；计算约束函数的雅可比矩阵值及拉格朗日函数的黑塞矩阵值。

（3）求解二次规划子问题得到牛顿迭代方向和 KKT 乘子向量。

（4）计算下一迭代点的目标函数值，判断是否满足原问题的收敛条件，若满足条件则终止迭代；否则，转步骤（2），继续迭代计算。

3.5　仿真结果与分析

为了验证上述运动控制方法的有效性，采用 MATLAB/Simulink 进行水下机器人仿真模拟分析，以 Chasing M2 ROV 为研究对象对设计的控制器进行数值仿真验证。设定惯性坐标系下 ROV 的期望运动航迹为$x_d=3\sin(0.04\pi t)$，$y_d=3\cos(0.04\pi t)$，$z_d=0.6t$，期望姿态角为$\boldsymbol{\eta}_{2d}=[0,-\pi/4,\pi/3]^{\mathrm{T}}$，初始位姿为$\boldsymbol{\eta}_0=[0,3,0,0,0,0]^{\mathrm{T}}$，初始线速度和角速度为$\boldsymbol{0}$。由于在实际情况中存在外界干扰和系统模型不确定性的影响，对此在仿真中采用正弦信号和阶跃信号叠加组合来模拟。假设 ROV 具有中性浮力$(G\approx B)$，其重心和浮心几乎与机体固定框架的原点重合，则$\boldsymbol{g}(\boldsymbol{\eta})=\boldsymbol{0}_{6\times1}$。滑模观测器增益值设定为$\boldsymbol{K}=(k_1,k_2)=(50,80)$，控制器参数分别设定为$\alpha$=15，$\beta$=5，$l$=$p$=3，$m$=1，$r$=5，$\varepsilon$=0.01。控制器输出限幅为

±15 N（N·m）。在推力分配模型中，设定推力分配目标函数权值矩阵为

$$\begin{cases} \boldsymbol{W} = \text{diag}\{1,1,1,1,1,1\} \\ \boldsymbol{Q} = \text{diag}\{1\,000,1\,000,1\,000,1\,000,1\,000,1\,000\} \end{cases} \tag{3.74}$$

将本书所设计的控制方法与传统终端滑模控制方法进行对比，得到仿真结果如图 3.5 ~ 图 3.10 所示。图 3.5 为 ROV 的三维航迹跟踪效果图；图 3.6 为 ROV 跟踪航迹在 xz 方向和 yz 方向的投影图；图 3.7 为本书方法下位移和速度跟踪响应曲线；图 3.8 为传统方法下位移和速度跟踪响应曲线；图 3.9 为 ROV 的控制力和控制力矩响应曲线；图 3.10 为采用伪逆法与 SQP 法的 8 台推进器的推力分配输出曲线。

从图 3.5 和图 3.6 可以看出，本书方法与传统方法均能很好地使 ROV 沿期望航迹运动，但相较于传统方法，本书方法有更高的收敛速度与精度。为更好地凸显本书方法的优势，图 3.7 和图 3.8 分别比较了本书方法与传统方法的位移和速度跟踪效果以及跟踪误差。

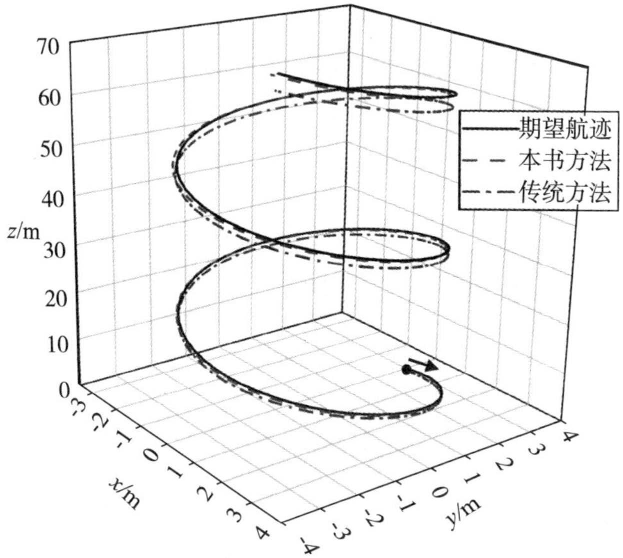

图 3.5 ROV 的三维航迹跟踪效果图

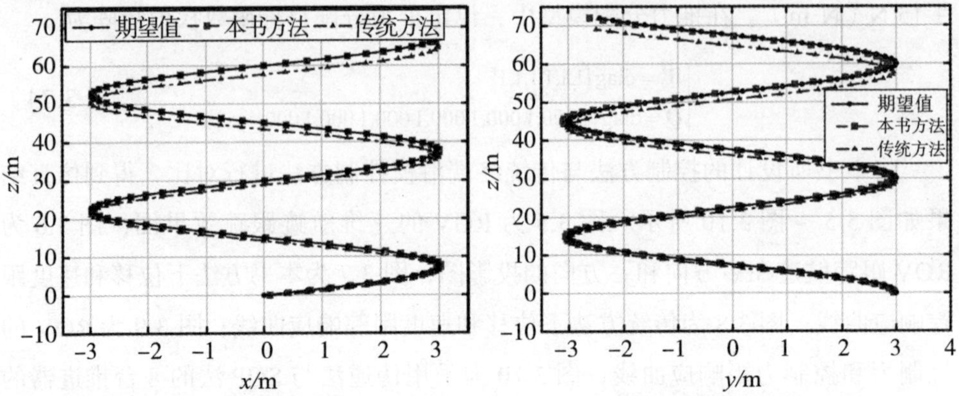

（a）*xz* 方向的投影图　　（b）*yz* 方向的投影图

图 3.6　ROV 跟踪航迹在*xz*方向和*yz*方向的投影图

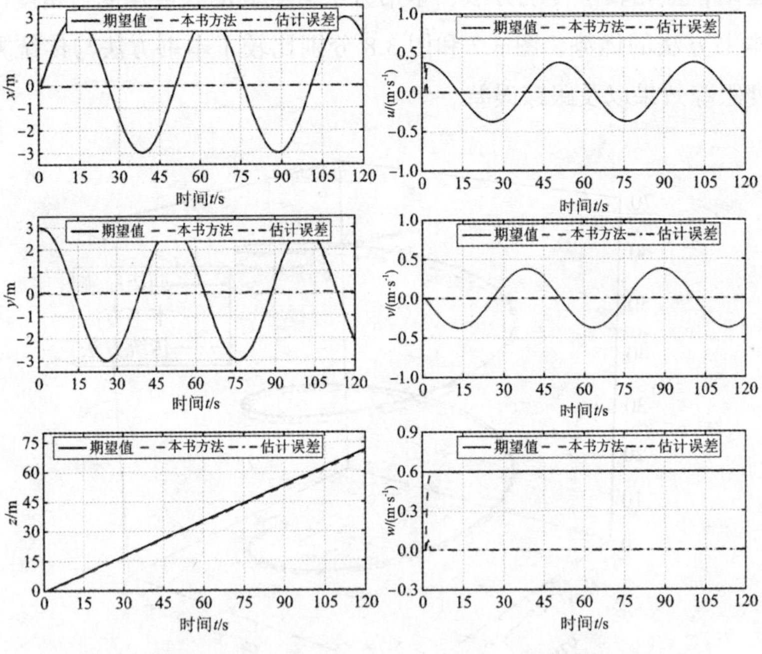

（a）位移跟踪响应曲线　　（b）速度跟踪响应曲线

图 3.7　本书方法下位移和速度跟踪响应曲线

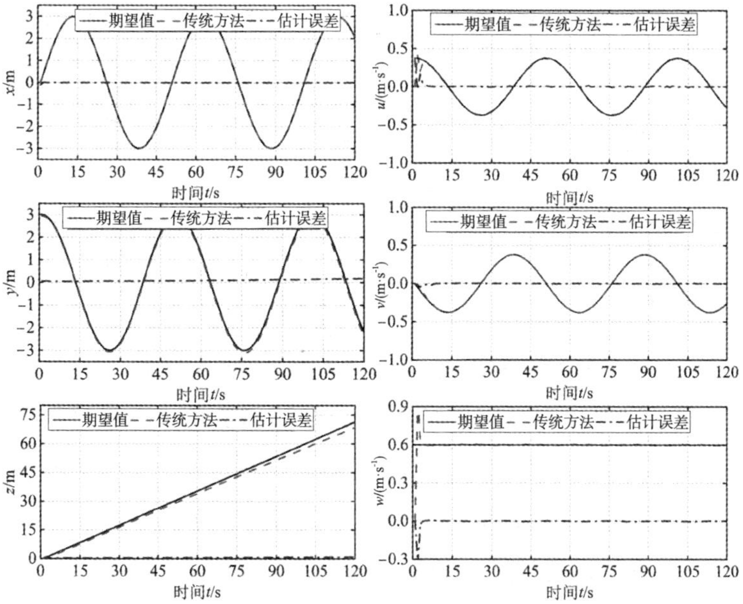

（a）位移跟踪响应曲线　　（b）速度跟踪响应曲线

图 3.8　传统方法下位移和速度跟踪响应曲线

从图 3.7 和图 3.9 可以看出，相较于传统方法，在正弦干扰力、随机干扰力等复合干扰项的影响下，本书方法的位移和速度的跟踪稳态误差更小。由图 3.7（a）分析可知，本书方法在位移方向上的调节时间明显短于传统方法，且无明显超调；本书方法的位移估计误差为 -0.1 ～ 0.2 m，小于传统方法的位移估计误差 -0.15 ～ 0.2 m，且其误差收敛时间更短。由图 3.7（b）可知，本书方法在速度上的调节时间为 5 s 左右，相较于传统方法缩短了约 40%，且无明显超调。综合图 3.7 和图 3.8 可知，本书方法在各控制通道上的跟踪误差均小于传统方法。对比仿真实验研究验证了本书方法的有效性，并证明了本书方法优于传统方法。

由图 3.9 可知，本章将滑模观测器的变结构控制项设置为自适应控制律，以及采用饱和函数 $\mathrm{sat}(\boldsymbol{s})$ 代替符号函数 $\mathrm{sgn}\,\boldsymbol{s}$，有效消除了系统控制信号的抖振现象，使控制量具有平滑、抖振小的特点，实现了控制器的稳定输出，避免了抖振对系统稳定性的影响，为 ROV 平稳运行提供了有效的保障。

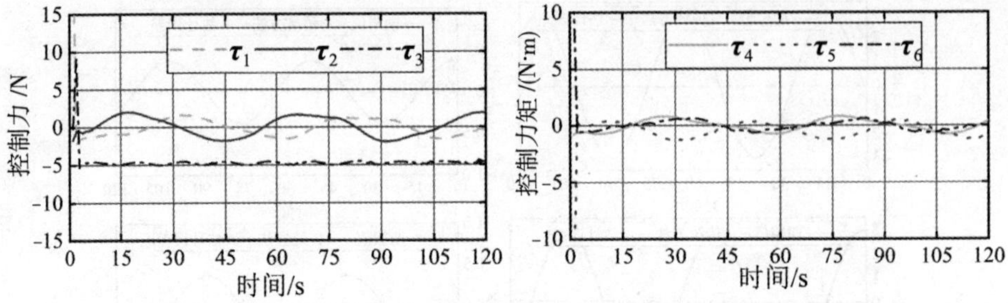

（a）控制力响应曲线　　（b）控制力矩响应曲线

图 3.9　ROV 的控制力和控制力矩响应曲线

从图 3.10 可以看出，采用伪逆法和 SQP 法得到的 8 台推进器的推力分配输出曲线呈现出相似的变化趋势，均在合理范围内波动，并且都没有出现推力饱和现象。然而，综合分析显示，基于 SQP 法的推力分配的输出曲线更加平滑，没有明显的抖振现象，这种推力分配更为合理，使推进器在完成目标任务时消耗的能量更少。

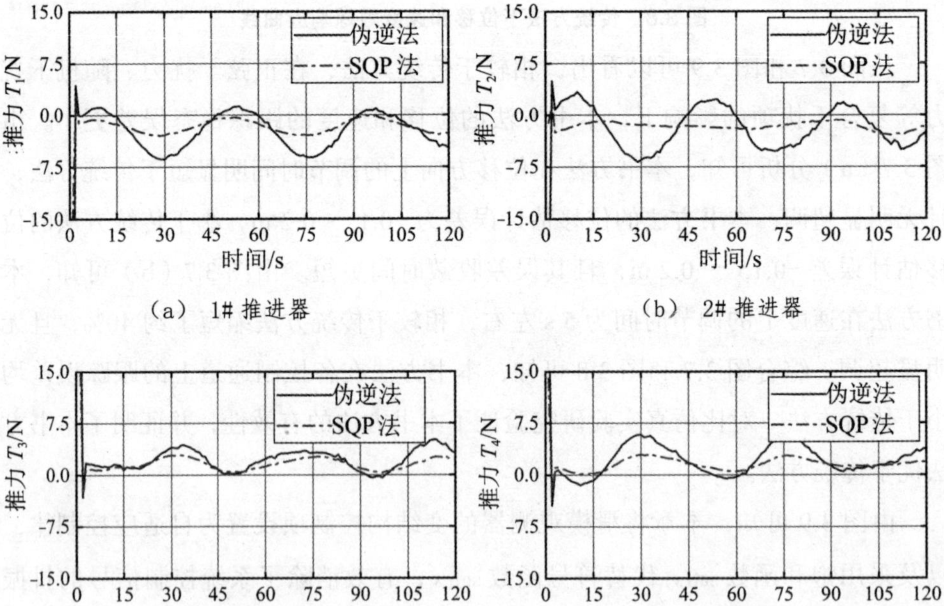

（a）1# 推进器　　（b）2# 推进器

（c）3# 推进器　　（d）4# 推进器

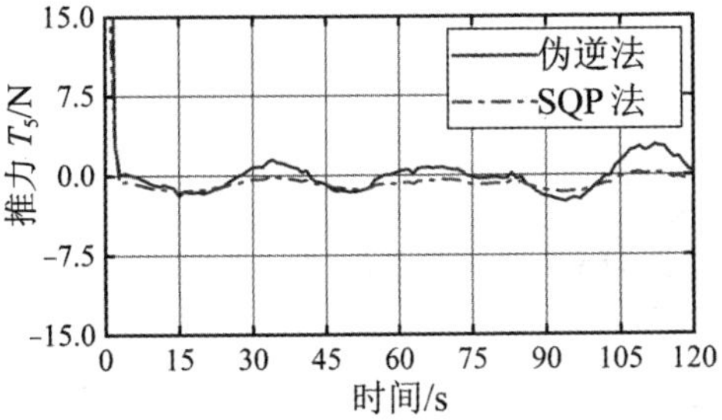

（e） 5# 推进器

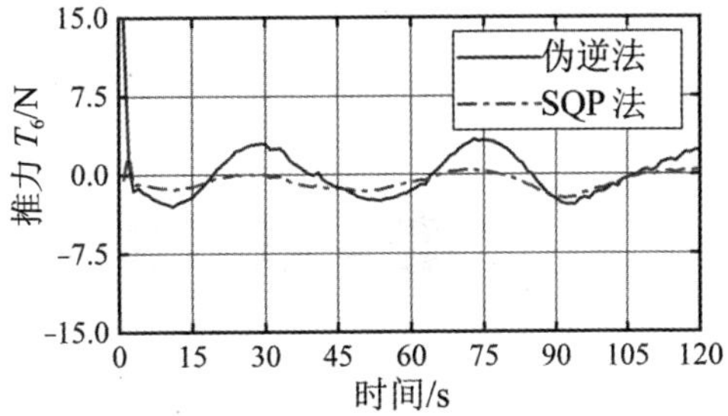

（f） 6# 推进器

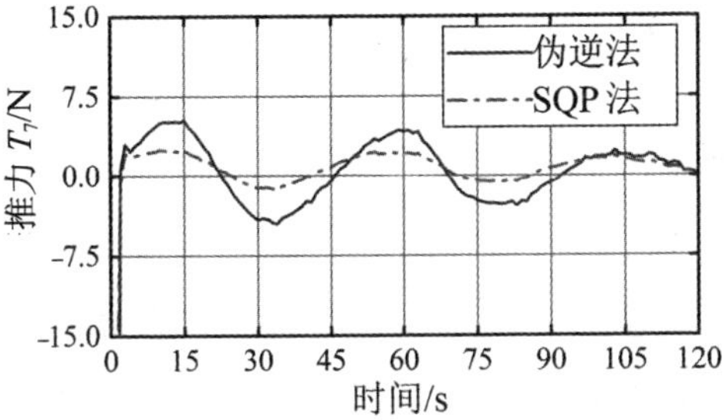

（g） 7# 推进器

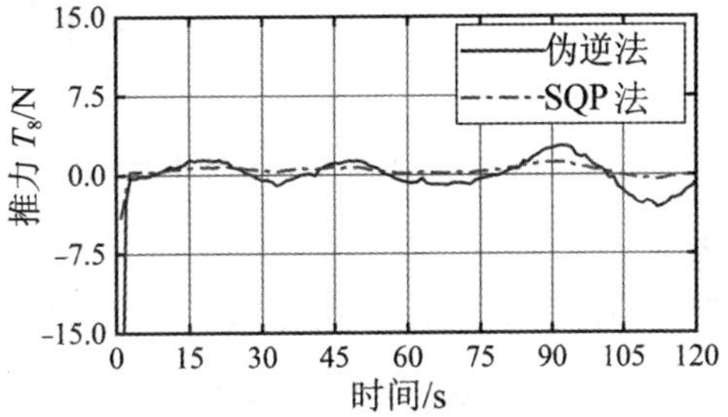

（h） 8# 推进器

图 3.10　采用伪逆法与 SQP 法的 8 台推进器的推力分配输出曲线

3.6　本章小结

本章主要研究了 ROV 在存在模型不确定性和未知外界干扰情况下的三维航迹跟踪问题。首先，以 ROV 为研究对象，将 RBF 神经网络与自适应快速终端滑模观测器相结合设计航迹跟踪控制器，有效减少了滑模控制的抖振现象，提高了控制系统的稳定性与鲁棒性，这有利于实际工程应用。其次，根据李雅普诺夫稳定性理论验证了跟踪误差的渐近收敛性，并针对推力分配问题，分别采用了伪逆法和 SQP 法验证了本书所设计的控制方法的有效性和可行性。最后，通过仿真对比实验验证了本书所设计的 ROV 航迹跟踪控制方法相较于传统终端滑模控制方法有更好的控制性能。

第 4 章 ROV 容错控制方法

4.1 引言

自 21 世纪以来，随着技术的不断进步，水下机器人在复杂的海洋环境中得到了广泛的应用，这涵盖了海洋科学研究、水下勘探、海洋资源开发和海底救援等任务。然而，由于 ROV 的工作环境恶劣、复杂多变且存在许多不可控的因素，因此 ROV 易出现各种各样的未知故障，这给系统的正常运行带来了困难。为了解决这一问题，保证 ROV 的稳定运行，必须采取有效的容错控制措施。

针对 ROV 推进器偏置故障问题，本章通过构造基于 RBF 神经网络的滑模观测器，利用 RBF 神经网络的万能逼近特性逼近 ROV 系统中的复合干扰和推进器故障信号，根据逼近估计的结果，实时构建了容错控制律，其目的是降低推进器故障对系统稳定性的影响。为了克服传统终端滑模控制方法在跟踪误差收敛速度缓慢和快速终端滑模奇异值问题上的局限性，本章提出了一个基于双幂次非奇异快速终端滑模的控制方法，目的是改进和拓展传统终端滑模控制方法，以解决传统方法在处理ROV非线性系统时可能出现的抖振问题。具体来说，基于双幂次非奇异快速终端滑模的控制方法引入了 2 个幂次函数，并将其与滑模面相结合，其中，一个幂次函数用于实现系统的快速收敛，而另一个幂次函数则用于抑制系统的抖振。应用基于双幂次非奇异快速终端滑模的控制方法，可以提高 ROV 系统的鲁棒性和稳定性，并可以减少控制过程中的抖振现象，可以有效改善系统的容错控制性能。

4.2　ROV 动力学模型的状态空间方程

为了确保 ROV 运动控制系统在出现部分故障时仍能精确跟踪期望航迹，本章利用观测器重构故障信号来补偿系统模型故障。采用本章设计的非奇异快速终端滑模容错控制方法，可以对发生故障的推进器系统进行有效控制，从而确保 ROV 的安全可靠运行。

定义系统状态变量 $\boldsymbol{x}=[\boldsymbol{x}_1,\boldsymbol{x}_2]^{\mathrm{T}}=[\boldsymbol{\eta},\dot{\boldsymbol{\eta}}]^{\mathrm{T}}$，其中 $\boldsymbol{x}_1=\boldsymbol{\eta}$，$\boldsymbol{x}_2=\boldsymbol{J}(\boldsymbol{\eta})\boldsymbol{v}$。在考虑推进器故障的情况下，结合式（2.57）和式（2.58），将 ROV 动力学方程转化为如下状态空间方程的形式

$$\begin{cases}\dot{\boldsymbol{x}}_1=\boldsymbol{x}_2\\ \dot{\boldsymbol{x}}_2=\boldsymbol{F}_2(\boldsymbol{x}_1,\boldsymbol{x}_2)+\boldsymbol{G}_2(\boldsymbol{x}_1)\boldsymbol{\tau}_u+\boldsymbol{f}\end{cases} \tag{4.1}$$

式中：

$$\begin{aligned}\boldsymbol{F}_2(\boldsymbol{x}_1,\boldsymbol{x}_2)=\boldsymbol{J}(\boldsymbol{x}_1)\boldsymbol{M}_0^{-1}\Big[&-\boldsymbol{C}_0(\boldsymbol{J}^{-1}(\boldsymbol{x}_1)\boldsymbol{x}_2)\boldsymbol{J}^{-1}(\boldsymbol{x}_1)\boldsymbol{x}_2-\\ &\boldsymbol{D}_0(\boldsymbol{J}^{-1}(\boldsymbol{x}_1)\boldsymbol{x}_2)\boldsymbol{J}^{-1}(\boldsymbol{x}_1)\boldsymbol{x}_2-\boldsymbol{g}_0(\boldsymbol{x}_1)\Big]+\end{aligned}$$

$$\boldsymbol{J}(\boldsymbol{x}_1)'\boldsymbol{J}^{-1}(\boldsymbol{x}_1)\boldsymbol{x}_2,\boldsymbol{G}_2(\boldsymbol{x}_1)=\boldsymbol{J}(\boldsymbol{x}_1)\boldsymbol{M}_0^{-1}$$

$$\boldsymbol{f}=\boldsymbol{J}(\boldsymbol{x}_1)\boldsymbol{M}_0^{-1}\left[\boldsymbol{d}(\boldsymbol{v},\dot{\boldsymbol{v}})-\boldsymbol{\tau}_f\right]$$

本章主要针对 ROV 的动力学故障误差模型，设计了一种具有自适应特性的非奇异快速终端滑模容错控制器；采用基于 RBF 神经网络的滑模观测器对 ROV 系统的复合干扰进行估计，通过参数自适应更新律，保证滑模观测器的估计误差收敛；利用 RBF 神经网络来补偿复合干扰对 ROV 系统控制精度的影响，保证 ROV 运动的安全性和可靠性，使得即使在 ROV 部分推进器发生故障的情况下，系统输出仍然能按预定的期望航迹运动。

4.3　基于 RBF 神经网络的滑模观测器的设计

定义 $\hat{\boldsymbol{x}}_1,\hat{\boldsymbol{x}}_2$ 分别为系统状态变量 $\boldsymbol{x}_1,\boldsymbol{x}_2$ 的观测值，针对式（4.1），设计如下

ROV 的滑模观测器

$$\begin{cases}\dot{\hat{\boldsymbol{x}}}_1=\hat{\boldsymbol{x}}_2+\boldsymbol{k}_1\mathrm{sgn}(\boldsymbol{x}_1-\hat{\boldsymbol{x}}_1)\\ \dot{\hat{\boldsymbol{x}}}_2=\hat{\boldsymbol{F}}_2(\hat{\boldsymbol{x}}_1,\hat{\boldsymbol{x}}_2)+\hat{\boldsymbol{G}}_2(\hat{\boldsymbol{x}}_1)\boldsymbol{\tau}_u+\boldsymbol{v}+\mathrm{sgn}(\boldsymbol{x}_2-\hat{\boldsymbol{x}}_2)\hat{\boldsymbol{\delta}}\end{cases} \tag{4.2}$$

式中：$\boldsymbol{k}_1$ 为滑模观测器的增益，且满足 $\|\boldsymbol{k}_1\|>0$；$\boldsymbol{v}$ 为待设计的复合干扰补偿项；$\hat{\boldsymbol{\delta}}$ 为 RBF 神经网络滑模观测器的估计误差补偿项，用以弥补 RBF 神经网络估计误差对系统控制精度产生的不良影响；$\hat{\boldsymbol{F}}_2(\hat{\boldsymbol{x}}_1,\hat{\boldsymbol{x}}_2)$ 与 $\hat{\boldsymbol{G}}_2(\hat{\boldsymbol{x}}_1)$ 分别为 $\boldsymbol{F}_2(\boldsymbol{x}_1,\boldsymbol{x}_2)$ 与 $\boldsymbol{G}_2(\boldsymbol{x}_1)$ 的 RBF 神经网络估计值。

结合式（4.1）和式（4.2）可求得 ROV 的状态误差动力学方程如下

$$\begin{cases}\dot{\boldsymbol{e}}_1=\boldsymbol{e}_2-\boldsymbol{k}_1\mathrm{sgn}\,(\boldsymbol{e}_1)\\ \dot{\boldsymbol{e}}_2=\left[\boldsymbol{F}_2(\boldsymbol{x}_1,\boldsymbol{x}_2)-\hat{\boldsymbol{F}}_2(\hat{\boldsymbol{x}}_1,\hat{\boldsymbol{x}}_2)\right]+\left[\boldsymbol{G}_2(\boldsymbol{x}_1)-\hat{\boldsymbol{G}}_2(\hat{\boldsymbol{x}}_1)\right]\boldsymbol{\tau}_u+\boldsymbol{f}-\boldsymbol{v}-\mathrm{sgn}(\boldsymbol{e}_2)\hat{\boldsymbol{\delta}}\end{cases} \tag{4.3}$$

式中：$\boldsymbol{e}_1=\boldsymbol{x}_1-\hat{\boldsymbol{x}}_1$、$\boldsymbol{e}_2=\boldsymbol{x}_2-\hat{\boldsymbol{x}}_2$ 为滑模观测器的观测误差。

考虑到 RBF 神经网络通常能够很快地逼近复杂的非线性函数，并且其逼近精度很高，因此，在 ROV 系统中，针对非线性未知函数 $\boldsymbol{F}_2(\boldsymbol{x}_1,\boldsymbol{x}_2)$ 和 $\boldsymbol{G}_2(\boldsymbol{x}_1)$，分别以 $(\boldsymbol{x}_1,\boldsymbol{x}_2)$ 和 $\boldsymbol{x}_2$ 为输入样本，选择合适的中间层神经元参数，利用 RBF 神经网络对 $\boldsymbol{F}_2(\boldsymbol{x}_1,\boldsymbol{x}_2)$ 和 $\boldsymbol{G}_2(\boldsymbol{x}_1)$ 进行估计逼近，以此提升 ROV 动力学系统模型的精度，减少模型精度对控制方法的影响。

RBF 神经网络输入输出算法的定义为

$$h_j=\exp\left(\frac{\left\|\boldsymbol{x}-\boldsymbol{c}_j\right\|^2}{2b_j^{\ 2}}\right) \tag{4.4}$$

$$\begin{cases}f(\cdot)=\boldsymbol{W}^{*\mathrm{T}}\boldsymbol{h}_f(\boldsymbol{x})+\boldsymbol{\varepsilon}_f\\ g(\cdot)=\boldsymbol{V}^{*\mathrm{T}}\boldsymbol{h}_g(\boldsymbol{x})+\boldsymbol{\varepsilon}_g\end{cases} \tag{4.5}$$

式中：$\boldsymbol{x}$ 为网络输入；$\boldsymbol{c}_j$ 为网络隐含层第 j 个网络输入；h_j 为高斯基函数的输出；$\boldsymbol{W}^*$ 和 $\boldsymbol{V}^*$ 分别为逼近 $f(\cdot)$ 和 $g(\cdot)$ 的理想网络权值；$\boldsymbol{\varepsilon}_f$ 和 $\boldsymbol{\varepsilon}_g$ 为网络逼近误差，且满足 $\left|\boldsymbol{\varepsilon}_f\right|\leqslant\boldsymbol{\varepsilon}_{f\max}$，$\left|\boldsymbol{\varepsilon}_g\right|\leqslant\boldsymbol{\varepsilon}_{g\max}$。

由此，$\boldsymbol{F}_2(\boldsymbol{x}_1,\boldsymbol{x}_2)$ 和 $\boldsymbol{G}_2(\boldsymbol{x}_1)$ 的理想 RBF 神经网络逼近可表示为

$$\begin{cases}\boldsymbol{F}_2(\boldsymbol{x}_1,\boldsymbol{x}_2)=\boldsymbol{\theta}_F^{\mathrm{T}}\boldsymbol{\sigma}_F+\boldsymbol{\varepsilon}_F,\boldsymbol{\varepsilon}_F\leqslant\boldsymbol{\varepsilon}_1\\ \boldsymbol{G}_2(\boldsymbol{x}_1)=\boldsymbol{\theta}_G^{\mathrm{T}}\boldsymbol{\sigma}_G+\boldsymbol{\varepsilon}_G,\boldsymbol{\varepsilon}_G\leqslant\boldsymbol{\varepsilon}_2\end{cases} \tag{4.6}$$

式中：$\boldsymbol{\theta}_F^T$ 和 $\boldsymbol{\theta}_G^T$ 分别为 $\boldsymbol{F}_2(\boldsymbol{x}_1,\boldsymbol{x}_2)$ 和 $\boldsymbol{G}_2(\boldsymbol{x}_1)$ 的理想权值向量；$\boldsymbol{\sigma}_F$、$\boldsymbol{\sigma}_G$ 为 RBF 神经网络基函数向量；$\boldsymbol{\varepsilon}_F$ 和 $\boldsymbol{\varepsilon}_G$ 为逼近误差；$\boldsymbol{\varepsilon}_1$ 和 $\boldsymbol{\varepsilon}_2$ 为正常数。

结合式（4.6）可将 $\boldsymbol{F}_2(\boldsymbol{x}_1,\boldsymbol{x}_2)$ 和 $\boldsymbol{G}_2(\boldsymbol{x}_1)$ 的 RBF 神经网络输出估计值表示如下

$$\begin{cases}\hat{\boldsymbol{F}}_2(\hat{\boldsymbol{x}}_1,\hat{\boldsymbol{x}}_2)=\hat{\boldsymbol{\theta}}_F^{\mathrm{T}}\hat{\boldsymbol{\sigma}}_F\\ \hat{\boldsymbol{G}}_2(\hat{\boldsymbol{x}}_1)=\hat{\boldsymbol{\theta}}_G^{\mathrm{T}}\hat{\boldsymbol{\sigma}}_G\end{cases} \tag{4.7}$$

式中：$\hat{\boldsymbol{\theta}}_F$、$\hat{\boldsymbol{\theta}}_G$ 分别为理想权值向量 $\boldsymbol{\theta}_F$、$\boldsymbol{\theta}_G$ 的估计值向量；$\hat{\boldsymbol{\sigma}}_F$、$\hat{\boldsymbol{\sigma}}_G$ 分别为基函数向量 $\boldsymbol{\sigma}_F$、$\boldsymbol{\sigma}_G$ 的估计值向量。

根据式（4.6）和式（4.7）可求得 RBF 神经网络估计误差值如下

$$\begin{cases}\boldsymbol{F}_2(\boldsymbol{x}_1,\boldsymbol{x}_2)-\hat{\boldsymbol{F}}_2(\hat{\boldsymbol{x}}_1,\hat{\boldsymbol{x}}_2)=\tilde{\boldsymbol{\theta}}_F^{\mathrm{T}}\hat{\boldsymbol{\sigma}}_F+\boldsymbol{\theta}_F^{\mathrm{T}}(\boldsymbol{\sigma}_F-\hat{\boldsymbol{\sigma}}_F)+\boldsymbol{\varepsilon}_F\\ \boldsymbol{G}_2(\boldsymbol{x}_1)-\hat{\boldsymbol{G}}_2(\hat{\boldsymbol{x}}_1)=\tilde{\boldsymbol{\theta}}_G^{\mathrm{T}}\hat{\boldsymbol{\sigma}}_G+\boldsymbol{\theta}_G^{\mathrm{T}}(\boldsymbol{\sigma}_G-\hat{\boldsymbol{\sigma}}_G)+\boldsymbol{\varepsilon}_G\end{cases} \tag{4.8}$$

式中：$\tilde{\boldsymbol{\theta}}_F=\boldsymbol{\theta}_F-\hat{\boldsymbol{\theta}}_F$、$\tilde{\boldsymbol{\theta}}_G=\boldsymbol{\theta}_G-\hat{\boldsymbol{\theta}}_G$ 分别为权值向量 $\boldsymbol{\theta}_F$、$\boldsymbol{\theta}_G$ 的估计误差向量。

为保证 ROV 运动的安全性和可靠性，利用 RBF 神经网络来补偿复合干扰对 ROV 系统控制精度的影响。设计的误差补偿项 $\boldsymbol{v}$ 如下

$$\boldsymbol{v}=\mathrm{sgn}(\boldsymbol{e}_2)\hat{\boldsymbol{\theta}}_f^{\mathrm{T}}\hat{\boldsymbol{\sigma}}_f \tag{4.9}$$

$$\begin{cases}\tilde{\boldsymbol{\theta}}_f=\boldsymbol{\theta}_f-\hat{\boldsymbol{\theta}}_f\\ \tilde{\boldsymbol{\sigma}}_f=\boldsymbol{\sigma}_f-\hat{\boldsymbol{\sigma}}_f\end{cases} \tag{4.10}$$

式中：$\tilde{\boldsymbol{\theta}}_f$ 为权值向量 $\boldsymbol{\theta}_f$ 的估计误差向量；$\hat{\boldsymbol{\theta}}_f$ 为权值向量 $\boldsymbol{\theta}_f$ 的估计值向量；$\hat{\boldsymbol{\sigma}}_f$ 为基函数向量 $\boldsymbol{\sigma}_f$ 的估计值向量；$\tilde{\boldsymbol{\sigma}}_f$ 为基函数向量 $\boldsymbol{\sigma}_f$ 的估计误差向量。

假设 1：惯性矩阵和复合干扰 $\boldsymbol{d}(\boldsymbol{v},\dot{\boldsymbol{v}})$ 有界，且满足

$$|\boldsymbol{f}|=\left|\boldsymbol{J}(\boldsymbol{x}_1)\boldsymbol{M}_0^{-1}\left[\boldsymbol{d}(\boldsymbol{v},\dot{\boldsymbol{v}})-\boldsymbol{\tau}_f\right]\right|\leqslant\sum_{j=1}^{6}d_jE_j \tag{4.11}$$

式中：$d_j>0$；$E_j=1+|e_{j2}|+|e_{j2}|^2$，其中 e_{j2} 是 $\boldsymbol{e}_2$ 的变量值。

参数 $\hat{\boldsymbol{\theta}}_F$、$\hat{\boldsymbol{\theta}}_G$、$\hat{\boldsymbol{\theta}}_f$ 与 $\hat{\boldsymbol{\delta}}$ 的自适应更新律设计为

$$\begin{cases}\dot{\hat{\boldsymbol{\theta}}}_F = \eta_F \boldsymbol{e}_2 \hat{\boldsymbol{\sigma}}_F \\ \dot{\hat{\boldsymbol{\theta}}}_G = \eta_G \boldsymbol{e}_2 \hat{\boldsymbol{\sigma}}_G \boldsymbol{\tau}_u \\ \dot{\hat{\boldsymbol{\theta}}}_f = \eta_f |\boldsymbol{e}_2| \hat{\boldsymbol{\sigma}}_f \\ \dot{\hat{\boldsymbol{\delta}}} = \lambda |\boldsymbol{e}_2| \end{cases} \tag{4.12}$$

式中：自适应调节参数 η_F、η_G、η_f、λ 均为正常数。

RBF 神经网络的最小估计误差定义为

$$\begin{cases}\boldsymbol{\omega}_1 = \boldsymbol{\theta}_F^{\mathrm{T}}(\boldsymbol{\sigma}_F - \hat{\boldsymbol{\sigma}}_F) + \boldsymbol{\varepsilon}_F + \boldsymbol{\theta}_G^{\mathrm{T}}(\boldsymbol{\sigma}_G - \hat{\boldsymbol{\sigma}}_G)\boldsymbol{\tau} + \boldsymbol{\varepsilon}_G \boldsymbol{\tau} \\ \boldsymbol{\omega}_2 = 6\max\limits_j(\boldsymbol{d}_j)\boldsymbol{E} - \boldsymbol{\theta}_f^{\mathrm{T}} \hat{\boldsymbol{\sigma}}_f \end{cases} \tag{4.13}$$

假设 2：神经网络估计误差 $\omega = |\boldsymbol{\omega}_1| + |\boldsymbol{\omega}_2|$ 有界，且满足 $\omega < |\delta|$，其中，δ 为 $\hat{\delta}$ 的理想值。

对于形如式（4.2）的滑模观测器，采用式（4.12）中的参数自适应更新律，并选取适当的调节参数 η_F、η_G、η_f、λ，可以使得滑模观测器的观测误差收敛至零。

证明：

定义李雅普诺夫函数为 $V = V_1 + V_2$，其中 V_1、V_2 分别设计如下

$$\begin{cases} V_1 = \dfrac{1}{2}\boldsymbol{e}_1^{\mathrm{T}}\boldsymbol{e}_1 \\ V_2 = \dfrac{1}{2}\boldsymbol{e}_2^{\mathrm{T}}\boldsymbol{e}_2 + \dfrac{1}{2\eta_F}\tilde{\boldsymbol{\theta}}_F^{\mathrm{T}}\tilde{\boldsymbol{\theta}}_F + \dfrac{1}{2\eta_G}\tilde{\boldsymbol{\theta}}_G^{\mathrm{T}}\tilde{\boldsymbol{\theta}}_G + \dfrac{1}{2\eta_f}\tilde{\boldsymbol{\theta}}_f^{\mathrm{T}}\tilde{\boldsymbol{\theta}}_f + \dfrac{1}{2\lambda}\tilde{\boldsymbol{\delta}}^{\mathrm{T}}\tilde{\boldsymbol{\delta}} \end{cases} \tag{4.14}$$

将 V_1 对时间 t 求导，可得到式（4.15）

$$\dot{V}_1 = \boldsymbol{e}_1^{\mathrm{T}}\dot{\boldsymbol{e}}_1 = \boldsymbol{e}_1^{\mathrm{T}}[\boldsymbol{e}_2 - k_1 \mathrm{sgn}\boldsymbol{e}_1] \leqslant |\boldsymbol{e}_1|(|\boldsymbol{e}_2| - k_1) \tag{4.15}$$

当 $k_1 > |\boldsymbol{e}_2|$ 时，$\dot{V}_1 \leqslant 0$。

将 V_2 对时间 t 求导，可得到式（4.16）

$$
\begin{aligned}
\dot{V}_2 &= \boldsymbol{e}_2^{\mathrm{T}}\Big\{\Big[\boldsymbol{F}_2(\boldsymbol{x}_1,\boldsymbol{x}_2)-\hat{\boldsymbol{F}}_2(\hat{\boldsymbol{x}}_1,\hat{\boldsymbol{x}}_2)\Big]+\Big[\boldsymbol{G}_2(\boldsymbol{x}_1)-\hat{\boldsymbol{G}}_2(\hat{\boldsymbol{x}}_1)\Big]\boldsymbol{\tau}_u+\boldsymbol{f}- \\
&\quad \boldsymbol{v}-\operatorname{sgn}(\boldsymbol{e}_2)\hat{\boldsymbol{\delta}}\ \Big\}+\frac{1}{\eta_F}\tilde{\boldsymbol{\theta}}_F^{\mathrm{T}}\dot{\hat{\boldsymbol{\theta}}}_F+\frac{1}{\eta_G}\tilde{\boldsymbol{\theta}}_G^{\mathrm{T}}\dot{\hat{\boldsymbol{\theta}}}_G+\frac{1}{\eta_f}\tilde{\boldsymbol{\theta}}_f^{\mathrm{T}}\dot{\hat{\boldsymbol{\theta}}}_f+\frac{1}{\lambda}\tilde{\boldsymbol{\delta}}^{\mathrm{T}}\dot{\hat{\boldsymbol{\delta}}} \\
&\leqslant \tilde{\boldsymbol{\theta}}_F^{\mathrm{T}}(\boldsymbol{e}_2\hat{\boldsymbol{\sigma}}_F-\frac{1}{\eta_F}\dot{\hat{\boldsymbol{\theta}}}_F)+\tilde{\boldsymbol{\theta}}_G^{\mathrm{T}}(\boldsymbol{e}_2\hat{\boldsymbol{\sigma}}_F\boldsymbol{\tau}_u-\frac{1}{\eta_G}\dot{\hat{\boldsymbol{\theta}}}_G)+|\boldsymbol{e}_2||\boldsymbol{\omega}_1|+|\boldsymbol{e}_2||\boldsymbol{f}|-|\boldsymbol{e}_2|\hat{\boldsymbol{\theta}}_f^{\mathrm{T}}\hat{\boldsymbol{\sigma}}_f- \\
&\quad |\boldsymbol{e}_2|\hat{\boldsymbol{\delta}}-\frac{1}{\eta_f}\tilde{\boldsymbol{\theta}}_f^{\mathrm{T}}\dot{\hat{\boldsymbol{\theta}}}_f-\frac{1}{\lambda}\tilde{\boldsymbol{\delta}}\dot{\hat{\boldsymbol{\delta}}} \\
&\leqslant |\boldsymbol{e}_2||\boldsymbol{\omega}_1|-|\boldsymbol{e}_2|\hat{\boldsymbol{\theta}}_f^{\mathrm{T}}\hat{\boldsymbol{\sigma}}_f-|\boldsymbol{e}_2|\hat{\boldsymbol{\delta}}-\frac{1}{\eta_f}\tilde{\boldsymbol{\theta}}_f^{\mathrm{T}}\dot{\hat{\boldsymbol{\theta}}}_f-\frac{1}{\lambda}\tilde{\boldsymbol{\delta}}\dot{\hat{\boldsymbol{\delta}}}+\max_j(d_j)|\boldsymbol{e}_2|\sum_{j=1}^{6}E_j \\
&\leqslant |\boldsymbol{e}_2|\Big[6\max_j(\boldsymbol{d}_j)\boldsymbol{E}-\hat{\boldsymbol{\theta}}_f^{\mathrm{T}}\hat{\boldsymbol{\sigma}}_f\Big]+|\boldsymbol{e}_2||\boldsymbol{\omega}_1|-|\boldsymbol{e}_2|\hat{\boldsymbol{\delta}}-\frac{1}{\eta_f}\tilde{\boldsymbol{\theta}}_f^{\mathrm{T}}\dot{\hat{\boldsymbol{\theta}}}_f-\frac{1}{\lambda}\tilde{\boldsymbol{\delta}}\dot{\hat{\boldsymbol{\delta}}} \\
&\leqslant |\boldsymbol{e}_2|\tilde{\boldsymbol{\theta}}_f^{\mathrm{T}}\hat{\boldsymbol{\sigma}}_f-\frac{1}{\eta_f}\tilde{\boldsymbol{\theta}}_f^{\mathrm{T}}\dot{\hat{\boldsymbol{\theta}}}_f+|\boldsymbol{e}_2||\boldsymbol{\omega}_1|+|\boldsymbol{e}_2||\boldsymbol{\omega}_2|-|\boldsymbol{e}_2|\hat{\boldsymbol{\delta}}-\frac{1}{\lambda}\tilde{\boldsymbol{\delta}}\dot{\hat{\boldsymbol{\delta}}} \\
&\leqslant |\boldsymbol{e}_2|(\boldsymbol{\delta}-\hat{\boldsymbol{\delta}})-\frac{1}{\lambda}\tilde{\boldsymbol{\delta}}\dot{\hat{\boldsymbol{\delta}}}
\end{aligned}
\tag{4.16}
$$

式中：定义估计误差$\tilde{\boldsymbol{\delta}}=\boldsymbol{\delta}-\hat{\boldsymbol{\delta}}$，可得

$$
\dot{V}_2 \leqslant |\boldsymbol{e}_2|(\boldsymbol{\delta}-\hat{\boldsymbol{\delta}})-\frac{1}{\lambda}\tilde{\boldsymbol{\delta}}\dot{\hat{\boldsymbol{\delta}}}=0 \tag{4.17}
$$

根据式（4.15）和式（4.17）可知，$\dot{V}=\dot{V}_1+\dot{V}_2<0$。根据李雅普诺夫稳定性理论，系统是渐近稳定的。针对如式（4.1）所示的故障系统模型，通过采用式（4.12）中的参数自适应更新律，可以确保基于 RBF 神经网络的滑模观测器的观测误差渐近收敛至零，即$\lim\limits_{t\to\infty}\boldsymbol{e}_1=\boldsymbol{0}$和$\lim\limits_{t\to\infty}\boldsymbol{e}_2=\boldsymbol{0}$成立。

4.4　基于双幂次非奇异快速终端滑模的 ROV 容错控制

通过 RBF 神经网络对 ROV 系统的复合干扰进行估计补偿，并设计滑模控制器以实时调整系统状态，可以保障 ROV 运行的安全可靠，即使在部分推进器失效后，系统依然能安全平稳运行。本书所设计的容错控制方法，使得 ROV 系统的稳态控制性能和故障容错控制能力得到了有效提高。定义 ROV 系统的位姿跟踪误差为$\boldsymbol{e}(t)$，速度误差为$\dot{\boldsymbol{e}}(t)$，则系统状态跟踪误差为

$$
\begin{cases}
\boldsymbol{e}(t)=\hat{\boldsymbol{x}}_1(t)-\boldsymbol{x}_d(t) \\
\dot{\boldsymbol{e}}(t)=\hat{\boldsymbol{x}}_2(t)-\dot{\boldsymbol{x}}_d(t)
\end{cases}
\tag{4.18}
$$

式中：$\boldsymbol{x}_d(t)=\left[\boldsymbol{\eta}_{1d}^{\mathrm{T}},\boldsymbol{\eta}_{1d}^{\mathrm{T}}\right]^{\mathrm{T}}=\left[x_d,y_d,z_d,\varphi_d,\theta_d,\psi_d\right]^{\mathrm{T}}$ 为期望航迹，且满足两次连续可导的条件。

4.4.1 双幂次非奇异快速终端滑模面的设计

为了提高滑模控制收敛速度，同时保证对模型误差和外部干扰的强鲁棒性，避免出现控制输入奇异问题，进一步增强系统稳定性，降低抖振的影响，设计双幂次非奇异快速终端容错控制滑模面如下

$$\boldsymbol{s}=\boldsymbol{e}+\alpha|\boldsymbol{e}|^{\gamma}\operatorname{sgn}\boldsymbol{e}+\beta|\dot{\boldsymbol{e}}|^{\chi}\operatorname{sgn}\dot{\boldsymbol{e}} \tag{4.19}$$

式中：α、β均大于 0；$\gamma>\chi$为正奇数且满足$1<\chi<2$。

滑模面参数定义为$\gamma>\chi,1<\chi<2$，可保证$\gamma-1>\chi-1>0$，此时控制律中状态变量$\boldsymbol{e}$和$\dot{\boldsymbol{e}}$的指数均大于零，无负指数项，这可以保障系统误差不会出现复数解的情况，可以有效避免系统控制输入奇异问题。且幂次函数的设计使得控制量连续，能有效抑制系统抖振问题。

式（4.19）的有限时间收敛上界t_{s2}满足

$$\begin{cases}t_{s2}=-\beta^{1/\lambda}\int_{\boldsymbol{e}_1(T_r)}^{0}[\boldsymbol{e}_1+\alpha|\boldsymbol{e}_1|^{\gamma}\operatorname{sgn}(\boldsymbol{e}_1)^{-1/\chi}]\mathrm{d}\boldsymbol{e}_1\\ T_r\leqslant s(t_0)/\eta\end{cases} \tag{4.20}$$

式中：$s(t_0)$为滑模的初始值。由此可知基于式（4.19）的滑模容错控制方法可使得 ROV 系统的状态跟踪误差在有限时间内收敛。

4.4.2 容错控制律的设计

为保证系统状态变量趋于滑模面，将式（4.2）、式（4.18）代入式（4.19）中，使用二阶滑模面控制，即令$\dot{\boldsymbol{s}}(t)=0$，则

$$\begin{aligned}\dot{\boldsymbol{s}}&=\dot{\boldsymbol{e}}+\alpha\gamma|\boldsymbol{e}|^{\gamma-1}\dot{\boldsymbol{e}}+\beta\chi|\dot{\boldsymbol{e}}|^{\chi-1}\ddot{\boldsymbol{e}}\\&=\dot{\boldsymbol{e}}+\alpha\gamma|\boldsymbol{e}|^{\gamma-1}\dot{\boldsymbol{e}}+\beta\chi|\dot{\boldsymbol{e}}|^{\chi-1}\left[\dot{\hat{\boldsymbol{x}}}_2(t)-\ddot{\boldsymbol{x}}_d(t)\right]\\&=\dot{\boldsymbol{e}}+\alpha\gamma|\boldsymbol{e}|^{\gamma-1}\dot{\boldsymbol{e}}+\beta\chi|\dot{\boldsymbol{e}}|^{\chi-1}\left[\hat{\boldsymbol{F}}_2(\hat{\boldsymbol{x}}_1,\hat{\boldsymbol{x}}_2)+\hat{\boldsymbol{G}}_2(\hat{\boldsymbol{x}}_1)\boldsymbol{\tau}_u+\boldsymbol{v}+\operatorname{sgn}(\boldsymbol{e}_2)\hat{\boldsymbol{\delta}}_a-\ddot{\boldsymbol{x}}_d(t)\right]\end{aligned} \tag{4.21}$$

为了确保 ROV 系统的跟踪误差在有限时间内收敛至平衡点，根据式（4.21）以及反馈控制理论，设计容错控制律如下

$$\boldsymbol{\tau}_u = \hat{\boldsymbol{G}}_2^{-1}(\boldsymbol{x}_1)\Big[\ddot{\boldsymbol{x}}_d - \hat{\boldsymbol{F}}_2(\hat{\boldsymbol{x}}_1,\hat{\boldsymbol{x}}_2) - \frac{\alpha\gamma}{\beta\chi}|\boldsymbol{e}|^{\gamma-1}|\dot{\boldsymbol{e}}|^{2-\chi}\operatorname{sgn}\dot{\boldsymbol{e}} - \frac{1}{\beta\chi}|\dot{\boldsymbol{e}}|^{2-\chi}\operatorname{sgn}\dot{\boldsymbol{e}} - \boldsymbol{v} - \operatorname{sgn}(\boldsymbol{e}_2)\hat{\boldsymbol{\delta}}_a - \varsigma\boldsymbol{s} - \eta\operatorname{sgn}\boldsymbol{s}\Big] \tag{4.22}$$

式中：ς、η为正常数；$|\boldsymbol{e}|^{\gamma-1}$、$|\dot{\boldsymbol{e}}|^{2-\chi}$、$\operatorname{sgn}\dot{\boldsymbol{e}}$、$\operatorname{sgn}\boldsymbol{s}$具体表示如下

$$\begin{cases}|\boldsymbol{e}|^{\gamma-1} = \operatorname{diag}\left\{|e_x|^{\gamma-1},|e_y|^{\gamma-1},\cdots,|e|_\psi{}^{\gamma-1}\right\}\\ |\dot{\boldsymbol{e}}|^{2-\chi} = \operatorname{diag}\left\{|\dot{e}_x|^{2-\chi},|\dot{e}_y|^{2-\chi},\cdots,|\dot{e}_\psi|^{2-\chi}\right\}\\ \operatorname{sgn}\dot{\boldsymbol{e}} = \left[\operatorname{sgn}\dot{e}_x,\operatorname{sgn}\dot{e}_y,\cdots,\operatorname{sgn}\dot{e}_\psi\right]^{\mathrm{T}}\\ \operatorname{sgn}\boldsymbol{s} = \left[\operatorname{sgn}s_x,\operatorname{sgn}s_y,\cdots,\operatorname{sgn}s_\psi\right]^{\mathrm{T}}\end{cases} \tag{4.23}$$

对于容错控制律式（4.22）而言，由于$\gamma>\chi$为正奇数且满足$1<\chi<2$，因此控制律中不含任何负指数项，这避免了计算奇异问题，使设计的容错控制律具有良好的可靠性。

4.4.3　稳定性分析

结合式（4.2）、式（4.18）以及容错控制律式（4.22）可得

$$\begin{aligned}\ddot{\boldsymbol{e}} &= \hat{\boldsymbol{F}}_2(\hat{\boldsymbol{x}}_1,\hat{\boldsymbol{x}}_2) + \hat{\boldsymbol{G}}_2(\hat{\boldsymbol{x}}_1)\boldsymbol{\tau}_u + \boldsymbol{v} + \operatorname{sgn}(\boldsymbol{e}_2)\hat{\boldsymbol{\delta}}_a - \ddot{\boldsymbol{x}}_d(t)\\ &= \hat{\boldsymbol{F}}_2(\hat{\boldsymbol{x}}_1,\hat{\boldsymbol{x}}_2) + \hat{\boldsymbol{G}}_2(\boldsymbol{x}_1)\hat{\boldsymbol{G}}_2^{-1}(\boldsymbol{x}_1)\Big[\ddot{\boldsymbol{x}}_d - \hat{\boldsymbol{F}}_2(\hat{\boldsymbol{x}}_1,\hat{\boldsymbol{x}}_2) - \frac{\alpha\gamma}{\beta\chi}|\boldsymbol{e}|^{\gamma-1}|\dot{\boldsymbol{e}}|^{2-\chi}\operatorname{sgn}\dot{\boldsymbol{e}} -\\ &\quad \frac{1}{\beta\chi}|\dot{\boldsymbol{e}}|^{2-\chi}\operatorname{sgn}\dot{\boldsymbol{e}} - \boldsymbol{v} - \operatorname{sgn}(\boldsymbol{e}_2)\hat{\boldsymbol{\delta}}_a - \varsigma\boldsymbol{s} - \eta\operatorname{sgn}\boldsymbol{s}\Big] + \boldsymbol{v} + \operatorname{sgn}(\boldsymbol{e}_2)\hat{\boldsymbol{\delta}}_a - \ddot{\boldsymbol{x}}_d(t)\\ &= -\frac{\alpha\gamma}{\beta\chi}|\boldsymbol{e}|^{\gamma-1}|\dot{\boldsymbol{e}}|^{2-\chi}\operatorname{sgn}\dot{\boldsymbol{e}} - \frac{1}{\beta\chi}|\dot{\boldsymbol{e}}|^{2-\chi}\operatorname{sgn}\dot{\boldsymbol{e}} - \varsigma\boldsymbol{s} - \eta\operatorname{sgn}\boldsymbol{s}\end{aligned} \tag{4.24}$$

证明：

定义李雅普诺夫函数如下

$$V = \frac{1}{2}\boldsymbol{s}^{\mathrm{T}}\boldsymbol{s} \tag{4.25}$$

将式（4.25）对时间t求导，并结合式（4.21）可得

$$\begin{aligned}\dot{V} &= \boldsymbol{s}^{\mathrm{T}}\dot{\boldsymbol{s}}\\ &= \boldsymbol{s}^{\mathrm{T}}\left(\dot{\boldsymbol{e}} + \alpha\gamma|\boldsymbol{e}|^{\gamma-1}\dot{\boldsymbol{e}} + \beta\chi|\dot{\boldsymbol{e}}|^{\chi-1}\ddot{\boldsymbol{e}}\right)\end{aligned} \tag{4.26}$$

将式（4.24）代入式（4.26），进一步可得

$$
\begin{aligned}
\dot{V} &= \boldsymbol{s}^{\mathrm{T}}\left(\dot{\boldsymbol{e}}+\alpha\gamma|\boldsymbol{e}|^{\gamma-1}\dot{\boldsymbol{e}}+\beta\chi|\dot{\boldsymbol{e}}|^{\chi-1}\ddot{\boldsymbol{e}}\right)\\
&= \boldsymbol{s}^{\mathrm{T}}\left\{\dot{\boldsymbol{e}}+\alpha\gamma|\boldsymbol{e}|^{\gamma-1}\dot{\boldsymbol{e}}+\beta\chi|\dot{\boldsymbol{e}}|^{\chi-1}\left[-\frac{\alpha\gamma}{\beta\chi}|\boldsymbol{e}|^{\gamma-1}|\dot{\boldsymbol{e}}|^{2-\chi}\operatorname{sgn}\dot{\boldsymbol{e}}-\right.\right.\\
&\qquad\left.\left.\frac{1}{\beta\chi}|\dot{\boldsymbol{e}}|^{2-\chi}\operatorname{sgn}\dot{\boldsymbol{e}}-\varsigma\boldsymbol{s}-\eta\operatorname{sgn}\boldsymbol{s}\right]\right\}\\
&= \boldsymbol{s}^{\mathrm{T}}\left\{\dot{\boldsymbol{e}}+\alpha\gamma|\boldsymbol{e}|^{\gamma-1}\dot{\boldsymbol{e}}-\alpha\gamma|\boldsymbol{e}|^{\gamma-1}|\dot{\boldsymbol{e}}|\operatorname{sgn}\dot{\boldsymbol{e}}-\right.\\
&\qquad\left.\dot{\boldsymbol{e}}\operatorname{sgn}\dot{\boldsymbol{e}}+\beta\chi|\dot{\boldsymbol{e}}|^{\chi-1}\left[-\varsigma\boldsymbol{s}-\eta\operatorname{sgn}\boldsymbol{s}\right]\right\}\\
&= \boldsymbol{s}^{\mathrm{T}}\beta\chi|\dot{\boldsymbol{e}}|^{\chi-1}\left[-\varsigma\boldsymbol{s}-\eta\operatorname{sgn}\boldsymbol{s}\right]\\
&= \beta\chi|\dot{\boldsymbol{e}}|^{\chi-1}\left(-\varsigma\sum_{i=1}^{n}|s_i|^2-\eta\sum_{i=1}^{n}|s_i|\right)
\end{aligned}
\tag{4.27}
$$

当$\dot{\boldsymbol{e}}=0$，而$\boldsymbol{e}\neq 0$时，$\dot{V}=0$，虽然$\dot{\boldsymbol{e}}=0$，但$\boldsymbol{e}\neq 0$不是始终成立的，系统此时处于非稳定状态，将渐近到达非奇异快速终端滑模面上，并保持在滑模面上运动。最终系统状态跟踪误差将在有限时间内收敛至零，具体又分为以下几种情形：

（1）当 $s_i\neq 0$且$\dot{\boldsymbol{e}}\neq \boldsymbol{0}$时，由于$\chi-1>0$，考虑到$\beta>0$，$\chi$、$\varsigma$、$\eta$均为正奇数，此时$\beta\chi|\dot{\boldsymbol{e}}|^{\chi-1}>0$，$\dot{V}<0$。由于此时$V>0$且$\dot{V}<0$，由稳定性理论可知，系统跟踪误差$\boldsymbol{e}$和$\dot{\boldsymbol{e}}$将在有限时间内渐近收敛至零。

（2）当 s_i=0时，系统误差已在有限时间到达滑模面s_i=0上。

（3）当$s_i>0$且$\dot{\boldsymbol{e}}=0$时，根据式（4.19）和式（4.27）可得，$\boldsymbol{e}>0$且$\dot{\boldsymbol{e}}<0$。

（4）当$s_i<0$且$\dot{\boldsymbol{e}}=0$时，根据式（4.19）和式（4.27）可得，$\boldsymbol{e}>0$且$\dot{\boldsymbol{e}}<0$。

图4.1为相平面上系统状态误差收敛曲线示意图。由图4.1可知，情形（3）、情形（4）为$s_i\neq 0$且$\dot{\boldsymbol{e}}=0$的情况，系统此时处于非稳定状态，情形（3）的具体情况为系统状态跟踪误差将从$\boldsymbol{e}$轴向相平面的第四象限移动，渐近抵达$\boldsymbol{s}=\boldsymbol{0}$的滑模面上，然后保持在滑模面$\boldsymbol{s}=\boldsymbol{0}$上运动，这使得系统状态跟踪误差收敛至零。同理可得，情形（4）中系统状态跟踪误差将从$\boldsymbol{e}$轴向相平面的第二象限移动并最终收敛至零。

综上所述，根据参考文献 [107] 中的系统渐近稳定条件，通过选取合适的控制参数，按照式（4.22）设计的 ROV 容错控制方法可使得 ROV 状态跟踪误差在有限时间收敛到零点附近较小的区域内，同时滑模面将在有限时间收敛到零点附近的区域内。

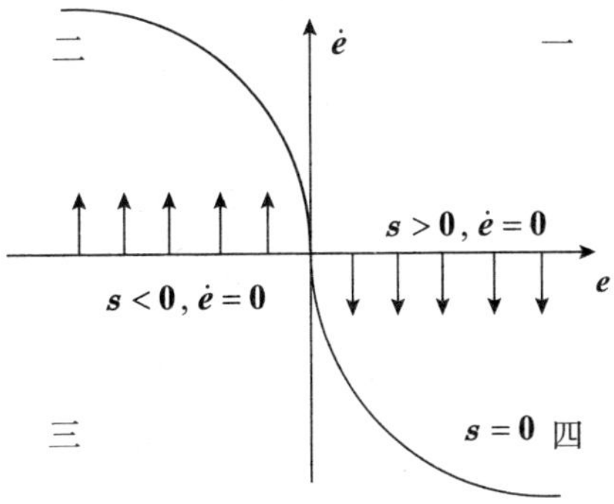

图 4.1　相平面上系统状态误差收敛曲线示意图

容错控制律包含不连续的符号函数，可能会引起抖振问题。为了有效避免由符号函数不连续导致的抖振问题，用饱和函数 $\mathrm{sat}(\boldsymbol{s})$ 代替符号函数 $\mathrm{sgn}\,\boldsymbol{s}$，饱和函数的形式设计为

$$\mathrm{sat}(s_i)=\begin{cases}\mathrm{sgn}\,s_i\ , & |s_i|>\zeta \\ \tanh\left(\dfrac{s_i}{\zeta}\right), & |s_i|\leqslant\zeta\end{cases} \tag{4.28}$$

式中：$\mathrm{sgn}(\cdot)$ 为符号函数；$\tanh(\cdot)$ 为双曲正切函数；ζ 为待设计的边界层厚度。

本章提出的基于自适应双幂次非奇异快速终端滑模的 ROV 容错控制系统结构框图如图 4.2 所示。

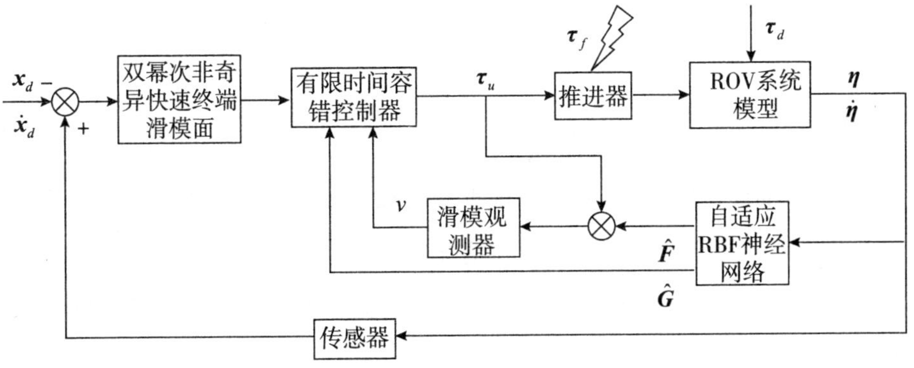

图 4.2　基于自适应双幂次非奇异快速终端滑模的 ROV 容错控制系统结构框图

4.5 仿真结果与分析

为验证所设计的闭环控制系统的容错性能，采用 MATLAB/Simulink 进行仿真模拟运动分析，对 ROV 容错控制方法的有效性进行验证。设定 ROV 的运动航迹为空间螺旋下潜运动，即 $x_d = 3\sin(0.04\pi t), y_d = 3\cos(0.04\pi t), z_d = 0.6t$，期望姿态角为 $\boldsymbol{\eta}_{2d} = [0, -\pi/4, \pi/3]^{\mathrm{T}}$，初始位姿为 $\boldsymbol{\eta}_0 = [1,2,0,0,0,0]^{\mathrm{T}}$，初始线速度和角速度为 $\mathbf{0}$，在仿真中分别加入正弦信号和阶跃信号叠加组合来模拟外界干扰和系统模型不确定性的影响。假设 ROV 具有中性浮力 $(G \approx B)$，其重心和浮心几乎与机体固定框架的原点重合，则 $\boldsymbol{g}(\boldsymbol{\eta})=\mathbf{0}_{6\times1}$。控制器参数分别设定为 $\alpha = 0.5, \beta = 0.8, \gamma = 2, \chi = 1.5, \varGamma = 1, \eta = 1$。对于本章 RBF 神经网络，选取基函数为如下高斯函数

$$\begin{cases} \boldsymbol{\sigma}_F = \exp\left[-\left\|\boldsymbol{x}_F - \boldsymbol{c}_F\right\|^2 / (2b^2)\right] \\ \boldsymbol{\sigma}_G = \exp\left[-\left\|\boldsymbol{x}_G - \boldsymbol{c}_G\right\|^2 / (2b^2)\right] \\ \boldsymbol{\sigma}_f = \exp\left[-\left\|\boldsymbol{x}_f - \boldsymbol{c}_f\right\|^2 / (2b^2)\right] \end{cases} \tag{4.29}$$

设定高斯函数的输入变量 $\boldsymbol{x}_F = [\hat{\boldsymbol{x}}_1, \hat{\boldsymbol{x}}_2]^{\mathrm{T}}$，$\boldsymbol{x}_G = [\hat{\boldsymbol{x}}_1]$，$\boldsymbol{x}_f = [|\boldsymbol{e}_2|]$；高斯函数的中心 $\boldsymbol{c}_F$、$\boldsymbol{c}_G$、$\boldsymbol{c}_f$ 均匀随机分布在区间 $[-3,3]$ 上；高斯函数的宽度 $b=2$。设定 RBF 神经网络的隐含层有 5 个节点。选取自适应增益系数为 $\eta_F = 0.0002$, $\eta_G = 0.000\,2, \eta_f = 60, \lambda = 2$。

假设 ROV 的所有推进器组件完全相同，根据 ROV 实际情况控制器输出限幅为 $\pm15\ \mathrm{N(N\cdot m)}$。为了更充分地验证本章所提出的控制器的容错性能，将对其中一台推进器的效率突然下降的故障情况进行模拟实验。

假设在 t=30 s 时，1# 推进器突然失效，效率降至 80%。推进器的有效性可以描述为

$$D=\begin{cases}\mathrm{diag}\{1,1,1,1,1,1,1,1\}, & t<30\,\mathrm{s}\\ \mathrm{diag}\{0.8,1,1,1,1,1,1,1\}, & t\geqslant 30\,\mathrm{s}\end{cases} \tag{4.30}$$

将本书所设计的容错控制器控制方法与传统终端滑模控制器控制方法进行对比仿真，得到结果如图 4.3 ～图 4.8 所示。图 4.3 为 1# 推进器突发故障时两种容错控制方法下的三维航迹跟踪效果图；图 4.4 为 ROV 航迹跟踪曲线在水平面上的投影图；图 4.5 为 ROV 在 x、y、z 方向上的位移跟踪响应曲线和姿态跟踪响应曲线对比结果；图 4.6 为 ROV 的位移跟踪误差和姿态跟踪误差对比结果；图 4.7 为惯性坐标系下的速度估计曲线；图 4.8 为滑模观测器对系统复合干扰的估计结果。

由图 4.3 和图 4.4 可以看出，两种容错控制方法均能在 ROV 发生突发故障后，使 ROV 重新沿期望航迹运动。由图 4.5 和图 4.6 可知，在 t=30 s，1# 推进器突发故障时，本书方法在位移方向上的误差波动范围为 ±0.2 m，在姿态角方向上的误差波动范围为 ±10°，传统方法在位移和姿态角方向上的误差波动范围分别为 ±0.5 m 和 ±20°，由此可知传统方法容错控制的航迹跟踪效果明显不如本书方法。由图 4.6（a）可知，从 t=30 s、1# 推进器突发故障到控制系统重新收敛到原点附近的区域内，本书方法在位移方向上的调节时间约为 5s，相较于传统方法缩短了约 30%。也就是说，当 1# 推进器突发故障时，本书方法的再收敛速度比传统方法的再收敛速度快。

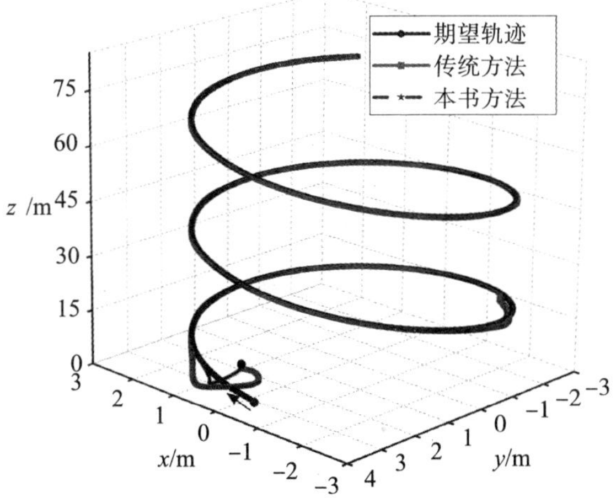

图 4.3　1#推进器突发故障时两种容错控制方法下的三维航迹跟踪效果图

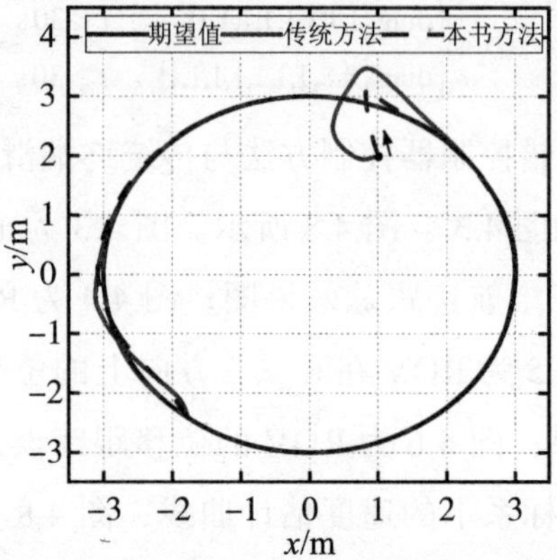

图 4.4　ROV 航迹跟踪曲线在水平面上的投影图

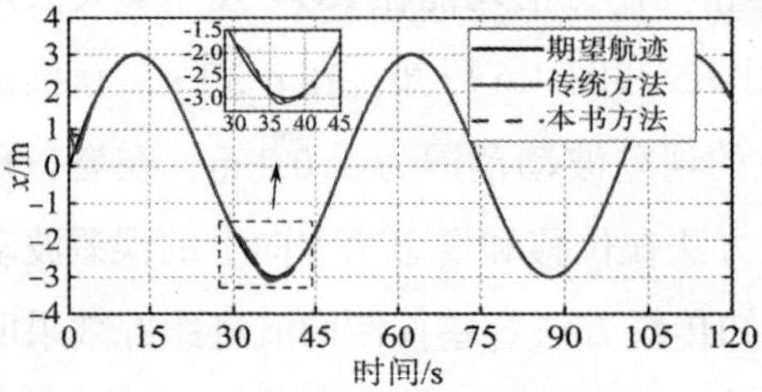

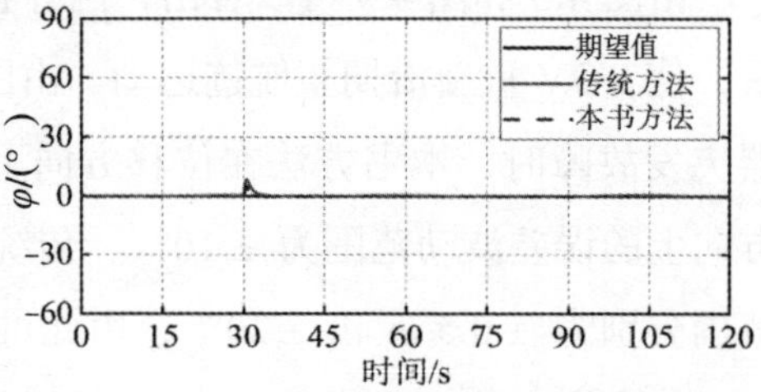

（c）x 方向上的位移跟踪响应曲线　　（d）φ 姿态跟踪响应曲线

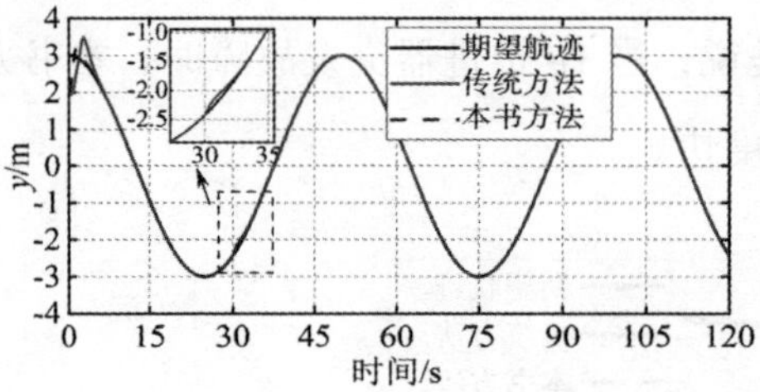

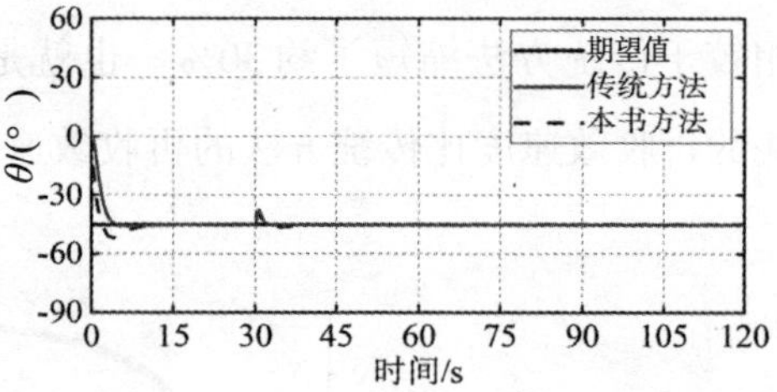

（c）y 方向上的位移跟踪响应曲线　　（d）θ 姿态跟踪响应曲线

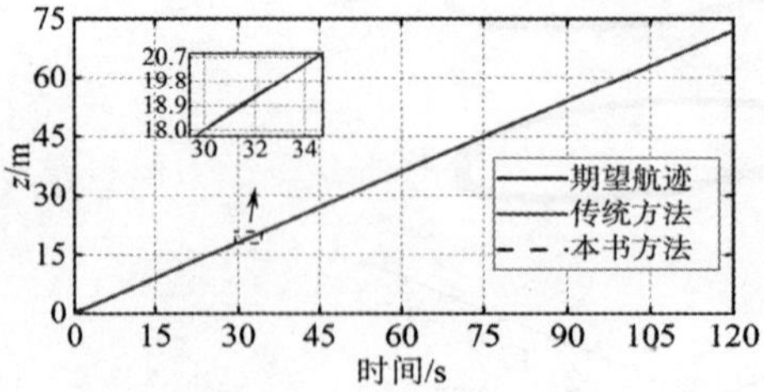

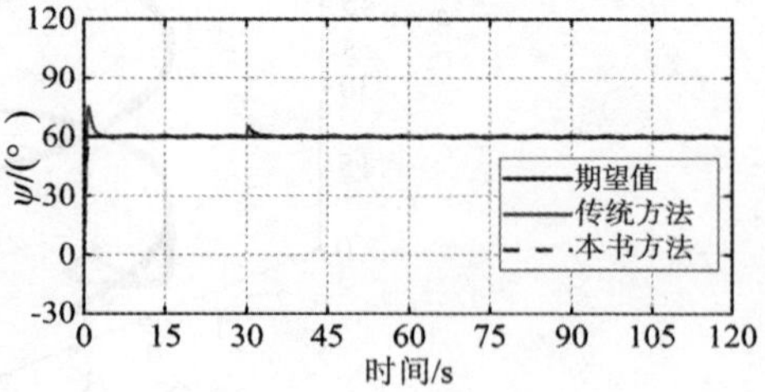

（e）z 方向上的位移跟踪响应曲线　　（f）ψ 姿态跟踪响应曲线

图 4.5　ROV 在x、y、z方向上的位移跟踪响应曲线和姿态跟踪响应曲线对比结果

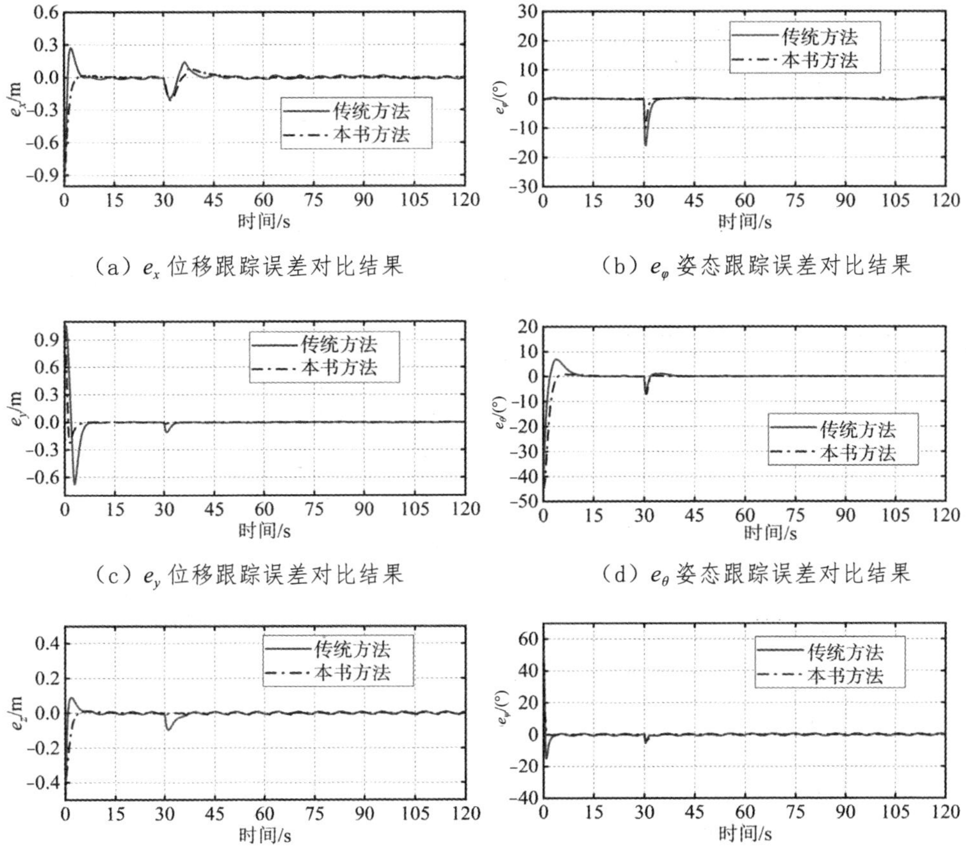

（a）e_x 位移跟踪误差对比结果

（b）e_φ 姿态跟踪误差对比结果

（c）e_y 位移跟踪误差对比结果

（d）e_θ 姿态跟踪误差对比结果

（e）e_z 位移跟踪误差对比结果

（f）e_ψ 姿态跟踪误差对比结果

图 4.6　ROV 的位移跟踪误差和姿态跟踪误差对比结果

由图 4.7 可知，采用本书方法和传统方法时，ROV 的速度跟踪效果都较为理想，即使是在外界复合干扰的影响下，速度的波动也都较小。相较于传统方法，本书方法的响应速度更快，且速度变化更为平稳，无较大波动，即使是在 $t = 30$ s 、1# 推进器突发故障后，本书方法的容错效果也要优于传统方法，且本书方法在响应速度与稳态性能上都优于传统方法。由图 4.8 可知，滑模观测器能对外界复合干扰保持较高的估计精度，稳态估计误差保持在 ± 0.2 范围内，并且估计响应迅速。综上所述，本书所设计的容错控制方法能有效解决系统外界复合干扰和突发故障对 ROV 运动影响的问题，可以实现对期望航迹的有效跟踪控制。

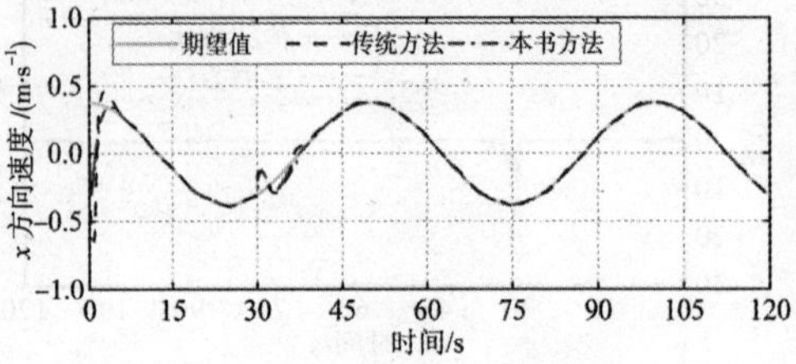

（a）x 方向速度估计曲线

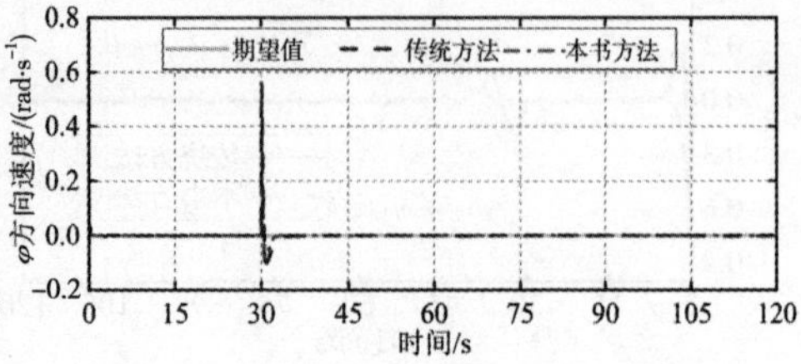

（b）φ 方向速度估计曲线

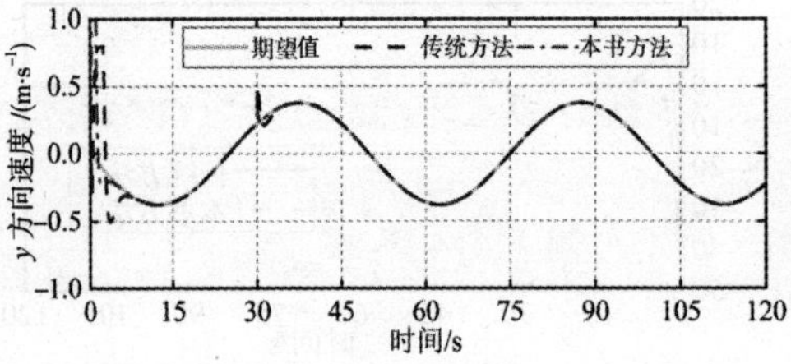

（c）y 方向速度估计曲线

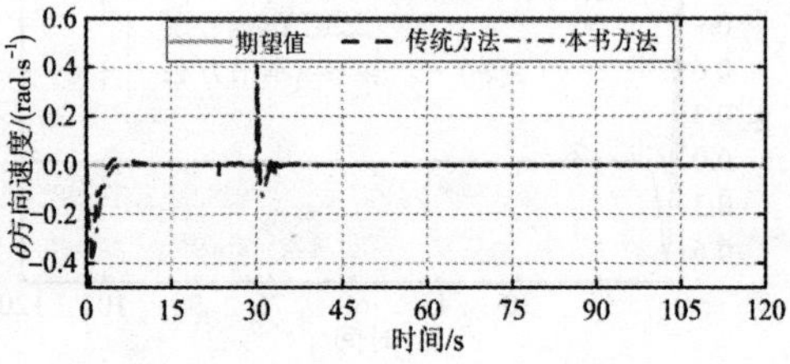

（d）θ 方向速度估计曲线

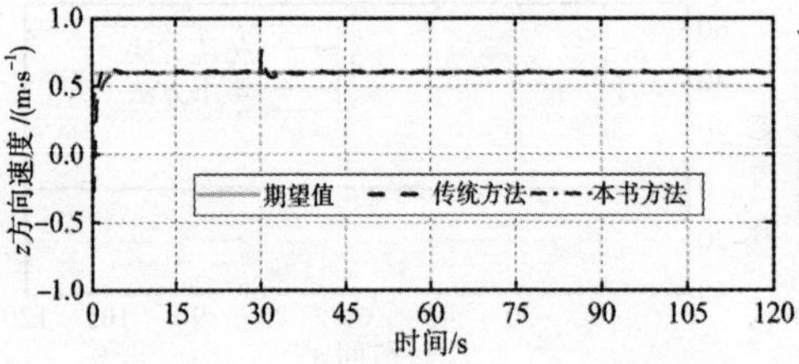

（e）z 方向速度估计曲线

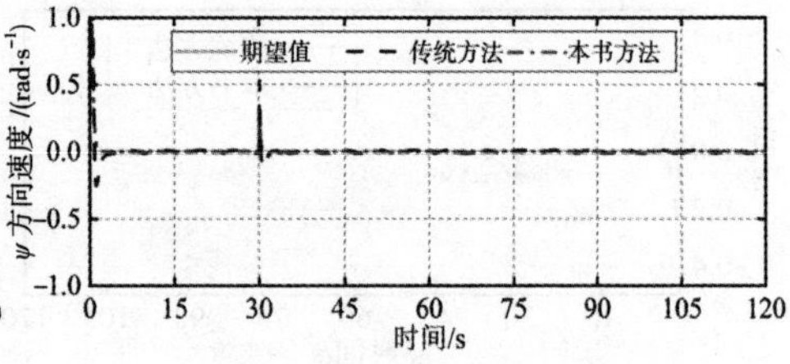

（f）ψ 方向速度估计曲线

图 4.7　惯性坐标系下的速度估计曲线

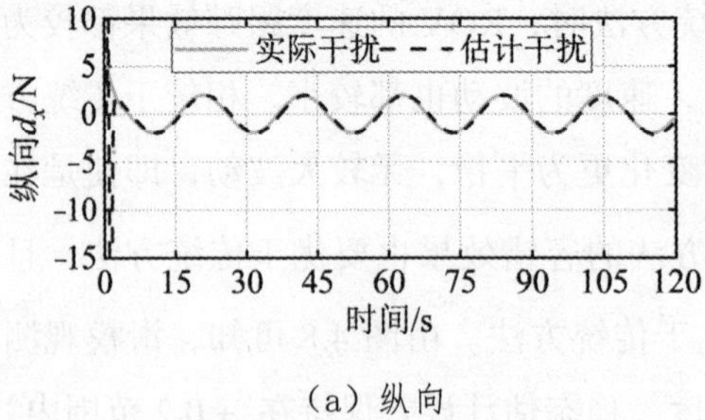

（a）纵向

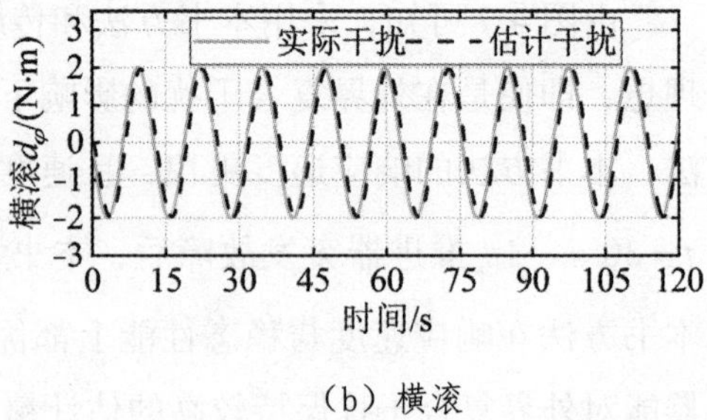

（b）横滚

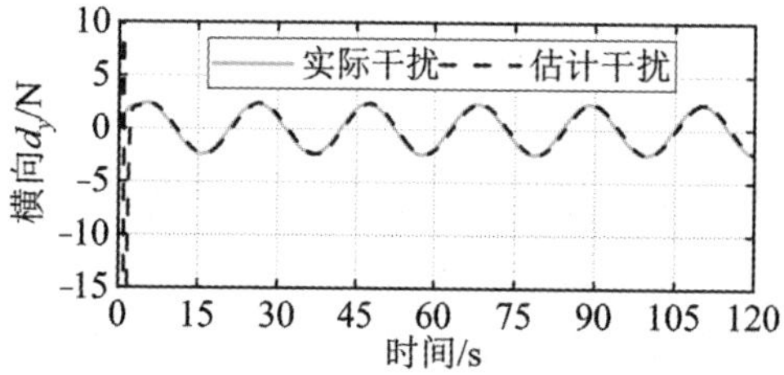

（c）横向

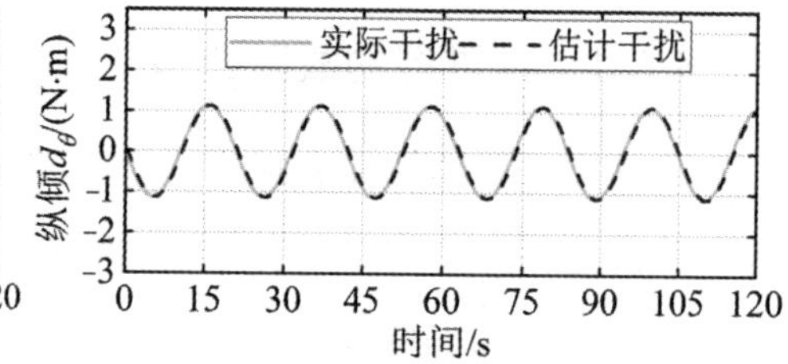

（d）纵倾

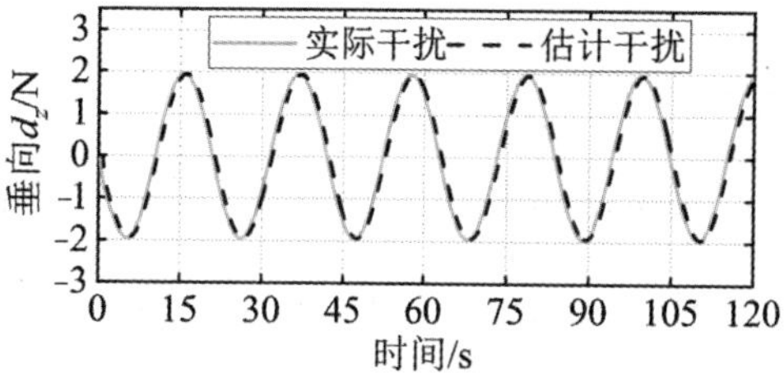

（e）垂向

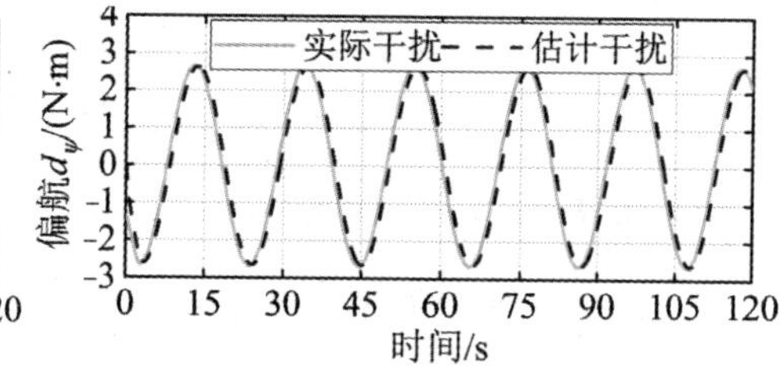

（f）偏航

图 4.8　滑模观测器对系统复合干扰的估计结果

4.6　ROV 推进器故障水平面的容错控制

ROV 因智能化程度高、操控性能优越、机动能力强等特点，在水利水电、船体检查、海产养殖、紧急救援等领域得到了广泛应用。虽然水下机器人在众多领域发挥着不可替代的作用，但也面临着各种挑战，如复杂的工作环境、推进器故障以及传感器故障等。这些问题的存在使人们对水下机器人的可靠性和容错能力提出了更高的要求，同时促进了水下控制理论的快速发展。

基于反步法和鲁棒控制技术相关理论，本节针对 ROV 的单台或多台推进器发生故障的问题，提出了一种基于推力分配的鲁棒容错控制方法。首先，建立 ROV 水平面动力学模型和推力分配模型，并且引入一种推进器效率在线估计方法。针对推进器故障以及外界干扰的影响，设计观测器实时估计故障和干扰值大小。其次，将观测器与鲁棒控制器相结合共同完成对故障情况下的 ROV 的控制。最后，采用李雅普诺夫稳定性理论证明闭环控制系统的稳定性，并通过仿真软件与水池实验验证控制器性能。

4.6.1 推进器的故障模型

针对推进器的故障表现形式，本书主要考虑正常工作状态、推进器部分失效以及推进器完全失效三种情况。其中，推进器部分失效主要是由螺旋桨被异物缠绕或者对应螺母松动等问题造成的；推进器完全失效主要是由螺旋桨等相关机构卡死、脱落以及线路短路等情况引起的。因此，最终推进器的故障模型可表示为

$$\boldsymbol{u}_z=\left(\boldsymbol{I}_0-\boldsymbol{I}_z\right)\boldsymbol{u}=\boldsymbol{L}\boldsymbol{u} \tag{4.31}$$

式中：$\boldsymbol{L}=\boldsymbol{I}_0-\boldsymbol{I}_z$；$\boldsymbol{u}_z=\mathrm{diag}\{u_{z1},u_{z2},u_{z3},u_{z4},u_{z5},u_{z6},u_{z7},u_{z8}\}$，为每台推进器实际控制输入；$\boldsymbol{u}$为每台推进器期望控制输入；$\boldsymbol{I}_z=\mathrm{diag}\{i_{z1},i_{z2},i_{z3},i_{z4},i_{z5},i_{z6},i_{z7},i_{z8}\}$，为具体推进器故障值大小；$\boldsymbol{I}_0$为单位矩阵。其中，$i_{zi}=0$为第$i$台推进器处于正常工作状态，$i_{zi}=1$为第$i$台推进器完全失效，$0\leqslant i_{zi}\leqslant 1$为第$i$台推进器部分失效。因此，当推进器故障时，水下机器人的动力学方程可表示为

$$\begin{cases}\dot{\boldsymbol{x}}(t)=\boldsymbol{A}\boldsymbol{x}(t)+\boldsymbol{B}_1\boldsymbol{u}(t)+\boldsymbol{B}_2\boldsymbol{d}_w(t)+\boldsymbol{G}\boldsymbol{f}(t)\\ \boldsymbol{y}(t)=\boldsymbol{C}\boldsymbol{x}(t)\end{cases} \tag{4.32}$$

式中：$\boldsymbol{G}=-\boldsymbol{B}_1$；$\boldsymbol{f}(t)=\boldsymbol{I}_z\boldsymbol{u}$；$\boldsymbol{d}_t=\boldsymbol{G}\boldsymbol{f}(t)$。

4.6.2 推进器的结构分布

推进器作为主要动力来源，保证了水下机器人运动的可靠性。本书的研究对象为一款八推进器六自由度的过驱动有缆遥控 ROV，其推进器采用电信号驱动，并且由内置电源提供电力。其中，推进器在 ROV 中的结构分布图如图 4.9 所示。

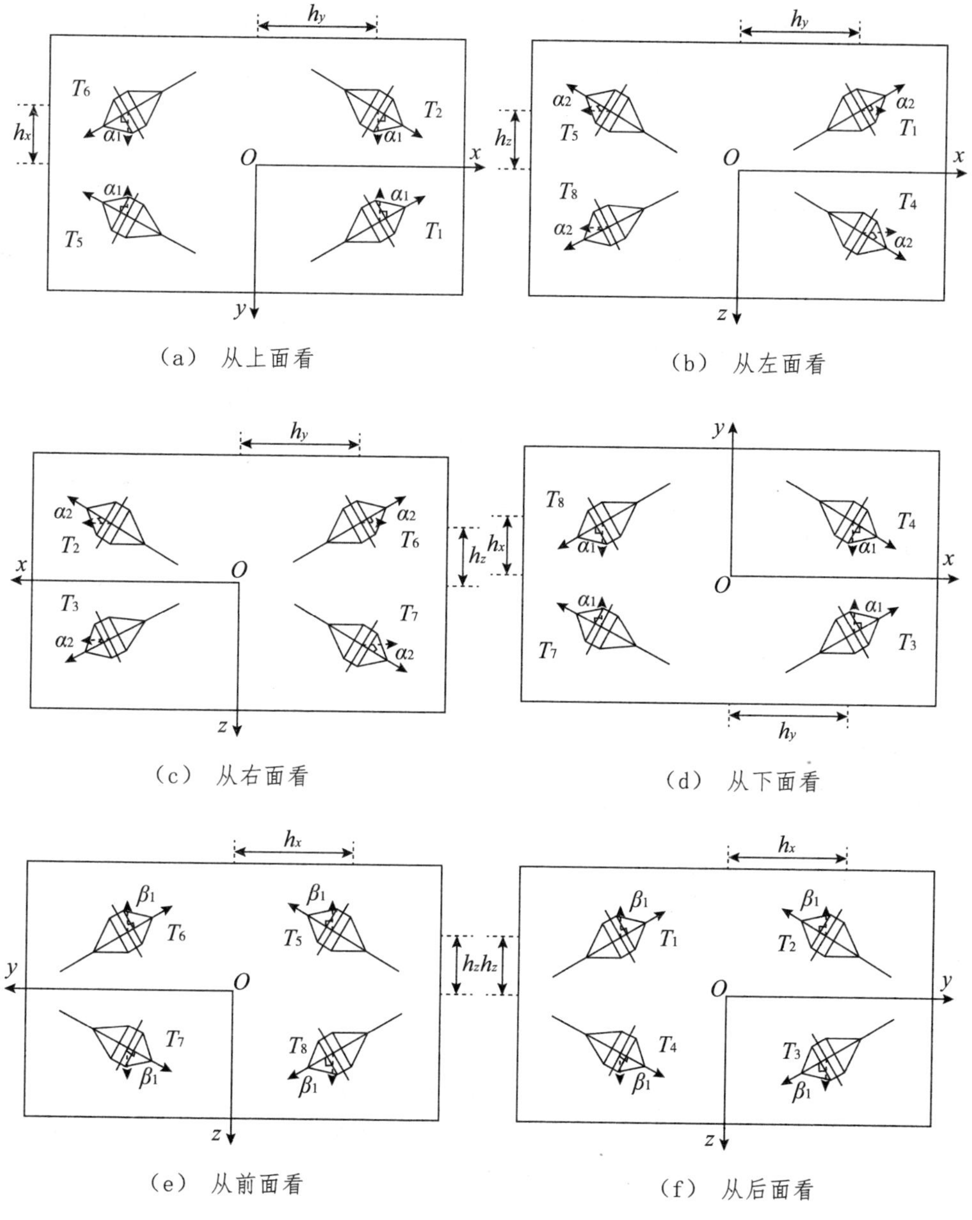

图 4.9　推进器在 ROV 中的结构分布图

根据图 4.9 可知，该水下机器人主要由前端 4 台推进器 T_1、T_2、T_3、T_4 和尾端 4 台推进器 T_5、T_6、T_7、T_8 组成，且它们呈中心对称分布，重心位于中心对称点 O 处。其中，推进器到坐标轴 x、y、z 的距离分别表示为 h_x、h_y、h_z；α_1 表示推力投影到 Oxy 平面与 Oy 轴之间的夹角；α_2 表示推力投影到

Oxz 平面与 Ox 轴之间的夹角；β_1 表示推力投影到 Oyz 平面与 Oz 轴之间的夹角。ROV 推进器的推力分解图如图 4.10 所示。

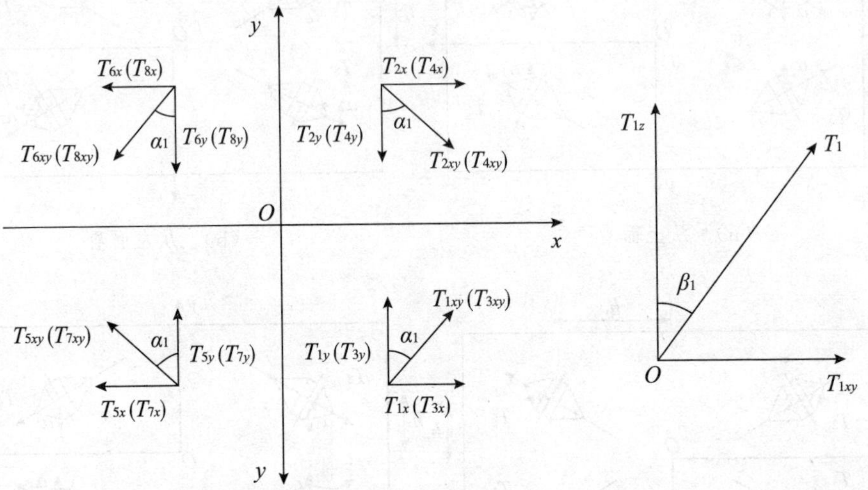

（a）推力分解图　　（b）局部放大图

图 4.10　ROV 推进器的推力分解图

假设螺旋桨推进器正转表示正方向，因此，通过对图 4.10 分析可得，ROV 推进器在空间中产生的推力沿 Ox、Oy、Oz 三轴分别可以表示为

$$\begin{cases} X=(T_1+T_2+T_3+T_4-T_5-T_6-T_7-T_8)\sin\beta_1\sin\alpha_1 \\ Y=(-T_1+T_2+T_3-T_4-T_5+T_6+T_7-T_8)\sin\beta_1\cos\alpha_1 \\ Z=(-T_1-T_2+T_3+T_4-T_5-T_6+T_7+T_8)\cos\beta_1 \end{cases} \tag{4.33}$$

ROV 推进器产生的力矩沿 Ox、Oy、Oz 三轴分别可以表示为

$$\begin{cases} K=-T_1\cos\beta_1 h_x-T_1L_2h_z+T_2\cos\beta_1 h_x+T_2L_2h_z- \\ \quad T_3\cos\beta_1 h_x-T_3L_2h_z+T_4\cos\beta_1 h_x+T_4L_2h_z- \\ \quad T_5\cos\beta_1 h_x-T_5L_2h_z+T_6\cos\beta_1 h_x+T_6L_2h_z- \\ \quad T_7\cos\beta_1 h_x-T_7L_2h_z+T_8\cos\beta_1 h_x+T_8L_2h_z \\ M=T_1\cos\beta_1 h_y+T_1L_1h_z+T_2\cos\beta_1 h_y+T_2L_1h_z- \\ \quad T_3\cos\beta_1 h_y-T_3L_1h_z-T_4\cos\beta_1 h_y-T_4L_1h_z- \\ \quad T_5\cos\beta_1 h_y-T_5L_1h_z-T_6\cos\beta_1 h_y-T_6L_1h_z+ \\ \quad T_7\cos\beta_1 h_y+T_7L_1h_z+T_8\cos\beta_1 h_y+T_8L_1h_z \\ N=-T_1L_1h_x-T_1L_2h_y+T_2L_1h_x+T_2L_2h_y+ \\ \quad T_3L_1h_x+T_3L_2h_y-T_4L_1h_x-T_4L_2h_y+ \\ \quad T_5L_1h_x+T_5L_2h_y-T_6L_1h_x-T_6L_2h_y- \\ \quad T_7L_1h_x-T_7L_2h_y+T_8L_1h_x+T_8L_2h_y \end{cases} \tag{4.34}$$

式中：$L_1=\sin\beta_1\sin\alpha_1$；$L_2=\sin\beta_1\cos\alpha_1$；$\tan\beta_1\sin\alpha_1\tan\alpha_2=1$。

因此，ROV 推进器产生的力和力矩可以表示为

$$
\begin{aligned}
\boldsymbol{\tau}&=\boldsymbol{BLU}\\
&=\begin{bmatrix}
\sin\beta_1\sin\alpha_1 & \sin\beta_1\sin\alpha_1 & \sin\beta_1\sin\alpha_1 & \sin\beta_1\sin\alpha_1 & -\sin\beta_1\sin\alpha_1 & -\sin\beta_1\sin\alpha_1 & -\sin\beta_1\sin\alpha_1 & -\sin\beta_1\sin\alpha_1\\
-\sin\beta_1\cos\alpha_1 & \sin\beta_1\cos\alpha_1 & \sin\beta_1\cos\alpha_1 & -\sin\beta_1\cos\alpha_1 & -\sin\beta_1\cos\alpha_1 & \sin\beta_1\cos\alpha_1 & \sin\beta_1\cos\alpha_1 & -\sin\beta_1\cos\alpha_1\\
-\cos\beta_1 & -\cos\beta_1 & \cos\beta_1 & \cos\beta_1 & -\cos\beta_1 & -\cos\beta_1 & \cos\beta_1 & \cos\beta_1\\
-\cos\beta_1 h_x-L_2h_z & \cos\beta_1 h_x+L_2h_z & -\cos\beta_1 h_x-L_2h_z & \cos\beta_1 h_x+L_2h_z & -\cos\beta_1 h_x-L_2h_z & \cos\beta_1 h_x+L_2h_z & -\cos\beta_1 h_x-L_2h_z & \cos\beta_1 h_x+L_2h_z\\
\cos\beta_1 h_y+L_1h_z & \cos\beta_1 h_y+L_1h_z & -\cos\beta_1 h_y-L_1h_z & -\cos\beta_1 h_y-L_1h_z & -\cos\beta_1 h_y-L_1h_z & -\cos\beta_1 h_y-L_1h_z & \cos\beta_1 h_y+L_1h_z & \cos\beta_1 h_y+L_1h_z\\
-L_1h_x-L_2h_y & L_1h_x+L_2h_y & L_1h_x+L_2h_y & -L_1h_x-L_2h_y & L_1h_x+L_2h_y & -L_1h_x-L_2h_y & -L_1h_x-L_2h_y & L_1h_x+L_2h_y
\end{bmatrix}\boldsymbol{UL}
\end{aligned}
\tag{4.35}
$$

式中：$\boldsymbol{B}$ 为 ROV 推进器的推力分配矩阵；$\boldsymbol{U}$ 为每台推进器输出的力和力矩大小；$\boldsymbol{L}$ 为推进器实际工作状况下的效率矩阵。其中，推进器涉及的相关参数取值分别为 $\alpha_1=55^\circ$，$\alpha_2=45^\circ$，$\beta_1=50.68^\circ$，$h_x=0.094$ m，$h_y=0.145$ m，$h_z=0.057$ m。

4.6.3 推力分配模型的构建

水下机器人在沿预定航迹进行跟踪时，所需动力均由推进器提供。然而，在面对复杂海洋环境以及外界干扰时，ROV 的推进器经常发生故障，导致动力部分缺失或完全缺失。因此，为了提高 ROV 的可靠性以及生存能力，一般将其推进器系统设计为过驱动系统，即推进器台数大于运动过程中自由度数。构建推力分配模型的目的是将运动过程中所需的力、力矩指令最优地分配到每台推进器输入端。当某台推进器发生故障时，重新调整推力分配矩阵，可以使其他正常推进器共同补偿故障推进器动力缺失部分，从而实现对故障的容错控制。

本书研究的 ROV 带有 8 台推进器，且它们呈中心对称分布。因为该 ROV 的推进器台数大于自由度数，所以需要对推进器系统进行推力分配设计。伪逆法是一种通过矩阵运算获得分配结果的数学求解方法，具有很强的运算求解能力，在实际工程中得到了广泛应用。

伪逆法的基本原理：对于任意一个方阵 $\boldsymbol{A}$，若存在一个相同维数的矩阵 $\boldsymbol{Y}$，使得式（4.36）成立，则可以说明 $\boldsymbol{A}$ 是可逆矩阵，其逆矩阵为 $\boldsymbol{Y}$，即 $\boldsymbol{Y}=\boldsymbol{A}^{-1}$。

$$\boldsymbol{AY}=\boldsymbol{YA}=\boldsymbol{I} \tag{4.36}$$

式中：$\boldsymbol{I}$ 为与 $\boldsymbol{A}$、$\boldsymbol{Y}$ 的维数相同的单位矩阵。对于奇异矩阵和非方阵矩阵来说，虽然它们不存在逆矩阵，但存在伪逆矩阵。例如，若 $\boldsymbol{AY}=\boldsymbol{I}$ 成立，$\boldsymbol{YA}=\boldsymbol{I}$ 不成立，则称矩阵 $\boldsymbol{A}$ 有右逆矩阵，反之，则称 $\boldsymbol{A}$ 有左逆矩阵。

由式（4.35）可知，推进器的布置角度固定不变，即矩阵 $\boldsymbol{B}$ 为常值矩阵，定义如下二次优化目标函数

$$\begin{cases}\min\ f=\boldsymbol{T}^{\mathrm{T}}\boldsymbol{WT}\\ \text{s.t.}\ \boldsymbol{\tau}_x-\boldsymbol{BT}=\boldsymbol{0}\end{cases} \tag{4.37}$$

式中：$\boldsymbol{W}$ 为正对角矩阵；f 为推进器的推力消耗的能量；$\boldsymbol{T}$ 为优化后的推力向量；$\boldsymbol{\tau}_x$ 为所需要的期望力或力矩；$\boldsymbol{B}$ 为推进器布置矩阵。

首先，定义拉格朗日函数如下

$$L(\boldsymbol{T},\boldsymbol{\lambda})=\boldsymbol{T}^{\mathrm{T}}\boldsymbol{WT}+\boldsymbol{\lambda}^{\mathrm{T}}(\boldsymbol{\tau}_x-\boldsymbol{BT}) \tag{4.38}$$

式中：$\boldsymbol{\lambda}$ 为拉格朗日乘子向量，根据泛函数极值的必要条件可得

$$\begin{cases}\dfrac{\partial L(\boldsymbol{T},\boldsymbol{\lambda})}{\partial \boldsymbol{T}}=2\boldsymbol{WT}-\boldsymbol{B}^{\mathrm{T}}\boldsymbol{\lambda}=\boldsymbol{0}\\ \dfrac{\partial L(\boldsymbol{T},\boldsymbol{\lambda})}{\partial \boldsymbol{\lambda}}=\boldsymbol{\tau}_x-\boldsymbol{BT}=\boldsymbol{0}\end{cases} \tag{4.39}$$

式（4.39）经变换推导后可得

$$\begin{cases}\boldsymbol{T}=\dfrac{1}{2}\boldsymbol{W}^{-1}\boldsymbol{B}^{\mathrm{T}}\boldsymbol{\lambda}\\ \boldsymbol{\tau}_x=\boldsymbol{BT}=\dfrac{1}{2}\boldsymbol{BW}^{-1}\boldsymbol{B}^{\mathrm{T}}\boldsymbol{\lambda}\end{cases} \tag{4.40}$$

由式（4.40）可得

$$\boldsymbol{\lambda}=2\left(\boldsymbol{BW}^{-1}\boldsymbol{B}^{\mathrm{T}}\right)^{-1}\boldsymbol{\tau}_x \tag{4.41}$$

则拉格朗日方程的解可以表示为

$$\boldsymbol{T}=\boldsymbol{W}^{-1}\boldsymbol{B}^{\mathrm{T}}(\boldsymbol{BW}^{-1}\boldsymbol{B}^{\mathrm{T}})^{-1}\boldsymbol{\tau}_x=\boldsymbol{B}^{-1}\boldsymbol{\tau}_x \tag{4.42}$$

式中：$\boldsymbol{B}^{-1}$ 为矩阵 $\boldsymbol{B}$ 的伪逆矩阵。

此外，对推进器输出的推力和推力矩进行再优化时，不仅需要保证推力消耗的能量最小，还需要保证实际输入指令与期望输入指令误差最小。因此，优化后的模型可以重新定义为

$$\begin{cases}\min f = \boldsymbol{T}^{\mathrm{T}}\boldsymbol{W}\boldsymbol{T} + \boldsymbol{\sigma}^{\mathrm{T}}\boldsymbol{Q}\boldsymbol{\sigma} \\ \text{s.t. } \boldsymbol{\tau}_x - \boldsymbol{BLT} = \boldsymbol{\sigma} \\ \boldsymbol{T}_{\min} \leqslant \boldsymbol{T} \leqslant \boldsymbol{T}_{\max}\end{cases} \tag{4.43}$$

式中：$\boldsymbol{W}$、$\boldsymbol{Q}$ 均为正定对角矩阵。函数中第一项表示推进器的推力消耗的能量，第二项表示实际输入指令与期望输入指令之间的误差。由于在实际工程应用中，误差需要达到最小，因此 $\boldsymbol{Q}$ 的取值远大于 $\boldsymbol{W}$ 的取值。

4.6.4　控制系统的结构

水下机器人在进行深海作业时，需要保持某一特定姿态，例如定航、定深等，但在实际作业过程中，这是难以实现的。因为水下机器人经常工作在低温、黑暗、缺氧以及高噪声的环境中，且自身具有高非线性、强耦合等特点，同时难以获得流体动力学相关系数，所以这对其控制系统的可靠性提出了更高的要求。

ROV 的控制系统主要由三部分组成，即鲁棒控制器、水下机器人动力学模型和故障观测器，其具体结构如图 4.11 所示。ROV 控制系统的主要工作原理是先由故障观测器估计出故障值，然后计算出推进器的实际工作效率，最后利用鲁棒控制器重新调整控制律。

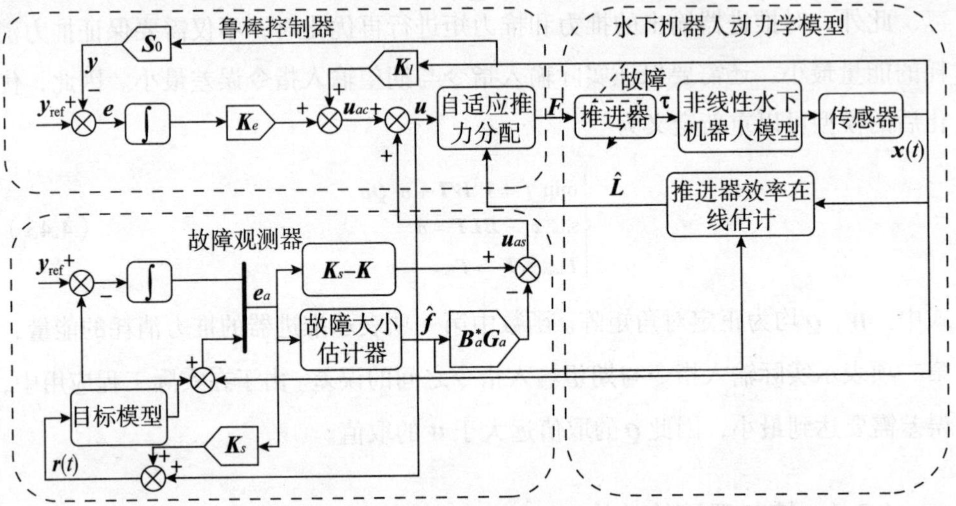

图 4.11　ROV 控制系统的具体结构

4.7　推进器故障容错控制器的设计

本节基于第 2 章所建立的水下机器人动力学模型，设计了一种 H_∞ 鲁棒控制器，以完成无推进器故障时的航迹跟踪控制。当推进器发生故障时，本节设计了一种故障观测器和推进器效率在线估计方案，同时采用了伪逆法重新构建推进器的推力分布矩阵，以保证故障情况下的水下机器人能够稳定运行。

4.7.1　鲁棒控制器的设计

要想使一个控制系统达到稳定状态，选择一个合理的控制输入尤为重要，所以为了保证控制系统的优越性能，选取比例积分作为控制输入。因此，控制系统的扩展状态方程反馈控制律可以设计为

$$\boldsymbol{u}(t)=\boldsymbol{K}\boldsymbol{x}_a(t)=\boldsymbol{K}_l\boldsymbol{x}(t)+\boldsymbol{K}_e\int_0^t\boldsymbol{e}(t)\mathrm{d}t \tag{4.44}$$

式中：$\boldsymbol{K}=\begin{bmatrix}\boldsymbol{K}_l & \boldsymbol{K}_e\end{bmatrix}\in\mathbf{R}^{m\times(l+n)}$；$\boldsymbol{e}(t)=\boldsymbol{y}_{\mathrm{ref}}(t)-\boldsymbol{y}(t)$ 为参考信号 $\boldsymbol{y}_{\mathrm{ref}}(t)$ 与输出信号 $\boldsymbol{y}(t)$ 的误差值；$\boldsymbol{x}_a(t)=\begin{bmatrix}\boldsymbol{x}(t) & \int_0^t\boldsymbol{e}(t)\mathrm{d}t\end{bmatrix}^{\mathrm{T}}$。

因此，控制系统的扩展状态方程可以表示为

$$\begin{cases}\dot{\boldsymbol{x}}_a(t)=\boldsymbol{A}_a\boldsymbol{x}_a(t)+\boldsymbol{B}_a\boldsymbol{u}(t)+\boldsymbol{Z}_a\boldsymbol{v}(t)\\ \boldsymbol{y}_a(t)=\boldsymbol{C}_a\boldsymbol{x}_a(t)\end{cases}\tag{4.45}$$

式中：$\boldsymbol{A}_a=\begin{bmatrix}\boldsymbol{A} & \boldsymbol{0}\\ -\boldsymbol{S}_0\boldsymbol{C} & \boldsymbol{0}\end{bmatrix}\in\mathbf{R}^{(l+n)\times(l+n)}$，$\boldsymbol{S}_0\in\mathbf{R}^{q\times p}$ 为控制系统的状态变量输出矩阵；$\boldsymbol{B}_a=\begin{bmatrix}\boldsymbol{B}_1\\ \boldsymbol{0}\end{bmatrix}\in\mathbf{R}^{(l+n)\times m}$；$\boldsymbol{Z}_a=\begin{bmatrix}\boldsymbol{B}_2 & \boldsymbol{0}\\ \boldsymbol{0} & \boldsymbol{I}\end{bmatrix}\in\mathbf{R}^{(l+n)\times(l+r)}$；$\boldsymbol{v}(t)=\left[d_w,y_{\mathrm{ref}}(t)\right]^{\mathrm{T}}$；$\boldsymbol{y}_a(t)=\left[\boldsymbol{y}\int_0^t\boldsymbol{e}(t)\mathrm{d}t\right]^{\mathrm{T}}$；$\boldsymbol{C}_a=\begin{bmatrix}\boldsymbol{C} & \boldsymbol{0}\\ \boldsymbol{0} & \boldsymbol{I}\end{bmatrix}\in\mathbf{R}^{(l+p)\times(l+n)}$。

将式（4.44）代入式（4.45）中，扩展状态方程将转换为

$$\begin{cases}\dot{\boldsymbol{x}}_a(t)=(\boldsymbol{A}_a+\boldsymbol{B}_a\boldsymbol{K})\boldsymbol{x}_a(t)+\boldsymbol{Z}_a\boldsymbol{v}(t)\\ \boldsymbol{y}_a(t)=\boldsymbol{C}_a\boldsymbol{x}_a(t)\end{cases}\tag{4.46}$$

此外，再将推进器的故障模型引入水下机器人动力学方程中可得

$$\begin{cases}\dot{\boldsymbol{x}}_a(t)=\boldsymbol{A}_a\boldsymbol{x}_a(t)+\boldsymbol{B}_a\boldsymbol{u}(t)+\boldsymbol{Z}_a\boldsymbol{v}(t)+\boldsymbol{G}_a\boldsymbol{f}(t)\\ \boldsymbol{y}_a(t)=\boldsymbol{C}_a\boldsymbol{x}_a(t)\end{cases}\tag{4.47}$$

式中：$\boldsymbol{G}_a=[\boldsymbol{G}\quad\boldsymbol{0}]^{\mathrm{T}}$，且推进器的动力输出受控制器性能的约束。将式（4.44）代入式（4.47）式可得

$$\dot{\boldsymbol{x}}_a(t)=\boldsymbol{A}_a\boldsymbol{x}_a(t)+\boldsymbol{B}_a\boldsymbol{K}\boldsymbol{x}_a(t)+\boldsymbol{Z}_a\boldsymbol{v}(t)+\boldsymbol{G}_a\boldsymbol{f}(t)\tag{4.48}$$

控制器的性能必须满足如下要求：

（1）当推进器没有发生故障时，输出信号 $\boldsymbol{y}$ 能够稳定地跟踪参考信号 $\boldsymbol{y}_{\mathrm{ref}}$，并且跟踪误差 $\lim\limits_{t\to\infty}\boldsymbol{e}(t)=0$。此外，控制器能够最小化以下性能指标

$$J=\int\left[\boldsymbol{x}_a^{\mathrm{T}}(t)\boldsymbol{Q}\boldsymbol{x}_a(t)+\boldsymbol{u}^{\mathrm{T}}(t)\boldsymbol{R}\boldsymbol{u}(t)\right]\mathrm{d}t\tag{4.49}$$

式中：$\boldsymbol{Q}\in\mathbf{R}^{l\times n}$ 和 $\mathbf{R}\in\mathbf{R}^{l\times m}$ 分别为半正定和正定矩阵。

（2）当推进器发生故障时，通过设计的容错控制器的控制系统依然能够稳定运行。

定理 1：考虑到上述闭环系统，对于给定的正常数 γ，若存在对称正定矩阵 $\boldsymbol{X}=\boldsymbol{X}^{\mathrm{T}}$，并且存在任意适当维数矩阵 $\boldsymbol{Z}$、$\boldsymbol{S}$、$\boldsymbol{Y}$ 使得线性矩阵不等式（4.50）成立，则闭环系统可以通过 $\boldsymbol{u}(t)=\boldsymbol{K}\boldsymbol{x}_a(t)$ 被稳定。其中，增益参数 $\boldsymbol{K}=\boldsymbol{Y}_{\mathrm{opt}}\boldsymbol{Z}_{\mathrm{opt}}^{-1}$，

$\boldsymbol{Y}_{\text{opt}}$和$\boldsymbol{Z}_{\text{opt}}$代表式（4.51）的最优解。线性二次型性能指标的上界如下

$$J \leqslant \gamma^2 \int_0^t \boldsymbol{v}_a^{\mathrm{T}}(t)\boldsymbol{v}_a(t)\mathrm{d}t + \boldsymbol{x}_0^{\mathrm{T}}(0)\boldsymbol{X}^{-1}\boldsymbol{x}_a(0) \tag{4.50}$$

$$\begin{bmatrix} -(\boldsymbol{Z}+\boldsymbol{Z}^{\mathrm{T}}) & \boldsymbol{Z}^{\mathrm{T}}\boldsymbol{A}_a^{\mathrm{T}}+\boldsymbol{Y}^{\mathrm{T}}\boldsymbol{B}_a^{\mathrm{T}}+\boldsymbol{X} & \boldsymbol{Z}^{\mathrm{T}} & \boldsymbol{S}^{\mathrm{T}}\boldsymbol{Z}_a & \boldsymbol{Z}^{\mathrm{T}} & \boldsymbol{Y}^{\mathrm{T}} \\ * & -\boldsymbol{X} & \boldsymbol{0} & \boldsymbol{0} & \boldsymbol{0} & \boldsymbol{0} \\ * & * & -\boldsymbol{X} & \boldsymbol{0} & \boldsymbol{0} & \boldsymbol{0} \\ * & * & * & -\gamma^2\boldsymbol{I} & \boldsymbol{0} & \boldsymbol{0} \\ * & * & * & * & -\boldsymbol{Q}^{-1} & \boldsymbol{0} \\ * & * & * & * & * & -\boldsymbol{R}^{-1} \end{bmatrix} < \boldsymbol{0} \tag{4.51}$$

式中：* 为矩阵的对称输入；γ 为 H_∞ 性能输入到性能输出传递函数的范数$\left[\boldsymbol{T}_{zv}(s)=\|\boldsymbol{y}_a(t)\|_2/\|\boldsymbol{v}(t)\|_2<\gamma^2\boldsymbol{I}\right]$。

$$\boldsymbol{y}_a(t)=\begin{bmatrix}\boldsymbol{Q}^{1/2} & \boldsymbol{0}\end{bmatrix}^{\mathrm{T}}\boldsymbol{x}_a(t)+\begin{bmatrix}\boldsymbol{0} & \boldsymbol{R}^{1/2}\end{bmatrix}^{\mathrm{T}}\boldsymbol{u}(t) \tag{4.52}$$

证明：

首先选取如下李雅普诺夫函数

$$V_1=\boldsymbol{x}_a^{\mathrm{T}}(t)\boldsymbol{P}\boldsymbol{x}_a(t) \tag{4.53}$$

对 V_1 求导可得

$$\begin{aligned} \mathrm{d}V_1(t)/\mathrm{d}t &= \dot{\boldsymbol{x}}_a^{\mathrm{T}}(t)\boldsymbol{P}\boldsymbol{x}_a(t)+\boldsymbol{x}_a^{\mathrm{T}}(t)\boldsymbol{P}\dot{\boldsymbol{x}}_a(t) \\ &= \boldsymbol{x}_a^{\mathrm{T}}(t)(\boldsymbol{A}_a+\boldsymbol{B}_a\boldsymbol{K})^{\mathrm{T}}\boldsymbol{P}\boldsymbol{x}_a(t)+\boldsymbol{v}^{\mathrm{T}}(t)\boldsymbol{Z}_a^{\mathrm{T}}\boldsymbol{P}\boldsymbol{x}_a(t)+ \\ &\quad \boldsymbol{x}_a^{\mathrm{T}}(t)\boldsymbol{P}(\boldsymbol{A}_a+\boldsymbol{B}_a\boldsymbol{K})\boldsymbol{x}_a(t)+\boldsymbol{x}_a^{\mathrm{T}}(t)\boldsymbol{P}\boldsymbol{Z}_a\boldsymbol{v}(t) \end{aligned} \tag{4.54}$$

为保证系统的稳定性，令 $\mathrm{d}V_1(t)/\mathrm{d}t<0$，此外，通过上面性能传递函数给出的条件$\|\boldsymbol{y}_a(t)\|_2/\|\boldsymbol{v}(t)\|_2<\gamma^2\boldsymbol{I}$，有

$$\begin{aligned} &\mathrm{d}V_1(t)/\mathrm{d}t+\boldsymbol{y}_a^{\mathrm{T}}(t)\boldsymbol{y}_a(t)-\gamma^2\boldsymbol{v}^{\mathrm{T}}(t)\boldsymbol{v}(t) \\ &= \boldsymbol{x}_a^{\mathrm{T}}(t)(\boldsymbol{A}_a+\boldsymbol{B}_a\boldsymbol{K})^{\mathrm{T}}\boldsymbol{P}\boldsymbol{x}_a(t)+\boldsymbol{v}^{\mathrm{T}}(t)\boldsymbol{Z}_a^{\mathrm{T}}\boldsymbol{P}\boldsymbol{x}_a(t)+ \\ &\quad \boldsymbol{x}_a^{\mathrm{T}}(t)\boldsymbol{P}(\boldsymbol{A}_a+\boldsymbol{B}_a\boldsymbol{K})\boldsymbol{x}_a(t)+\boldsymbol{x}_a^{\mathrm{T}}(t)\boldsymbol{P}\boldsymbol{Z}_a\boldsymbol{v}(t)+ \\ &\quad \boldsymbol{y}_a^{\mathrm{T}}(t)\boldsymbol{y}_a(t)-\gamma^2\boldsymbol{v}^{\mathrm{T}}(t)\boldsymbol{v}(t) \\ &< 0 \end{aligned} \tag{4.55}$$

由式（4.52）可得

$$\boldsymbol{y}_a^{\mathrm{T}}(t)\boldsymbol{y}_a(t)=\boldsymbol{x}_a^{\mathrm{T}}(t)(\boldsymbol{K}^{\mathrm{T}}\boldsymbol{R}\boldsymbol{K}+\boldsymbol{Q})\boldsymbol{x}_a(t) \tag{4.56}$$

此外，以下不等式也成立

$$\boldsymbol{v}^{\mathrm{T}}(t)\boldsymbol{Z}_a^{\mathrm{T}}\boldsymbol{P}\boldsymbol{x}_a(t)+\boldsymbol{x}_a^{\mathrm{T}}(t)\boldsymbol{P}\boldsymbol{Z}_a\boldsymbol{v}(t)\leqslant\gamma^2\boldsymbol{v}^{\mathrm{T}}(t)\boldsymbol{v}(t)+\frac{1}{\gamma^2}\boldsymbol{x}_a^{\mathrm{T}}(t)\boldsymbol{P}\boldsymbol{Z}_a\boldsymbol{Z}_a^{\mathrm{T}}\boldsymbol{P}\boldsymbol{x}_a(t) \tag{4.57}$$

由式（4.55）～式（4.57）可得

$$\left(\boldsymbol{A}_a+\boldsymbol{B}_a\boldsymbol{K}\right)^{\mathrm{T}}\boldsymbol{P}+\boldsymbol{P}\left(\boldsymbol{A}_a+\boldsymbol{B}_a\boldsymbol{K}\right)+\boldsymbol{K}^{\mathrm{T}}\boldsymbol{R}\boldsymbol{K}+\boldsymbol{Q}+\frac{1}{\gamma^2}\boldsymbol{P}\boldsymbol{Z}_a\boldsymbol{Z}_a^{\mathrm{T}}\boldsymbol{P}<\boldsymbol{0} \tag{4.58}$$

由倒数投影引理可知，式（4.58）可以改写为如下矩阵形式

$$\begin{bmatrix}\boldsymbol{K}^{\mathrm{T}}\boldsymbol{R}\boldsymbol{K}+\boldsymbol{Q}+\frac{1}{\gamma^2}\boldsymbol{P}\boldsymbol{Z}_a\boldsymbol{Z}_a^{\mathrm{T}}\boldsymbol{P}+\boldsymbol{P}-\left(\boldsymbol{W}+\boldsymbol{W}^{\mathrm{T}}\right) & \left(\boldsymbol{A}_a+\boldsymbol{B}_a\boldsymbol{K}\right)^{\mathrm{T}}\boldsymbol{P}+\boldsymbol{W}^{\mathrm{T}}\\ \boldsymbol{P}\left(\boldsymbol{A}_a+\boldsymbol{B}_a\boldsymbol{K}\right)+\boldsymbol{W} & -\boldsymbol{P}\end{bmatrix}<\boldsymbol{0} \tag{4.59}$$

式（4.59）经过合同变换，两边同乘$\begin{bmatrix}\boldsymbol{Z} & \boldsymbol{0}\\ \boldsymbol{0} & \boldsymbol{X}\end{bmatrix}$且令 $\boldsymbol{Z}=\boldsymbol{W}^{-1}$，$\boldsymbol{X}=\boldsymbol{P}^{-1}$，$\boldsymbol{X}=\boldsymbol{X}^{\mathrm{T}}$，$\boldsymbol{S}=\boldsymbol{P}\boldsymbol{Z}$，$\boldsymbol{Y}=\boldsymbol{K}\boldsymbol{Z}$，则式（4.60）成立。

$$\begin{gathered}\begin{bmatrix}\boldsymbol{Z}^{\mathrm{T}} & \boldsymbol{0}\\ \boldsymbol{0} & \boldsymbol{X}\end{bmatrix}\begin{bmatrix}\boldsymbol{K}^{\mathrm{T}}\boldsymbol{R}\boldsymbol{K}+\boldsymbol{Q}+\frac{1}{\gamma^2}\boldsymbol{P}\boldsymbol{Z}_a\boldsymbol{Z}_a^{\mathrm{T}}\boldsymbol{P}+\boldsymbol{P}-\left(\boldsymbol{W}+\boldsymbol{W}^{\mathrm{T}}\right) & \left(\boldsymbol{A}_a+\boldsymbol{B}_a\boldsymbol{K}\right)^{\mathrm{T}}\boldsymbol{P}+\boldsymbol{W}^{\mathrm{T}}\\ \boldsymbol{P}\left(\boldsymbol{A}_a+\boldsymbol{B}_a\boldsymbol{K}\right)+\boldsymbol{W} & -\boldsymbol{P}\end{bmatrix}\begin{bmatrix}\boldsymbol{Z} & \boldsymbol{0}\\ \boldsymbol{0} & \boldsymbol{X}\end{bmatrix}=\\ \begin{bmatrix}\boldsymbol{Z}^{\mathrm{T}}\boldsymbol{Q}\boldsymbol{Z}+\boldsymbol{Z}^{\mathrm{T}}\boldsymbol{K}^{\mathrm{T}}\boldsymbol{R}\boldsymbol{K}\boldsymbol{Z}+\frac{1}{\gamma^2}\boldsymbol{Z}^{\mathrm{T}}\boldsymbol{P}\boldsymbol{Z}_a\boldsymbol{Z}_a^{\mathrm{T}}\boldsymbol{P}\boldsymbol{Z}+\boldsymbol{Z}^{\mathrm{T}}\boldsymbol{P}\boldsymbol{Z}-\left(\boldsymbol{Z}+\boldsymbol{Z}^{\mathrm{T}}\right) & \boldsymbol{Z}^{\mathrm{T}}\left(\boldsymbol{A}_a+\boldsymbol{B}_a\boldsymbol{K}\right)^{\mathrm{T}}+\boldsymbol{X}\\ \left(\boldsymbol{A}_a+\boldsymbol{B}_a\boldsymbol{K}\right)\boldsymbol{Z}+\boldsymbol{X} & -\boldsymbol{X}\end{bmatrix}\end{gathered} \tag{4.60}$$

通过舒尔（Schur）补引理，式（4.60）可改写为

$$\begin{bmatrix}-\left(\boldsymbol{Z}+\boldsymbol{Z}^{\mathrm{T}}\right) & \boldsymbol{Z}^{\mathrm{T}}\boldsymbol{A}_a^{\mathrm{T}}+\boldsymbol{Y}^{\mathrm{T}}\boldsymbol{B}_a^{\mathrm{T}}+\boldsymbol{X} & \boldsymbol{Z}^{\mathrm{T}} & \boldsymbol{S}^{\mathrm{T}}\boldsymbol{Z}_a & \boldsymbol{Z}^{\mathrm{T}} & \boldsymbol{Y}^{\mathrm{T}}\\ * & -\boldsymbol{X} & \boldsymbol{0} & \boldsymbol{0} & \boldsymbol{0} & \boldsymbol{0}\\ * & * & -\boldsymbol{X} & \boldsymbol{0} & \boldsymbol{0} & \boldsymbol{0}\\ * & * & * & -\gamma^2\boldsymbol{I} & \boldsymbol{0} & \boldsymbol{0}\\ * & * & * & * & -\boldsymbol{Q}^{-1} & \boldsymbol{0}\\ * & * & * & * & * & -\boldsymbol{R}^{-1}\end{bmatrix}<\boldsymbol{0} \tag{4.61}$$

因此，定理 1 的证明完成。此外，将 $\boldsymbol{u}(t)=\boldsymbol{K}\boldsymbol{x}_a(t)$，$\boldsymbol{P}=\boldsymbol{X}^{-1}$ 代入性能指标函数，可以得到线性二次型性能指标上界，证明如下

$$
\begin{aligned}
J &= \int_0^t \boldsymbol{x}_a^{\mathrm{T}}(t)\left(\boldsymbol{K}^{\mathrm{T}}\boldsymbol{R}\boldsymbol{K}+\boldsymbol{Q}\right)\boldsymbol{x}_a(t)\mathrm{d}t \\
&< \int_0^t \boldsymbol{x}_a^{\mathrm{T}}(t)\left[\left(\boldsymbol{A}_a+\boldsymbol{B}_a\boldsymbol{K}\right)^{\mathrm{T}}\boldsymbol{P}+\boldsymbol{P}\left(\boldsymbol{A}_a+\boldsymbol{B}_a\boldsymbol{K}\right)+\frac{1}{\gamma^2}\boldsymbol{P}\boldsymbol{Z}_a\boldsymbol{Z}_a^{\mathrm{T}}\boldsymbol{P}\right]\boldsymbol{x}_a(t)\mathrm{d}t \\
&= -\int_0^t \left\{\left[\dot{\boldsymbol{x}}_a(t)-\boldsymbol{Z}_a\boldsymbol{v}(t)\right]^{\mathrm{T}}\boldsymbol{P}\boldsymbol{x}_a(t)+\boldsymbol{x}_a^{\mathrm{T}}(t)\boldsymbol{P}\left[\dot{\boldsymbol{x}}_a(t)-\boldsymbol{Z}_a\boldsymbol{v}(t)\right]+\right. \\
&\qquad \left.\frac{1}{\gamma^2}\boldsymbol{x}_a^{\mathrm{T}}(t)\boldsymbol{P}\boldsymbol{Z}_a\boldsymbol{Z}_a^{\mathrm{T}}\boldsymbol{P}\boldsymbol{x}_a(t)\right\}\mathrm{d}t \\
&\leqslant -\int_0^t \mathrm{d}\left[\boldsymbol{x}_a^{\mathrm{T}}(t)\boldsymbol{P}\boldsymbol{x}_a(t)\right]+\gamma^2\int_0^t \boldsymbol{v}^{\mathrm{T}}(t)\boldsymbol{v}(t)\mathrm{d}t \\
&= \gamma^2\int_0^t \boldsymbol{v}_a^{\mathrm{T}}(t)\boldsymbol{v}_a(t)\mathrm{d}t+\boldsymbol{x}_a^{\mathrm{T}}(0)\boldsymbol{X}^{-1}\boldsymbol{x}_a(0)
\end{aligned}
\qquad (4.62)
$$

对式（4.62）进行设计分析，闭环系统可以通过$\boldsymbol{u}(t)=\boldsymbol{K}\boldsymbol{x}_a(t)$被稳定。此外，$\boldsymbol{K}=\boldsymbol{Y}_{\mathrm{opt}}\boldsymbol{Z}_{\mathrm{opt}}^{-1}$，$\boldsymbol{Y}_{\mathrm{opt}}$和$\boldsymbol{Z}_{\mathrm{opt}}$分别表示线性矩阵不等式（linear matrix inequality，LMI）[式（4.51）]的最优解。

4.7.2 故障观测器的设计

当推进器发生故障时，为了测量故障值大小，需要设计一个合适的故障观测器，以便能够及时对故障进行隔离处理，其详细工作原理如下：

（1）当水下机器人正常工作时，只有鲁棒控制器在工作，控制律为$\boldsymbol{u}_{ac}(t)$。

（2）当单台或多台推进器无法正常工作时，故障观测器开始工作。

（3）当获得故障观测器测量的故障值后，推力分配控制器重新计算推进器工作效率矩阵，并再次生成缺失部分控制律$\boldsymbol{u}_{as}(t)$，以达到故障修复的目的。

（4）将正常情况下生成的控制律$\boldsymbol{u}_{ac}(t)$与故障情况下生成的缺失部分控制律$\boldsymbol{u}_{as}(t)$进行重新组合，从而完成对水下机器人容错控制系统的设计。

推进器故障经容错后，控制输入可以表示为

$$
\boldsymbol{u}(t)=\boldsymbol{u}_{ac}(t)+\boldsymbol{u}_{as}(t) \qquad (4.63)
$$

式中：当推进器无故障发生时，$\boldsymbol{u}_{as}(t)=\boldsymbol{0}$；$\boldsymbol{u}_{ac}(t)$为正常情况下生成的控制律。

为了故障观测器的设计，需要建立如下水下机器人的目标模型

$$
\dot{\hat{\boldsymbol{x}}}(t)=\boldsymbol{A}\hat{\boldsymbol{x}}(t)+\boldsymbol{B}_1\boldsymbol{r}(t)+\boldsymbol{B}_2\boldsymbol{d}_w+\boldsymbol{G}\hat{\boldsymbol{f}}(t) \qquad (4.64)
$$

式中：$\hat{x}(t)$ 和 $\hat{\boldsymbol{f}}(t)$ 分别为系统状态和推进器故障大小的估计值；$\boldsymbol{r}(t)$ 为目标控制输入。

式（4.64）的增广形式为

$$\dot{\hat{\boldsymbol{x}}}_a(t)=\boldsymbol{A}_a\hat{\boldsymbol{x}}_a(t)+\boldsymbol{B}_a\boldsymbol{r}(t)+\boldsymbol{Z}_a\boldsymbol{y}(t)+\boldsymbol{G}_a\hat{\boldsymbol{f}}(t) \tag{4.65}$$

定义系统状态误差为 $\boldsymbol{e}_a(t)=\hat{\boldsymbol{x}}_a(t)-\boldsymbol{x}_a(t)$，控制输入为 $\boldsymbol{u}(t)=\boldsymbol{r}(t)-\boldsymbol{K}_s\boldsymbol{e}_a(t)$，通过引入误差反馈增益 $\boldsymbol{K}_s$ 来稳定增广系统，令 $\boldsymbol{G}_a=[G_{a1},G_{a2},G_{a3},\cdots,G_{am}]$。由此可以获得如下系统状态误差方程的导数

$$\begin{aligned}\dot{\boldsymbol{e}}_a(t)&=\dot{\hat{\boldsymbol{x}}}_a(t)-\dot{\boldsymbol{x}}_a(t)\\&=\boldsymbol{A}_a\boldsymbol{e}_a(t)+\boldsymbol{B}_a\boldsymbol{K}_s\boldsymbol{e}_a(t)+\boldsymbol{G}_a\tilde{\boldsymbol{f}}(t)\\&=(\boldsymbol{A}_a+\boldsymbol{B}_a\boldsymbol{K}_s)\boldsymbol{e}_a(t)+\sum_{i=1}^{m}\boldsymbol{G}_{ai}\tilde{\boldsymbol{f}}_i(t)\end{aligned} \tag{4.66}$$

式中：$\tilde{\boldsymbol{f}}_i(t)=\mathrm{diag}\{\tilde{f}_1(t),\tilde{f}_2(t),\cdots,\tilde{f}_m(t)\}=\hat{\boldsymbol{f}}(t)-\boldsymbol{f}(t)$，为每台推进器故障大小的估计误差。

定理 2：若增广状态方程被稳定，则存在正定对称矩阵 $\boldsymbol{X}_0\in\mathbf{R}^{(l+m)\times(l+m)}$ 和矩阵 $\boldsymbol{Y}_0\in\mathbf{R}^{n\times(l+m)}$，使得式（4.67）成立。

$$\boldsymbol{A}_a\boldsymbol{X}_0+\boldsymbol{B}_a\boldsymbol{Y}_0+\boldsymbol{X}_0\boldsymbol{A}_a^{\mathrm{T}}+\boldsymbol{Y}_0^{\mathrm{T}}\boldsymbol{B}_0^{\mathrm{T}}<\boldsymbol{0} \tag{4.67}$$

此外，通过以下自适应律来确定 $\dot{\hat{\boldsymbol{f}}}(t)$

$$\begin{aligned}\dot{\hat{\boldsymbol{f}}}_i(t)&=\mathrm{Pro\ j}_{[\underline{f}_i,\bar{f}_i]}\{-\boldsymbol{l}_i\boldsymbol{e}_a^{\mathrm{T}}\boldsymbol{P}\boldsymbol{G}_{ai}\}\\&=\begin{cases}0, \hat{\boldsymbol{f}}_i(t)=\underline{\boldsymbol{f}}_i,-\boldsymbol{l}_i\boldsymbol{e}_a^{\mathrm{T}}\boldsymbol{P}\boldsymbol{G}_{ai}\leqslant 0\text{或}\hat{\boldsymbol{f}}_i(t)=\bar{\boldsymbol{f}}_i,-\boldsymbol{l}_i\boldsymbol{e}_a^{\mathrm{T}}\boldsymbol{P}\boldsymbol{G}_{ai}\geqslant 0\\-\boldsymbol{l}_i\boldsymbol{e}_a^{\mathrm{T}}\boldsymbol{P}\boldsymbol{G}_{ai},\text{其他}\end{cases}\end{aligned} \tag{4.68}$$

式中：$\boldsymbol{l}_i>\boldsymbol{0}$ 为自适应律增益；$\mathrm{Pro\ j}\{\cdot\}$ 为投影算子，将估计值 $\hat{\boldsymbol{f}}_i(t)$ 投影到可接受的故障区间 $[\underline{\boldsymbol{f}}_i,\bar{\boldsymbol{f}}_i]$ 上。

证明：

选取如下李雅普诺夫函数

$$V_2=\boldsymbol{e}_a^{\mathrm{T}}(t)\boldsymbol{P}\boldsymbol{e}_a(t)+\sum_{i=1}^{m}\frac{\tilde{\boldsymbol{f}}^2(t)}{\boldsymbol{l}_i} \tag{4.69}$$

对 V_2 求导可得式（4.70）

$$\begin{aligned}\dot{V}_2 = &\boldsymbol{e}_a^{\mathrm{T}}(t)\left[\boldsymbol{P}\left(\boldsymbol{A}_a+\boldsymbol{B}_a\boldsymbol{K}_s\right)+\left(\boldsymbol{A}_a+\boldsymbol{B}_a\boldsymbol{K}\right)^{\mathrm{T}}\boldsymbol{P}\right]\boldsymbol{e}_a(t)+\\ &2\sum_{i=1}^{m}\tilde{\boldsymbol{f}}_i\boldsymbol{e}_a^{\mathrm{T}}\boldsymbol{P}\boldsymbol{G}_{ai}+2\sum_{i=1}^{m}\frac{\tilde{\boldsymbol{f}}_i\dot{\tilde{\boldsymbol{f}}}_i}{\boldsymbol{l}_i}\end{aligned} \tag{4.70}$$

若选择式（4.68）的自适应律和式（4.71）的 LMI

$$\frac{\tilde{\boldsymbol{f}}_i\dot{\tilde{\boldsymbol{f}}}_i}{\boldsymbol{k}_i}\leqslant-\tilde{\boldsymbol{f}}_i\boldsymbol{e}_a^{\mathrm{T}}\boldsymbol{P}\boldsymbol{G}_{ai} \tag{4.71}$$

则式（4.70）可以被转换为

$$\dot{V}_2\leqslant\boldsymbol{e}_a^{\mathrm{T}}(t)\left[\boldsymbol{P}\left(\boldsymbol{A}_a+\boldsymbol{B}_a\boldsymbol{K}_s\right)+\left(\boldsymbol{A}_a+\boldsymbol{B}_a\boldsymbol{K}_s\right)^{\mathrm{T}}\boldsymbol{P}\right]\boldsymbol{e}_a(t) \tag{4.72}$$

因为 $\boldsymbol{K}_s=\boldsymbol{Y}_0\boldsymbol{X}_0^{-1}$，$\boldsymbol{P}=\boldsymbol{X}_0^{-1}$，所以

$$\boldsymbol{P}\left(\boldsymbol{A}_a+\boldsymbol{B}_a\boldsymbol{K}_s\right)+\left(\boldsymbol{A}_a+\boldsymbol{B}_a\boldsymbol{K}_s\right)^{\mathrm{T}}\boldsymbol{P}<\boldsymbol{0} \tag{4.73}$$

由式（4.72）、式（4.73）可以得到

$$\dot{V}_2\leqslant-\alpha\left\|\boldsymbol{e}_a(t)\right\|^2\leqslant0 \tag{4.74}$$

式中：$\alpha=-\max\left[\boldsymbol{P}\left(\boldsymbol{A}_a+\boldsymbol{B}_a\boldsymbol{K}_s\right)+\left(\boldsymbol{A}_a+\boldsymbol{B}_a\boldsymbol{K}_s\right)^{\mathrm{T}}\boldsymbol{P}\right]>0$。因此，上面所述误差系统通过定理 2 的证明可以被稳定。

4.7.3 综合控制方案

首先，设计一个适当的控制输入 $\boldsymbol{r}(t)=\boldsymbol{K}\hat{\boldsymbol{x}}_a(t)-\boldsymbol{B}_a^{*}\boldsymbol{G}_a\hat{\boldsymbol{f}}(t)$，为了使推进器发生故障的系统与正常系统相匹配，将其代入式（4.65）可得

$$\dot{\hat{\boldsymbol{x}}}_a(t)=\left(\boldsymbol{A}_a+\boldsymbol{B}_a\boldsymbol{K}\right)\hat{\boldsymbol{x}}_a(t)+\boldsymbol{Z}_a\boldsymbol{v}(t) \tag{4.75}$$

式中：$\boldsymbol{B}_a^{*}$ 为 $\boldsymbol{B}_a$ 的伪逆矩阵。

最终得到如下带有推进器故障的补偿控制输入

$$\begin{aligned}\boldsymbol{u}(t)&=\boldsymbol{r}(t)-\boldsymbol{K}_s\boldsymbol{e}_a(t)\\&=\boldsymbol{K}\hat{\boldsymbol{x}}_a(t)-\boldsymbol{B}_a^{*}\boldsymbol{G}_a\hat{\boldsymbol{f}}(t)-\boldsymbol{K}_s\boldsymbol{e}_a(t)\\&=\boldsymbol{u}_{ac}(t)+\boldsymbol{u}_{as}(t)\end{aligned} \tag{4.76}$$

式中：$\boldsymbol{u}_{as}(t)=\left(\boldsymbol{K}-\boldsymbol{K}_s\right)\boldsymbol{e}_a(t)-\boldsymbol{B}_a^{*}\boldsymbol{G}_a\hat{\boldsymbol{f}}(t)$；$\boldsymbol{u}_{ac}(t)=\boldsymbol{K}\boldsymbol{x}_a(t)$。两部分控制律保持相对独立。

由此可见，本书所设计的控制方法既能保证水下机器人在无故障时稳定运行，又能够满足故障情况下的性能要求。特别是，当故障发生时，故障补偿器才会被激活，并生成缺失部分控制律，从而实现容错控制。这种控制律分开设计的方式不仅能够降低推进器推力消耗的能量，还有利于降低控制器设计的难度。因此，该容错控制方法受到许多学者的青睐，同时在卫星姿态、航空航天、智能机器人、船舶工业以及军用潜水艇等领域得到了广泛应用。

4.7.4　推进器效率在线估计方案

对 ROV 推进器的故障实行容错控制的核心是进行推力再分配，其工作原理是采用伪逆法对其余正常推进器所产生的推力进行重新分配。为了达到这一目的需要计算推进器的实际工作效率，所以本书采用当前状态下的干扰估计值序列与系统状态偏差序列构建二次规划问题，估计推进器真实工作状态下的效率矩阵 $\boldsymbol{L}$。

由第 2 章建立的动力学模型可知，式（4.77）成立。

$$\hat{\boldsymbol{X}}(t)=\boldsymbol{A}\boldsymbol{X}(t-\Delta t)+\boldsymbol{B}\boldsymbol{\upsilon}(t-\Delta t) \tag{4.77}$$

式中：$\hat{\boldsymbol{X}}(t)=\begin{bmatrix}\hat{\boldsymbol{\eta}}(t)\\ \hat{\boldsymbol{\upsilon}}(t)\end{bmatrix}$，为 t 时刻的估计状态，$\hat{\boldsymbol{\eta}}(t)$ 和 $\hat{\boldsymbol{\upsilon}}(t)$ 分别为 ROV 系统的位置和速度；$\boldsymbol{A}=\begin{bmatrix}\boldsymbol{I} & \Delta t\boldsymbol{R}(\psi)\\ \boldsymbol{0} & \Delta t\boldsymbol{M}^{-1}\left(\boldsymbol{C}\boldsymbol{\upsilon}(t-\Delta t)+\boldsymbol{D}\boldsymbol{\upsilon}(t-\Delta t)\right)\end{bmatrix}$，$\Delta t$ 为时间增量，ψ 表为艏向转角；$\boldsymbol{X}(t-\Delta t)=\begin{bmatrix}\boldsymbol{\eta}(t-\Delta t)\\ \boldsymbol{\upsilon}(t-\Delta t)\end{bmatrix}$；$\boldsymbol{B}=\begin{bmatrix}\boldsymbol{0} & \boldsymbol{0}\\ \boldsymbol{0} & \Delta t\boldsymbol{M}^{-1}\end{bmatrix}$；$\boldsymbol{\upsilon}(t-\Delta t)=\begin{bmatrix}\boldsymbol{0}\\ \hat{\boldsymbol{L}}(t)\boldsymbol{T}(t-\Delta t)+\hat{\boldsymbol{f}}(t-\Delta t)\end{bmatrix}$。

为了有效地对推进器效率输出矩阵进行在线估计，定义效率矩阵增量如下

$$\hat{\boldsymbol{L}}(t)=\Delta\hat{\boldsymbol{L}}+\hat{\boldsymbol{L}}(t-\Delta t) \tag{4.78}$$

式中：$\Delta\hat{\boldsymbol{L}}=\mathrm{diag}\{\Delta\hat{L}_1,\Delta\hat{L}_2,\Delta\hat{L}_3,\Delta\hat{L}_4,\Delta\hat{L}_5,\Delta\hat{L}_6,\Delta\hat{L}_7,\Delta\hat{L}_8\}$，其中 $\Delta\hat{L}_i$ 为推进器效率在 i 时刻的增量。

系统状态偏差可以表示为

$$\boldsymbol{S}_x=\boldsymbol{X}(t)-\hat{\boldsymbol{X}}(t)=\boldsymbol{X}(t)-\boldsymbol{A}\boldsymbol{X}(t-\Delta t)-\boldsymbol{B}\boldsymbol{\upsilon}(t-\Delta t) \tag{4.79}$$

利用推进器的效率矩阵增量和系统状态偏差可以构建二次规划优化求解问

题，其表达式如下

$$\begin{cases} \Delta\hat{\boldsymbol{L}} \overset{\text{def}}{=} \min \sum_{i=1}^{m} \boldsymbol{S}_{x,i}^{\mathrm{T}} \boldsymbol{P} \boldsymbol{S}_{x,i} + \mathrm{vect}\left(\Delta\hat{\boldsymbol{L}}\right)^{\mathrm{T}} \boldsymbol{N} \mathrm{vect}\left(\Delta\hat{\boldsymbol{L}}\right) \\ \text{s.t. } \boldsymbol{S}_{x,1} = \boldsymbol{X}(t) - \hat{\boldsymbol{X}}(t) \\ \boldsymbol{S}_{x,2} = \boldsymbol{X}(t-\Delta t) - \hat{\boldsymbol{X}}(t-\Delta t) \\ \cdots \\ \boldsymbol{S}_{x,m} = \boldsymbol{X}\left(t-(m-1)\Delta t\right) - \hat{\boldsymbol{X}}\left(t-(m-1)\Delta t\right) \end{cases} \tag{4.80}$$

式中：目标函数的第一项为系统状态序列；$\boldsymbol{P}$ 为系统状态序列加权矩阵；目标函数的第二项为推进器的效率增量；$\boldsymbol{N}$ 为效率增量加权矩阵；$\{\boldsymbol{S}_{x,1}, \boldsymbol{S}_{x,2}, \cdots, \boldsymbol{S}_{x,m}\}$ 为状态序列计算方法。利用此方法即可获得当前状态推进器的效率增量，进一步可计算出推进器的工作效率估计值。此外，采用推力分配模型对估计值进行修正，便可获得重构后各推进器的实际工作效率。

4.7.5　仿真结果与分析

为了验证上述容错控制方法的有效性，采用仿真软件 MATLAB/Simulink 进行模拟分析。此外，将本书设计的基于推力分配的鲁棒容错控制（robust fault-tolerant control based on thrust distribution, RFTC–TD）方法与文献 [109] 中的基于推力分配的反步滑模容错控制（backstepping sliding mode fault-tolerant control based on thrust distribution, BSMFTC–TD）方法和文献 [110] 中的基于推力分配的幂次滑模容错控制（power sliding mode fault-tolerant control based on thrust distribution, PSMFTC–TD）方法进行对比分析。

相关的水动力系数由第 2 章给出，控制器的相关参数为 $K_l = 2.41$，$K_e = 1.5$，$\boldsymbol{Q} = \{12,1,1,1,1,1\}$，$\boldsymbol{R} = \{1,1,1,1,1,1\}$，$\boldsymbol{W} = \boldsymbol{I}_8$，$\boldsymbol{Q} = 10\,000\,\boldsymbol{I}_8$，$\boldsymbol{P} = \boldsymbol{I}_8$，控制器输出限幅为 ±20 N（N·m），$\boldsymbol{N} = 200 \times \mathrm{diag}\{1,1,1,1,0.025,0.025,0.25,0.25\}$，$m = 100$，推力分配矩阵 $\boldsymbol{B}$ 表示如下

$$
\boldsymbol{B}=\begin{bmatrix}0.63 & 0.63 & 0.63 & 0.63 & -0.63 & -0.63 & -0.63 & -0.63\\ -0.44 & 0.44 & 0.44 & -0.44 & -0.44 & 0.44 & 0.44 & -0.44\\ -0.92 & -0.92 & 0.92 & 0.92 & -0.92 & -0.92 & 0.92 & 0.92\\ -0.11 & 0.11 & -0.11 & 0.11 & -0.11 & 0.11 & -0.11 & 0.11\\ 0.17 & 0.17 & -0.17 & -0.17 & -0.17 & -0.17 & 0.17 & 0.17\\ -0.12 & 0.12 & 0.12 & -0.12 & 0.12 & -0.12 & -0.12 & 0.12\end{bmatrix} \tag{4.81}
$$

本实验采用两种故障模式对控制方法性能进行验证。工况 1：在仿真进行到第 20 s 时，6# 推进器的效率损失 25%，进行到第 60 s 时，8# 推进器的效率损失 50%。工况 2：在仿真进行到第 20 s 时，6# 推进器的效率损失 50%，进行到第 60 s 时，8# 推进器的效率损失 100%。

工况 1 具体表达形式为

$$
\boldsymbol{L}=\begin{cases}\mathrm{diag}\{1,1,1,1,1,1,1,1\}, & 0\ \mathrm{s}\leqslant t<20\ \mathrm{s}\\ \mathrm{diag}\{1,1,1,1,1,0.75,1,1\}, & 20\ \mathrm{s}\leqslant t<60\ \mathrm{s}\\ \mathrm{diag}\{1,1,1,1,1,0.75,1,0.5\}, & 60\ \mathrm{s}\leqslant t<100\ \mathrm{s}\end{cases} \tag{4.82}
$$

工况 2 具体表达形式为

$$
\boldsymbol{L}=\begin{cases}\mathrm{diag}\{1,1,1,1,1,1,1,1\}, & 0\ \mathrm{s}\leqslant t<20\ \mathrm{s}\\ \mathrm{diag}\{1,1,1,1,1,0.5,1,1\}, & 20\ \mathrm{s}\leqslant t<60\ \mathrm{s}\\ \mathrm{diag}\{1,1,1,1,1,0.5,1,0\}, & 60\ \mathrm{s}\leqslant t<100\ \mathrm{s}\end{cases} \tag{4.83}
$$

考虑到海洋环境中存在海浪、海流、噪声等干扰因素，因此建立其模型如下

$$
\boldsymbol{d}_w=\begin{cases}\cos(0.1\pi t)+1.5\sin(0.1\pi t)+1\\ 0.5\sin(0.1\pi t)+0.5\cos(0.05\pi t)+2\\ \sin(0.01\pi t)+\sin(0.06\pi t)-1\end{cases} \tag{4.84}
$$

工况 1：在仿真实验过程中，设定沿 x 轴方向的期望航迹为 $x_d=3\sin(0.02\pi t)$，沿 y 轴方向的期望航迹为 $y_d=3\cos(0.02\pi t)$，期望艏向角度为 0°，ROV 的初始位置为 $\boldsymbol{\eta}(0)=(0,0,\pi/3)^{\mathrm{T}}$，初始速度为 $\boldsymbol{v}(0)=(0,0,0)^{\mathrm{T}}$，最终得到结果如图 4.12 ～图 4.17 所示。

图 4.12 为工况 1 情况下三种容错控制方法在水平面上的航迹跟踪曲线，从图 4.12 可以看出三种方法均可以快速跟踪到期望航迹。当故障发生在第 20 s 和第 60 s 时，三种方法均能够在有限时间内达到稳定状态。其中，RFTC–TD

方法响应较快，稳态误差小，而 BSMFTC–TD 和 PSMFTC–TD 两种方法的稳态误差较大，且稳定后依然存在一定的抖振现象，所以本书设计方法的总体控制效果更好。

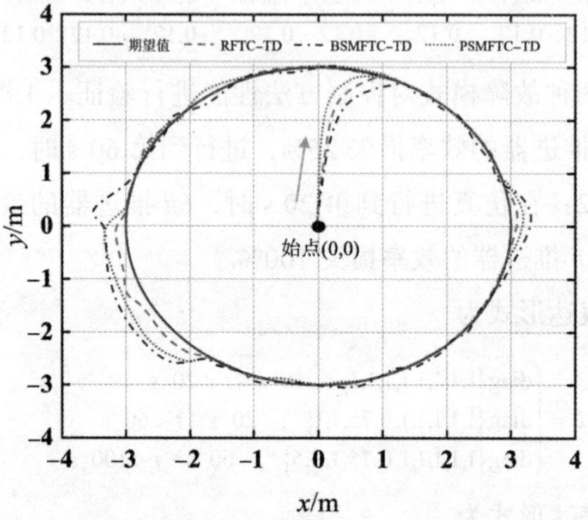

图 4.12　工况 1 情况下三种容错控制方法在水平面上的航迹跟踪曲线

图 4.13、图 4.14 分别为 ROV 的三种容错控制方法的位姿跟踪响应曲线和位姿速度响应曲线。通过分析可知，在第 20 s 和第 60 s 推进器发生故障时，RFTC–TD 方法纵向位置的稳定总时间为 38.77 s，横向位置的稳定总时间为 27.70 s，偏航角的稳定总时间为 19.03 s；BSMFTC–TD 方法纵向位置的稳定总时间为 50.37 s，横向位置的稳定总时间为 49.90 s，偏航角的稳定总时间为 27.89 s；PSMFTC–TD 方法纵向位置的稳定总时间为 51.17 s，横向位置的稳定总时间为 36.40 s，偏航角的稳定总时间为 24.22 s。相比之下，本书设计的控制方法使得纵向位置的稳定总时间减少了 11.60 s、12.40 s，横向位置的稳定总时间减少了 22.20 s、8.70 s，偏航角的稳定总时间减少了 8.86 s、5.19 s。因此，相对于另外两种方法，本书设计的控制方法的稳定总时间更短，控制性能更优，具体如表 4.1 所示。

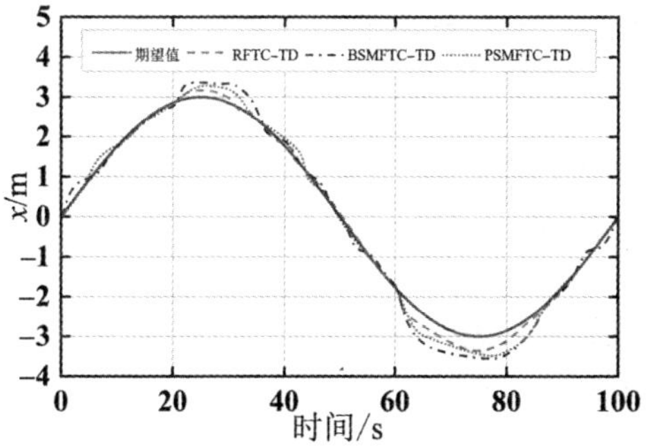

（a） 纵向位置跟踪曲线

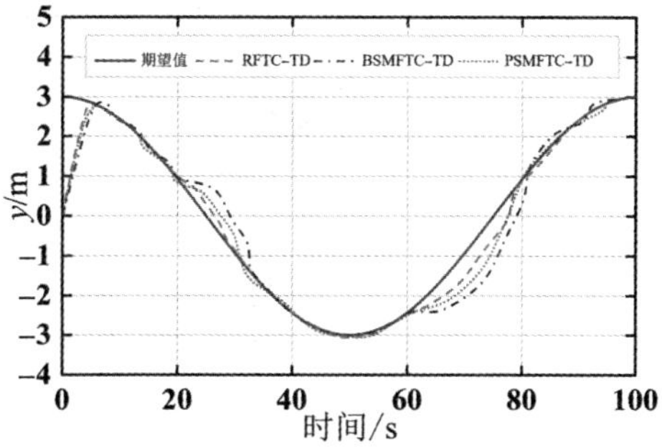

（b）横向位置跟踪曲线

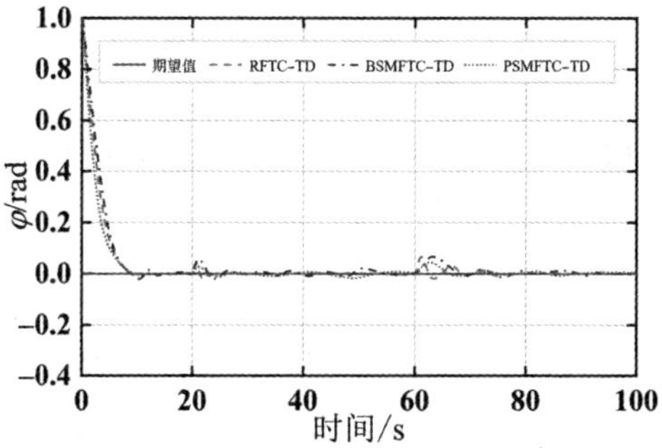

（c）偏航角响应曲线

图 4.13　ROV 的三种容错控制方法的位姿跟踪响应曲线

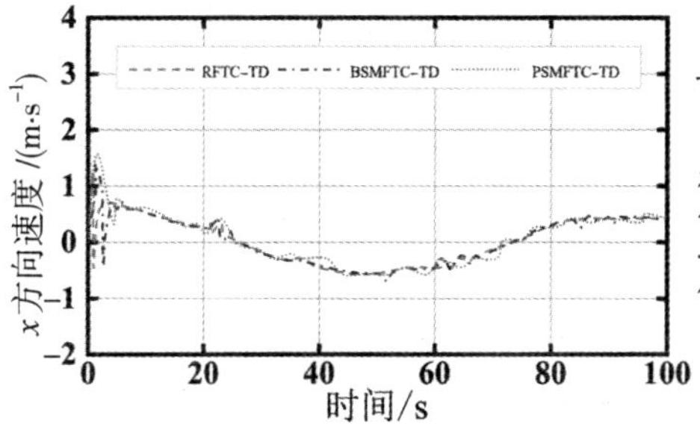

(a) x 方向位姿速度响应曲线

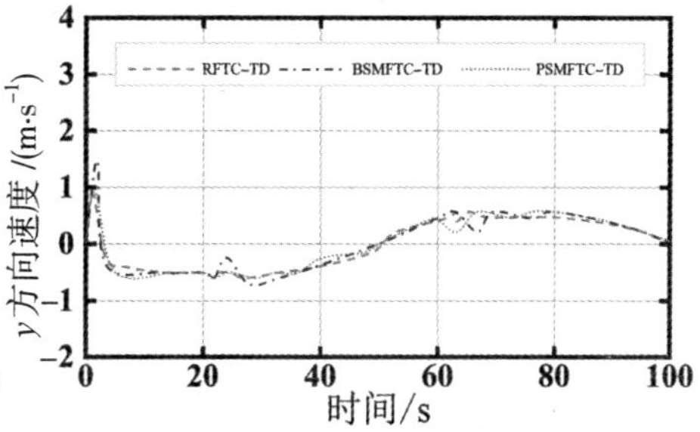

(b) y 方向位姿速度响应曲线

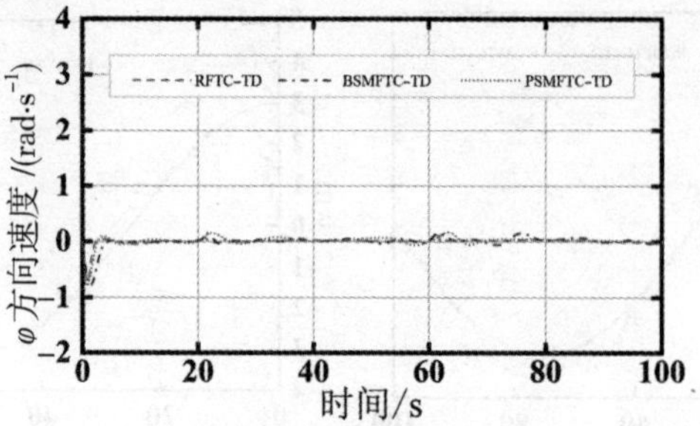

(c) φ 方向位姿速度响应曲线

图 4.14　ROV 的三种容错控制方法的位姿速度响应曲线

表 4.1　控制器性能指标对比

性能指标	变量	RFTC–TD	BSMFTC–TD	PSMFTC–TD
稳定总时间	x /s	38.77	50.37	51.17
	y /s	27.70	49.90	36.40
	φ /s	19.03	27.89	24.22
	u /s	11.42	13.60	20.08
	v /s	20.47	37.18	25.70
	r /s	6.08	26.08	27.55
超调总量	x	0.51	0.91	0.75
	y	0.93	2.09	1.61
	φ	0.10	0.11	0.06
	u	0.34	0.37	0.44
	v	0.28	0.58	0.31
	r	0.17	0.29	0.30

图 4.15 为外部干扰估计值；图 4.16 为故障模式下 ROV 各推进器的效率因子在线估计曲线。从图 4.16 可以看出，本书设计的推进器效率在线估计方案得

到了很好的应用，并且其响应速度快，稳态误差小。综合图 4.15 和图 4.16 可知，外部干扰的观测值与推进器效率因子的估计值之间的耦合度较小，这降低了后续容错控制的复杂度，同时提高了 ROV 的控制精度。

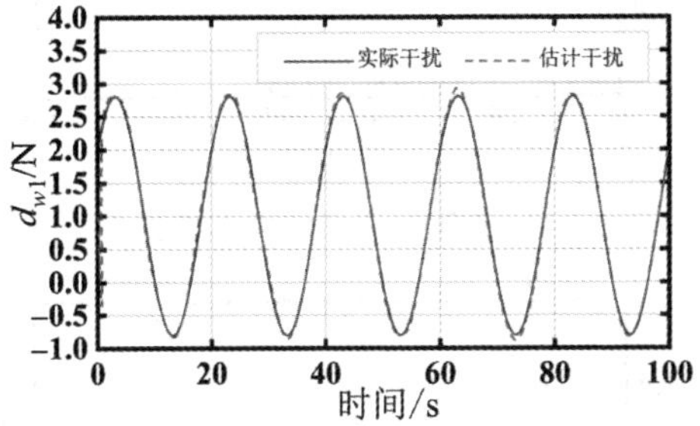

(a) 模型 1

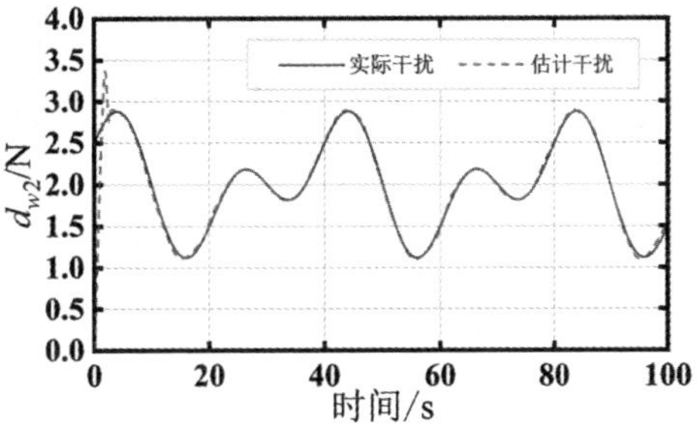

(b) 模型 2

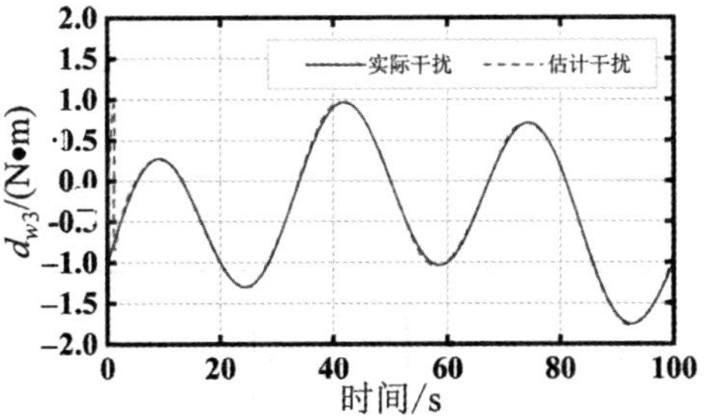

(c) 模型 3

图 4.15　外部干扰估计值

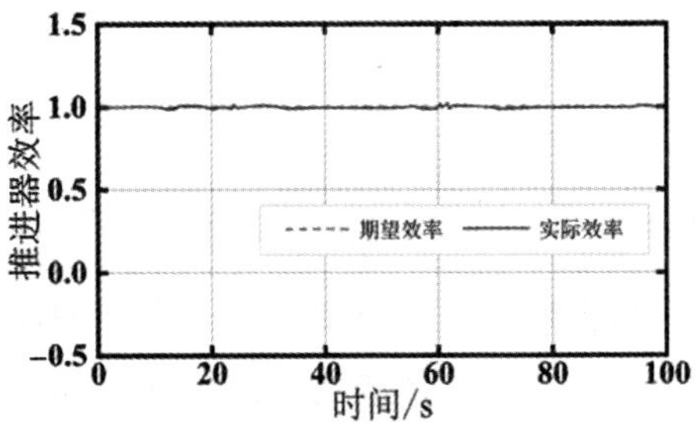

(a) 1# 推进器效率因子估计

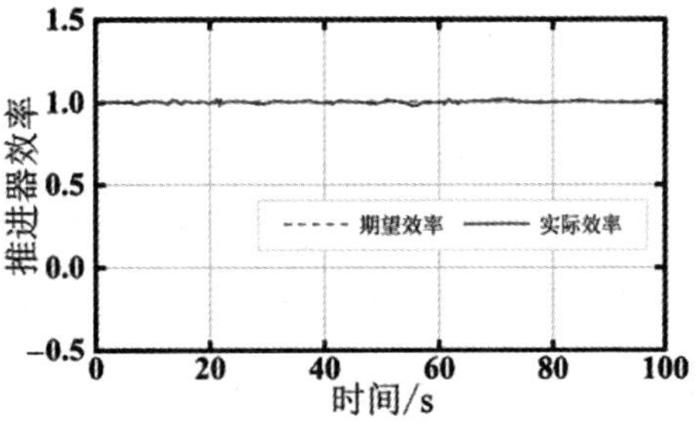

(b) 2# 推进器效率因子估计

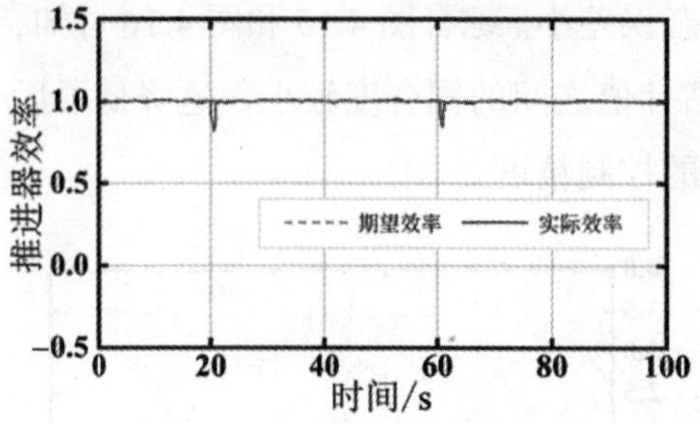

（c）3# 推进器效率因子估计

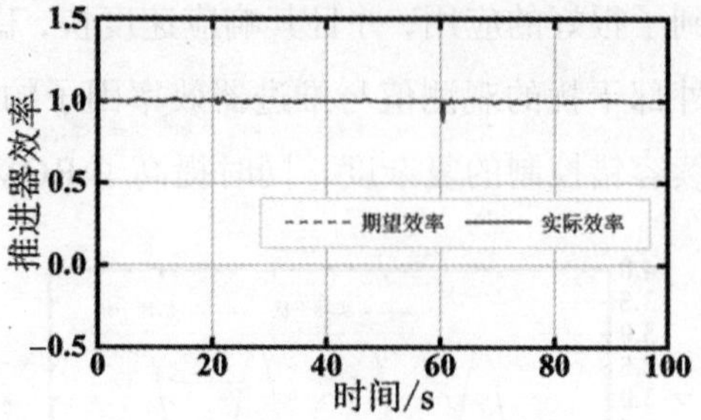

（d）4# 推进器效率因子估计

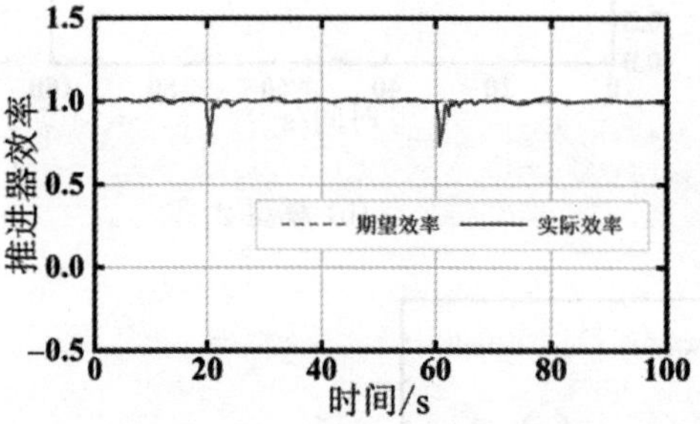

（e）5# 推进器效率因子估计

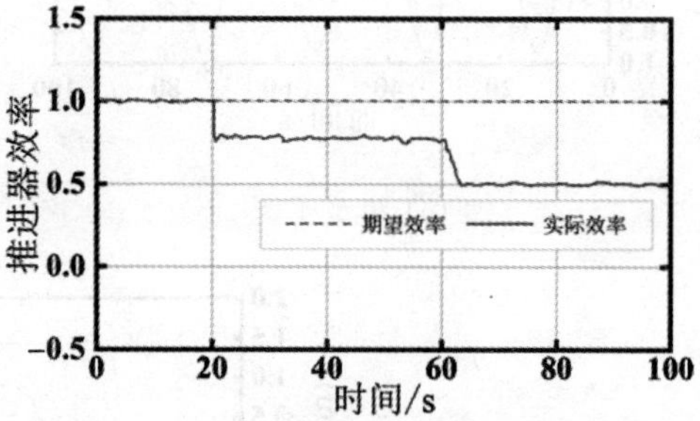

（f） 6# 推进器效率因子估计

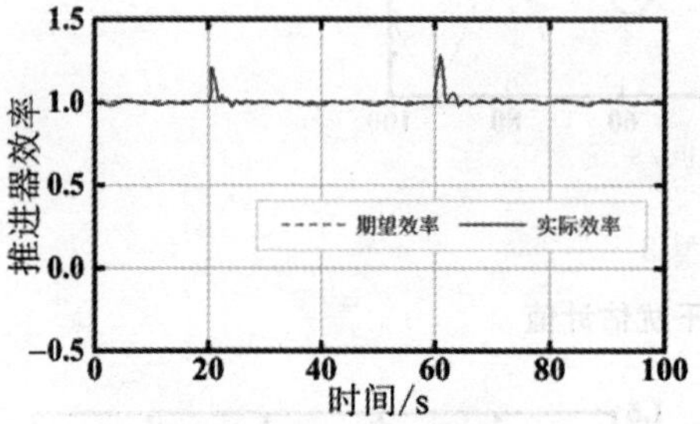

（g）7# 推进器效率因子估计

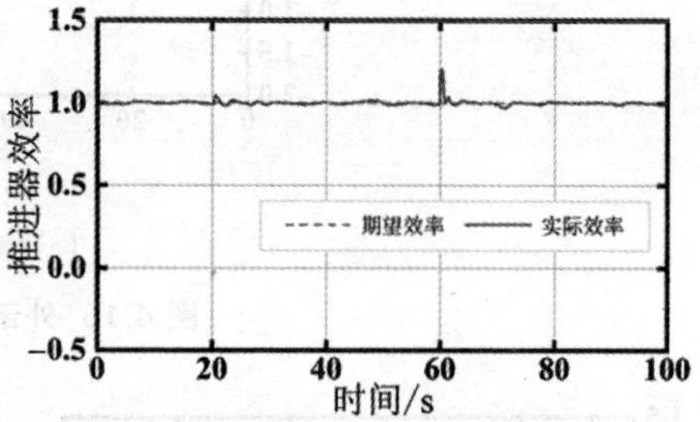

（h） 8# 推进器效率因子估计

图 4.16 故障模式下 ROV 各推进器的效率因子在线估计曲线

图 4.17 为 RFTC–TD 方法、BSMFTC–TD 方法和 PSMFTC–TD 方法三种控制方法所需要的实际力或力矩输入曲线。从图 4.17 可以看出，本书设计的控制方法的最大力和力矩的数值均在 −20 ～ 20，这符合设计要求，而另外两种方法在 ROV 运行初始阶段需要较大的控制力维持平衡，因此横向通道和偏航通道均有超出极限值的现象。此外，当 ROV 推进器在第 20 s 和第 60 s 发生故障时，三种控制方法需要的力和力矩均出现了不同程度的振荡，其中本书设计的方法的振荡最小，稳定时间最短，所以其控制性能最优。

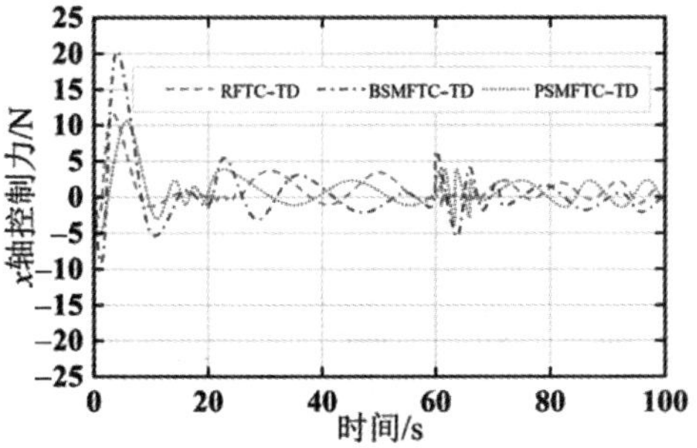

（a）纵向控制输入力

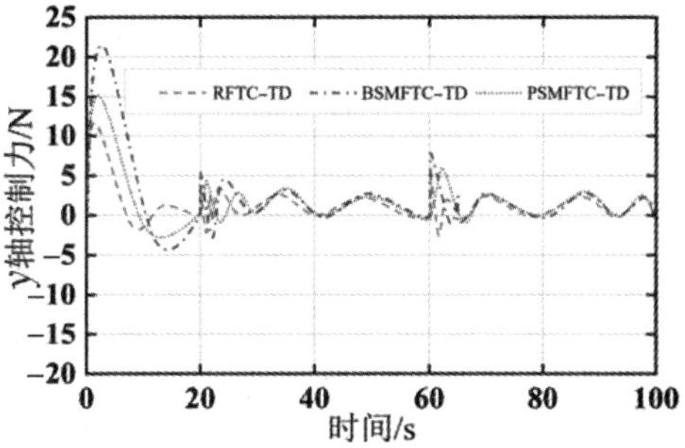

（b）横向控制输入力

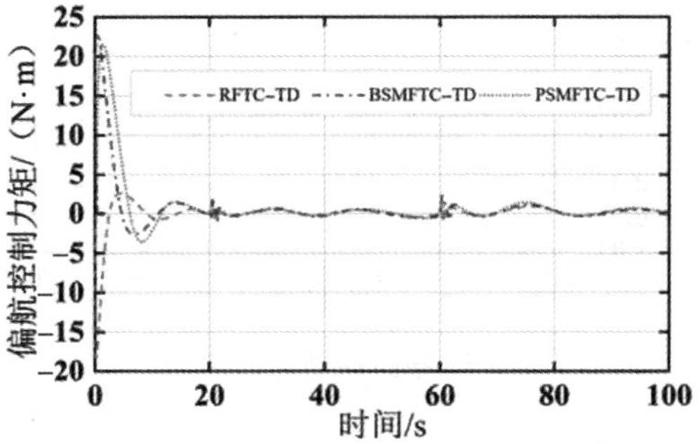

（c）偏航角控制输入力矩

图 4.17 三种控制方法所需要的实际力或力矩输入曲线

工况 2：在仿真实验过程中，首先，设定期望航迹的初始位置为 $\boldsymbol{\eta}_d(0)=(4,20,0)^{\mathrm{T}}$，期望初始速度为 $\boldsymbol{v}_d(0)=(0,0,0)^{\mathrm{T}}$，沿 y 轴方向的期望航迹为 $y_d=0.2t$，沿 x 轴方向的期望航迹为 $x_d=5\sin(0.01\pi t)+4\cos(0.02\pi t)$，期望艏向角度 φ_d 为 0°，实际初始位置为 $\boldsymbol{\eta}(0)=(3.5,17.5,\ \pi/3)^{\mathrm{T}}$，实际初始速度为 $\boldsymbol{v}(0)=(0,0,0)^{\mathrm{T}}$。此外，ROV 在运动过程中的其他相关控制参数同工况 1，仿真结果如图 4.18、图 4.19 所示。

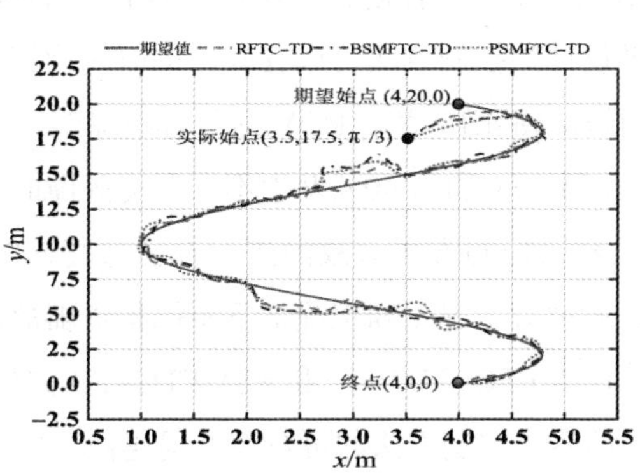

图 4.18 工况 2 情况下三种控制方法在水平面上的航迹跟踪曲线

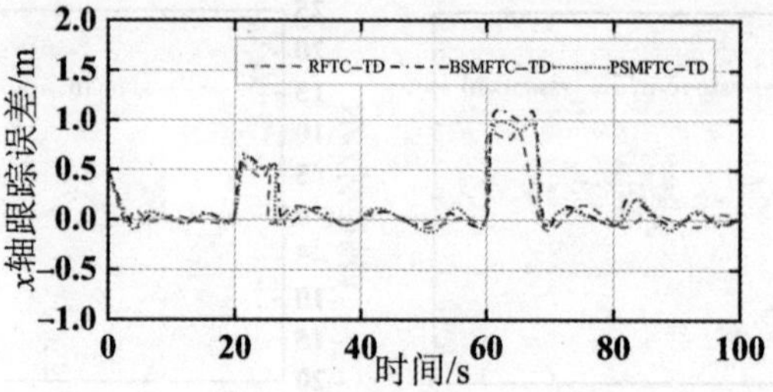

(a) x 轴跟踪误差曲线

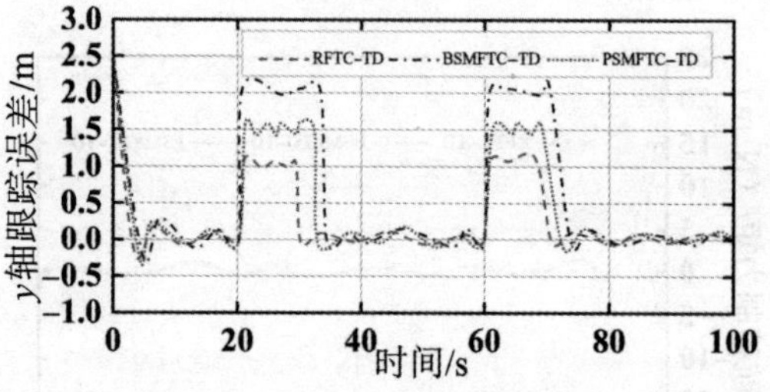

(b) y 轴跟踪误差曲线

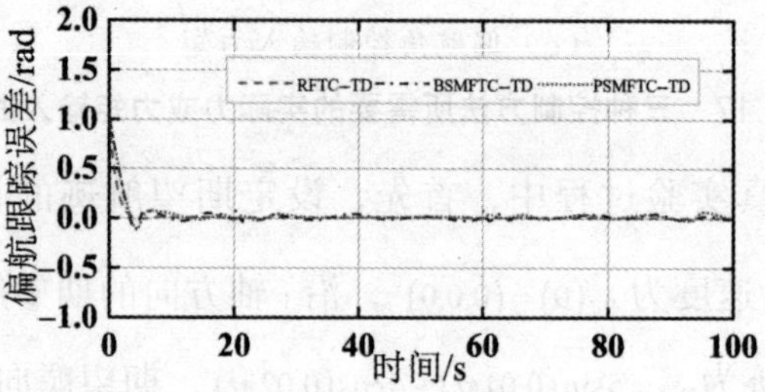

(c) 偏航跟踪误差曲线

图 4.19　ROV 的位置跟踪误差曲线

图 4.18 为工况 2 情况下三种控制方法在水平面上的航迹跟踪曲线，从仿真结果可以看出，本书设计的控制方法可以在较短的时间内跟踪期望航迹，其响应速度快，稳定时间短。图 4.19 表示 ROV 的位置跟踪误差曲线，由图 4.19 可知，当 ROV 推进器在第 20 s 和第 60 s 发生不同程度故障时，稳态误差出现一定的超调现象，但经容错控制方法对故障进行补偿修复，ROV 最终恢复到稳定状态。综上可知，通过对工况 1 和工况 2 下不同推进器故障进行仿真，同时对 RFTC−TD 方法、BSMFTC−TD 方法和 PSMFTC−TD 方法进行对比分析，充分说明了本书设计的容错控制方法的可行性及优越性。

4.8　本章小结

本章主要研究了存在推进器故障的 ROV 系统容错控制问题。首先，基于 ROV 动力学故障误差模型，提出了基于双幂次非奇异快速终端滑模的 ROV 容错控制方法，利用 RBF 神经网络滑模观测器对 ROV 的速度和外部复合干扰进行了估计，并通过参数自适应更新律，保证了估计误差的收敛性；其次，根据 ROV 推进器的分布结构引入伪逆法对控制力和力矩进行了再分配；再次，采用当前状态下的干扰估计值序列与系统状态偏差序列构建了二次规划问题，并通过求解获得了推进器实际工作状态下的效率矩阵。此外，面对外部干扰及故障因素的影响，设计复合干扰观测器对系统故障和干扰进行了在线估计；最后，将推进器故障估计值与鲁棒控制器相结合，并采用李雅普诺夫稳定性理论证明了系统的稳定性，同时通过 Simulink 仿真实验平台验证了该控制方法的有效性及合理性。

第 5 章　考虑推进器和传感器复合故障的 ROV 姿态容错控制

5.1　引言

由于水下机器人工作环境的复杂度越来越高，出现安全事故的概率逐渐增大，因此人们对水下机器人的可靠性提出了更高要求。通过对第 3 章的分析与研究，实现了 ROV 推进器故障的自修复，这使其在推进器发生故障的情况下依然能够稳定地跟踪到期望航迹，为 ROV 的可靠性研究提供了新思路。但是面对复杂的工作环境，故障的发生往往是多重的，例如，除推进器故障，还存在传感器故障。因此，本章基于上述思路，对 ROV 推进器和传感器的复合故障展开分析与研究。

首先，针对 ROV 的推进器故障、传感器故障和外部干扰问题，利用 H_∞ 观测器实现了对复合故障和系统状态的在线估计；此外，引入辅助观测器，并定义一种新的辅助变量，消除了辅助观测器中的微分项，提高了观测器的精度。其次，将观测值与反馈容错控制器相结合，完成了对水下机器人的控制，并利用李雅普诺夫稳定性理论证明了闭环系统的渐近稳定。最后，通过仿真实验验证了该控制方法具有良好的抗干扰能力和容错能力，其跟踪精度高、鲁棒性强。

5.2　鲁棒控制原理

5.2.1　H_∞鲁棒控制的基本原理

首先，定义一个广义系统，鲁棒控制流程图如图 5.1 所示：

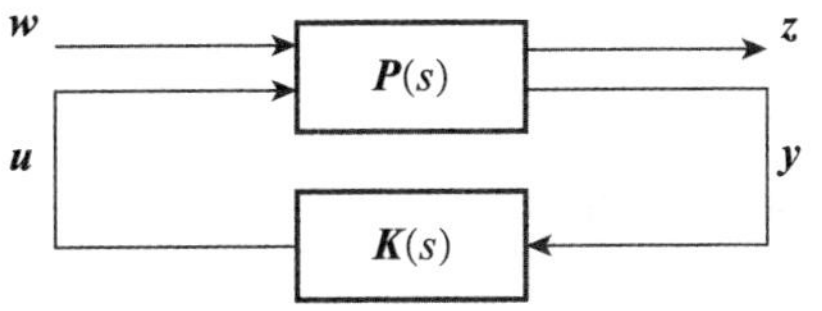

图 5.1　鲁棒控制流程图

$\boldsymbol{P}(s)$表示线性时不变系统，状态空间方程描述如下

$$\begin{cases}\dot{\boldsymbol{x}} = \boldsymbol{A}\boldsymbol{x} + \boldsymbol{B}_1\boldsymbol{w} + \boldsymbol{B}_2\boldsymbol{u} \\ \boldsymbol{z} = \boldsymbol{C}_1\boldsymbol{x} + \boldsymbol{D}_{11}\boldsymbol{w} + \boldsymbol{D}_{12}\boldsymbol{u} \\ \boldsymbol{y} = \boldsymbol{C}_2\boldsymbol{x} + \boldsymbol{D}_{21}\boldsymbol{w} + \boldsymbol{D}_{22}\boldsymbol{u}\end{cases} \tag{5.1}$$

式中：$\boldsymbol{x} \in \mathbf{R}^n$ 为系统状态；$\boldsymbol{y} \in \mathbf{R}^p$ 为状态输出向量；$\boldsymbol{u} \in \mathbf{R}^m$ 为控制输入向量；$\boldsymbol{z} \in \mathbf{R}^r$ 为被调输出向量；$\boldsymbol{w} \in \mathbf{R}^q$ 为外部扰动输入向量。自然界存在的干扰多种多样，如有界的噪声、无界的宇宙等，而本书考虑的干扰仅为自然环境中有界的部分。

H_∞鲁棒控制主要是构建一个系统输入 $\boldsymbol{u}(s)=\boldsymbol{K}(s)\boldsymbol{y}(s)$，并使其具有如下特点：

（1）该控制系统必须达到稳定状态，并对外界干扰具有一定的抑制作用，同时满足基本的控制性能要求。

（2）从外部扰动输入向量 $\boldsymbol{w}$ 到被调输出向量 $\boldsymbol{z}$ 的闭环传递函数 $\boldsymbol{T}_{wz}(s)$ 的 H_∞ 范数小于 1，即$\|\boldsymbol{T}_{wz}\|_\infty < 1$。

若以上两个条件能够同时满足，则称 $\boldsymbol{u}(s)=\boldsymbol{K}(s)\boldsymbol{y}(s)$ 为系统的一个 H_∞ 容错控制器。

鲁棒控制理论包含许多控制策略，如 H_∞ 鲁棒控制、H_2 鲁棒控制，其中 H_∞ 鲁棒控制又可以细分为状态反馈 H_∞ 鲁棒控制和输出反馈 H_∞ 鲁棒控制。然而，在实际工程应用中，H_2 鲁棒控制相对较少，这主要是由于 H_2 鲁棒控制系统的约束条件较多且具有较高的保守性，因此该控制系统难以达到最优状态。相比之下，H_∞ 鲁棒控制系统的约束条件较少，控制器的结构设计较简单，性能更加优越，所以其在实际工程领域得到了广泛应用。此外，对于 H_∞ 鲁棒控制问题，求解方法存在许多种，下面将重点介绍里卡蒂（Riccati）方程求解方法和 LMI 求解方法。

5.2.2 里卡蒂方程求解方法

首先，假设系统满足以下相关条件：

（1）$(\boldsymbol{A},\boldsymbol{B}_1,\boldsymbol{C}_1)$ 是稳定的，并且是可检测的。

（2）$(\boldsymbol{A},\boldsymbol{B}_2,\boldsymbol{C}_2)$ 是稳定的，并且是可检测的。

（3）全部 $\omega\in\mathbf{R}$ 使 $\begin{bmatrix}\boldsymbol{A}-j\omega\boldsymbol{I} & \boldsymbol{B}_2\\ \boldsymbol{C}_1 & \boldsymbol{D}_{12}\end{bmatrix}$ 达到列满秩，使 $\begin{bmatrix}\boldsymbol{A}-j\omega\boldsymbol{I} & \boldsymbol{B}_1\\ \boldsymbol{C}_2 & \boldsymbol{D}_{21}\end{bmatrix}$ 达到行满秩。

（4）$\boldsymbol{D}_{11}=\mathbf{0},\boldsymbol{D}_{12}=\mathbf{0}$。

（5）$\begin{bmatrix}\boldsymbol{B}_1\\ \boldsymbol{B}_2\end{bmatrix}\boldsymbol{D}_{21}^{\mathrm{T}}=\begin{bmatrix}\mathbf{0}\\ \boldsymbol{I}\end{bmatrix},\boldsymbol{D}_{12}^{\mathrm{T}}[\boldsymbol{C}_1\quad \boldsymbol{C}_{12}]=[\mathbf{0}\quad \boldsymbol{I}]$。

当满足上述所有条件时，$\boldsymbol{K}(s)$ 可以使 $\boldsymbol{T}_{wz}(s)=f\left(\boldsymbol{P}(s),\boldsymbol{K}(s)\right)$ 的内部系统达到稳定状态，同时实现 $\|\boldsymbol{T}_{wz}(s)\|_\infty<\gamma$ 的充要条件为

$$\begin{cases}\boldsymbol{A}^{\mathrm{T}}\boldsymbol{X}+\boldsymbol{X}\boldsymbol{A}-\boldsymbol{X}\left(\gamma^{-2}\boldsymbol{B}_1\boldsymbol{B}_1^{\mathrm{T}}-\boldsymbol{B}_2\boldsymbol{B}_2^{\mathrm{T}}\right)\boldsymbol{X}+\boldsymbol{C}_1^{\mathrm{T}}\boldsymbol{C}_1=\mathbf{0}\\ \boldsymbol{A}\boldsymbol{Y}+\boldsymbol{Y}\boldsymbol{A}^{\mathrm{T}}+\boldsymbol{Y}\left(\gamma^{-2}\boldsymbol{C}_1\boldsymbol{C}_1^{\mathrm{T}}-\boldsymbol{C}_2\boldsymbol{C}_2^{\mathrm{T}}\right)\boldsymbol{Y}+\boldsymbol{B}_1^{\mathrm{T}}\boldsymbol{B}_1=\mathbf{0}\end{cases}\tag{5.2}$$

式中：$\boldsymbol{X}$ 和 $\boldsymbol{Y}$ 有稳定的解，并且分别满足，$\boldsymbol{X}\geqslant\mathbf{0}$ 使得 $\boldsymbol{A}+\left(\gamma^{-2}\boldsymbol{B}_1\boldsymbol{B}_1^{\mathrm{T}}-\boldsymbol{B}_2\boldsymbol{B}_2^{\mathrm{T}}\right)\boldsymbol{X}$ 是稳定矩阵，$\boldsymbol{Y}\geqslant\mathbf{0}$ 使得 $\boldsymbol{A}+\boldsymbol{Y}\left(\gamma^{-2}\boldsymbol{C}_1\boldsymbol{C}_1^{\mathrm{T}}-\boldsymbol{C}_2\boldsymbol{C}_2^{\mathrm{T}}\right)$ 是稳定矩阵；此外，$\rho(\boldsymbol{XY})<\gamma^2$ 也成立。

里卡蒂方程求解方法是继算子方法之后的求解方法，其主要应用于 H_∞ 容错控制器中，主要原理是采用二分法重复求解，详细求解过程如下：

（1）挑选一个很大的增益值 $\gamma_{\max}$ 使得 H_∞ 容错控制器有解，同时挑选一个很小的增益值 $\gamma_{\min}$ 使得 $\|\boldsymbol{T}_{wz}\|_\infty$ 无解。

（2）反复更新增益值，即 $\gamma=(\gamma_{\max}+\gamma_{\min})/2$。

（3）判断由（2）更新得到的增益值 γ 是否使 H_∞ 容错控制器有解。若有解，则使 $\gamma_{\max}=\gamma$；若无解，则使 $\gamma_{\min}=\gamma$。

（4）若 $\gamma_{\max}-\gamma_{\min}$ 小于设定的阈值，则停止计算；若 $\gamma_{\max}-\gamma_{\min}$ 大于设定的阈值，则返回（2）继续循环计算，直到满足条件为止。

虽然利用里卡蒂方程对 H_∞ 容错控制器进行求解时步骤简单，但是一些问题仍然存在，其中最主要的问题就是对计算过程中的增益参数的选择，因为它直接关系到计算的复杂度，如果选择不合理将会使计算量大幅度增加。

5.2.3　LMI 求解方法

继里卡蒂方程求解方法之后，一种更为优秀的求解方法出现了，即 LMI 求解方法。这一方法可以直接利用矩阵运算对控制器进行设计，同时对系统模型没有过多的限制条件，其求解目标区域相对于里卡蒂方程求解方法更广。也正是由于没有过多的限制条件，控制器的性能可以达到最优状态，因此该方法在实际工程领域得到了广泛应用。

根据开环广义系统模型 $\boldsymbol{P}(s)$，假设其状态空间最小实现为

$$\boldsymbol{P}(s)=\boldsymbol{D}_{\mathrm{SG}}+\boldsymbol{C}_{\mathrm{SG}}\left(s\boldsymbol{I}-\boldsymbol{A}_{\mathrm{SG}}\right)^{-1}\boldsymbol{B}_{\mathrm{SG}} \tag{5.3}$$

由线性矩阵不等式的相关理论，便可以得到 $\gamma>0$，矩阵 $\boldsymbol{A}_{\mathrm{SG}}$ 内部稳定，$\|\boldsymbol{P}(s)\|_\infty<\gamma$ 的充要条件是存在一个正定矩阵 $\boldsymbol{X}>\boldsymbol{0}$ 使式（5.4）成立。

$$\begin{bmatrix} \boldsymbol{A}^{\mathrm{T}}\boldsymbol{X}+\boldsymbol{X}\boldsymbol{A} & \boldsymbol{X}\boldsymbol{B} & \boldsymbol{C}^{\mathrm{T}} \\ \boldsymbol{B}^{\mathrm{T}}\boldsymbol{X} & -\gamma\boldsymbol{I} & \boldsymbol{D}^{\mathrm{T}} \\ \boldsymbol{C} & \boldsymbol{D} & -\gamma\boldsymbol{I} \end{bmatrix}<\boldsymbol{0} \tag{5.4}$$

因此，通过式（5.4）可知，H_∞ 鲁棒控制问题被转化成一个标准的 LMI 问题，定理的证明可参考文献 [111]。此外，假设该系统满足里卡蒂方程求解方法假

设条件中的（2），则控制器$\boldsymbol{K}(s)$能够稳定系统，且$\|\boldsymbol{T}_{wz}(s)\|_\infty<\gamma$的充要条件为

$$\begin{bmatrix}\boldsymbol{N}_X^{\mathrm{T}} & \boldsymbol{0}\\ \boldsymbol{0} & \boldsymbol{I}_{nw}\end{bmatrix}\begin{bmatrix}\boldsymbol{AX}+\boldsymbol{XA}^{\mathrm{T}} & \boldsymbol{XC}_1^{\mathrm{T}} & \boldsymbol{B}_1\\ \boldsymbol{C}_1\boldsymbol{X} & -\gamma\boldsymbol{I} & \boldsymbol{D}_{11}\\ \boldsymbol{B}_1^{\mathrm{T}} & \boldsymbol{D}_{11}^{\mathrm{T}} & -\gamma\boldsymbol{I}\end{bmatrix}\begin{bmatrix}\boldsymbol{N}_X & \boldsymbol{0}\\ \boldsymbol{0} & \boldsymbol{I}_{nw}\end{bmatrix}<\boldsymbol{0} \tag{5.5}$$

$$\begin{bmatrix}\boldsymbol{N}_X^{\mathrm{T}} & \boldsymbol{0}\\ \boldsymbol{0} & \boldsymbol{I}_{nz}\end{bmatrix}\begin{bmatrix}\boldsymbol{YA}+\boldsymbol{A}^{\mathrm{T}}\boldsymbol{Y} & \boldsymbol{YB}_1 & \boldsymbol{C}_1^{\mathrm{T}}\\ \boldsymbol{B}_1^{\mathrm{T}}\boldsymbol{Y} & -\gamma\boldsymbol{I} & \boldsymbol{D}_{11}^{\mathrm{T}}\\ \boldsymbol{C}_1 & \boldsymbol{D}_{11} & -\gamma\boldsymbol{I}\end{bmatrix}\begin{bmatrix}\boldsymbol{N}_Y^{\mathrm{T}} & \boldsymbol{0}\\ \boldsymbol{0} & \boldsymbol{I}_{nz}\end{bmatrix}<\boldsymbol{0} \tag{5.6}$$

式中：$\boldsymbol{X}>\boldsymbol{0}$; $\boldsymbol{Y}>\boldsymbol{0}$，$\begin{bmatrix}\boldsymbol{X} & \boldsymbol{I}\\ \boldsymbol{I} & \boldsymbol{Y}\end{bmatrix}\geqslant\boldsymbol{0}$；$r\begin{bmatrix}\boldsymbol{X} & \boldsymbol{I}\\ \boldsymbol{I} & \boldsymbol{Y}\end{bmatrix}\leqslant n+n_k$，其中$n$和$n_k$分别为系统模型和访问控制器的次数；$\boldsymbol{N}_X=\begin{bmatrix}\boldsymbol{C}_1 & \boldsymbol{D}_{21}\end{bmatrix}$；$\boldsymbol{N}_Y=\begin{bmatrix}\boldsymbol{B}_2^{\mathrm{T}} & \boldsymbol{D}_{12}^{\mathrm{T}}\end{bmatrix}$。

采用LMI求解方法进行计算时，需要满足$(\boldsymbol{A},\boldsymbol{B}_2,\boldsymbol{C}_2)$的稳定性和可检测性要求。LMI求解方法的具体步骤如下：

（1）根据H_∞鲁棒控制问题构造LMI，如式（5.5）、式（5.6），然后解出矩阵$\boldsymbol{X}$和$\boldsymbol{Y}$。

（2）令$\boldsymbol{FF}^{\mathrm{T}}=\boldsymbol{Y}-\boldsymbol{X}^{-1}$，解出矩阵$\boldsymbol{F}$。

（3）令$\boldsymbol{P}=\begin{bmatrix}\boldsymbol{Y} & \boldsymbol{F}\\ \boldsymbol{F}^{\mathrm{T}} & \boldsymbol{I}\end{bmatrix}$。

（4）利用（3）中的$\boldsymbol{P}$，得到控制器$\boldsymbol{K}(s)$的解。

$$\begin{bmatrix}\boldsymbol{Q} & \boldsymbol{E}^{\mathrm{T}}\\ \boldsymbol{F} & *\end{bmatrix}=\begin{bmatrix}\bar{\boldsymbol{A}}^{\mathrm{T}}\boldsymbol{P}+\boldsymbol{P}\bar{\boldsymbol{A}} & \boldsymbol{P}\bar{\boldsymbol{B}}_1 & \bar{\boldsymbol{C}}_1^{\mathrm{T}} & \boldsymbol{P}\bar{\boldsymbol{B}}_2\\ \bar{\boldsymbol{B}}_1^{\mathrm{T}}\boldsymbol{P} & -\gamma\boldsymbol{I} & \bar{\boldsymbol{D}}_{11}^{\mathrm{T}} & \boldsymbol{0}\\ \bar{\boldsymbol{C}}_1 & \bar{\boldsymbol{D}}_{11} & -\gamma\boldsymbol{I} & \bar{\boldsymbol{D}}_{12}\\ \bar{\boldsymbol{C}}_2 & \bar{\boldsymbol{D}}_{21} & \boldsymbol{0} & *\end{bmatrix} \tag{5.7}$$

LMI求解方法具有许多优秀性能，其中最为突出的一点是，它可以将H_∞鲁棒控制问题转化为凸优化问题。该优势可以在很大程度上降低计算复杂度，同时得到一组满足设计要求的解，这一特点在多目标控制问题中发挥着重要作用，特别是在容错控制器设计方面。

5.3　问题的描述

5.3.1　推进器与传感器的故障模型

在本章中，作者考虑了水下机器人在双重故障下的工作情况，即同时发生推进器故障与传感器故障。当传感器发生故障时，水下机器人的姿态系统输出的实际测量值可以表示为

$$\boldsymbol{y}^{s}(t)=\boldsymbol{C}\boldsymbol{x}(t)+\boldsymbol{d}_{s}(t) \tag{5.8}$$

式中：$\boldsymbol{d}_{s}(t)$为传感器故障。

此外，当推进器发生故障时，控制输入可以表示为

$$\boldsymbol{u}(t)=\boldsymbol{u}_{c}(t)+\boldsymbol{d}_{a}(t) \tag{5.9}$$

式中：$\boldsymbol{d}_{a}(t)$为推进器故障；$\boldsymbol{u}_{c}(t)$为无故障时正常的控制输入。

5.3.2　主要假设与引理

为了能够得出期望的实验结果，需要对相关条件进行假设，并引用定理进行证明分析。

假设 1：外部扰动$\boldsymbol{d}_{w}(t)$是有界的，并且存在一个正常数s使得$\|\boldsymbol{d}_{w}(t)\|<s$成立。因为水下机器人的外部扰动主要包括海流、波浪、噪声等，它们都是有界的，因此假设 1 合理。

假设 2：矩阵$(\boldsymbol{A},\boldsymbol{B}_{1})$可控制，$(\boldsymbol{A},\boldsymbol{C})$可观察。

定义：若满足以下条件，则系统具有H_{∞}稳定性能。

（1）无扰动时，系统渐近稳定。

（2）对于零初始条件和给定的正常数γ，式（5.10）成立。

$$\int_{0}^{\infty}\boldsymbol{x}^{\mathrm{T}}(t)\boldsymbol{x}(t)\mathrm{d}t<\gamma^{2}\int_{0}^{\infty}\boldsymbol{d}^{\mathrm{T}}(t)\boldsymbol{d}(t)\mathrm{d}t \tag{5.10}$$

引理：

设对称矩阵$\boldsymbol{A}$可以划分如下

$$\boldsymbol{A}=\begin{bmatrix}\boldsymbol{A}_{11} & \boldsymbol{A}_{12}\\ * & \boldsymbol{A}_{22}\end{bmatrix} \tag{5.11}$$

式中：$\boldsymbol{A}<\boldsymbol{0}\Leftrightarrow \boldsymbol{A}_{11}<\boldsymbol{0}$；$\boldsymbol{A}_{22}-\boldsymbol{A}_{12}^{\mathrm{T}}\boldsymbol{A}_{11}^{-1}\boldsymbol{A}_{12}<\boldsymbol{0}\Leftrightarrow \boldsymbol{A}_{22}<\boldsymbol{0}$；$\boldsymbol{A}_{11}-\boldsymbol{A}_{12}^{\mathrm{T}}\boldsymbol{A}_{22}^{-1}\boldsymbol{A}_{12}<\boldsymbol{0}$；$*$为对称矩阵。

在传感器与推进器双重故障下，水下机器人的动力学模型可以转换为

$$\begin{cases}\dot{\boldsymbol{x}}(t)=\boldsymbol{A}\boldsymbol{x}(t)+\boldsymbol{B}_1\left[\boldsymbol{u}_c(t)+\boldsymbol{d}_a(t)\right]+\boldsymbol{B}_2\boldsymbol{d}_w(t)\\ \boldsymbol{y}^s(t)=\boldsymbol{C}\boldsymbol{x}(t)+\boldsymbol{d}_s(t)\end{cases} \tag{5.12}$$

本章的主要目的是构建一个基于观测器的输出反馈容错控制器，以保证在同时存在外部扰动、推进器故障和传感器故障的情况下，水下机器人的姿态控制系统具有H_∞渐近稳定性能。

5.3.3 控制系统的结构

复杂的水下工作环境经常引发 ROV 故障，如推进器系统故障、传感器系统故障、供电系统故障等。本章将针对 ROV 的推进器系统和传感器系统复合故障进行研究，控制流程主要包括H_∞容错控制器、自适应推力分配、推进器系统、传感器系统以及观测器，具体控制流程图如图 5.2 所示。

首先，通过观测器估计故障大小信息以及实际姿态信息，将实际姿态信息与期望姿态信息进行比较得出差值，并结合H_∞容错控制器解算出所需的控制命令$\boldsymbol{u}$。其次，对由H_∞容错控制器计算出的命令通过自适应推力分配结构进行重新调整，将控制信号合理地分配到各台推进器上并使其产生相应的控制力，从而实现 ROV 故障的自修复控制策略。

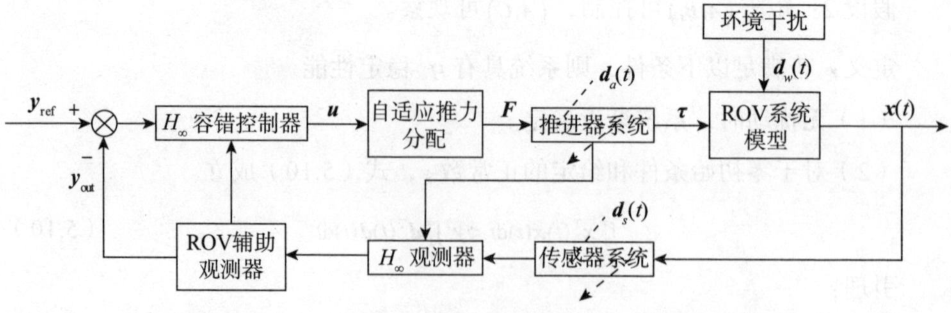

图 5.2 ROV 在复合故障下的姿态容错控制流程图

5.4　姿态容错控制器的设计

5.4.1　H_∞观测器的设计

首先，设计观测器来估计系统状态$\boldsymbol{x}(t)$、传感器故障$\boldsymbol{d}_s(t)$、推进器故障$\boldsymbol{d}_a(t)$，同时将存在外部扰动的姿态系统式（5.12）转换为如下增广形式

$$\begin{cases}\boldsymbol{G}_1\dot{\boldsymbol{z}}(t)=\boldsymbol{A}_1\boldsymbol{z}(t)+\boldsymbol{B}_1\boldsymbol{u}_c(t)+\boldsymbol{B}_2\boldsymbol{d}_w(t)\\ \boldsymbol{y}^s(t)=\boldsymbol{G}_2\boldsymbol{z}(t)\end{cases} \tag{5.13}$$

式中：$\boldsymbol{z}(t)=\left[\boldsymbol{x}(t)\ \ \boldsymbol{d}_s(t)\ \ \boldsymbol{d}_a(t)\right]^{\mathrm{T}}$；$\boldsymbol{A}_1=\left[\boldsymbol{A}\ \ \boldsymbol{0}\ \ \boldsymbol{B}_1\right]$；$\boldsymbol{G}_1=\left[\boldsymbol{I}_{6\times6}\ \ \boldsymbol{0}_{6\times6}\ \ \boldsymbol{0}_{6\times3}\right]$；$\boldsymbol{G}_2=\left[\boldsymbol{C}\ \ \boldsymbol{I}_{6\times6}\ \ \boldsymbol{0}_{6\times3}\right]$。

定义$\boldsymbol{G}_3=\left[\boldsymbol{0}_{3\times6}\ \ \boldsymbol{0}_{3\times6}\ \ \boldsymbol{I}_{3\times3}\right]$，令$\boldsymbol{G}=\begin{bmatrix}\boldsymbol{G}_1\\ \boldsymbol{G}_2\\ \boldsymbol{G}_3\end{bmatrix}=\begin{bmatrix}\boldsymbol{I}_{6\times6} & \boldsymbol{0}_{6\times6} & \boldsymbol{0}_{6\times3}\\ \boldsymbol{C} & \boldsymbol{I}_{6\times6} & \boldsymbol{0}_{6\times3}\\ \boldsymbol{0}_{3\times6} & \boldsymbol{0}_{3\times6} & \boldsymbol{I}_{3\times3}\end{bmatrix}$，因此，$\boldsymbol{G}$为满秩矩阵，将其逆矩阵表示为$\boldsymbol{G}^{-1}=\boldsymbol{Q}$，则$\boldsymbol{Q}_1\boldsymbol{G}_1+\boldsymbol{Q}_2\boldsymbol{G}_2+\boldsymbol{Q}_3\boldsymbol{G}_3=\boldsymbol{I}$，其中$\boldsymbol{Q}=\left[\boldsymbol{Q}_1\ \ \boldsymbol{Q}_2\ \ \boldsymbol{Q}_3\right]=\begin{bmatrix}\boldsymbol{I}_{6\times6} & \boldsymbol{0}_{6\times6} & \boldsymbol{0}_{6\times3}\\ -\boldsymbol{C} & \boldsymbol{I}_{6\times6} & \boldsymbol{0}_{6\times3}\\ \boldsymbol{0}_{3\times6} & \boldsymbol{0}_{3\times6} & \boldsymbol{I}_{3\times3}\end{bmatrix}$，所以式（5.13）可以转换为

$$\begin{cases}\dot{\boldsymbol{z}}(t)=\boldsymbol{Q}_1\boldsymbol{A}_1\boldsymbol{z}(t)+\boldsymbol{Q}_1\boldsymbol{B}_1\boldsymbol{u}_c(t)+\boldsymbol{Q}_1\boldsymbol{B}_2\boldsymbol{d}_w(t)+\left(\boldsymbol{Q}_2\boldsymbol{G}_2+\boldsymbol{Q}_3\boldsymbol{G}_3\right)\dot{\boldsymbol{z}}(t)\\ \boldsymbol{y}^s(t)=\boldsymbol{G}_2\boldsymbol{z}(t)\end{cases} \tag{5.14}$$

根据式（5.14）构造的虚拟观测器可以表示为

$$\dot{\boldsymbol{z}}_s(t)=\boldsymbol{Q}_1\boldsymbol{A}_1\boldsymbol{z}_s(t)+\boldsymbol{Q}_1\boldsymbol{B}_1\boldsymbol{u}_c(t)+\boldsymbol{Q}_2\boldsymbol{G}_2\dot{\boldsymbol{z}}(t)+\boldsymbol{L}\left[\boldsymbol{y}^s(t)-\boldsymbol{G}_2\boldsymbol{z}_s(t)\right] \tag{5.15}$$

式中：$\boldsymbol{z}_s(t)=\left[\hat{\boldsymbol{x}}(t)\ \ \hat{\boldsymbol{d}}_s(t)\ \ \hat{\boldsymbol{d}}_a(t)\right]^{\mathrm{T}}$中的$\hat{\boldsymbol{x}}(t)$、$\hat{\boldsymbol{d}}_s(t)$、$\hat{\boldsymbol{d}}_a(t)$分别为系统状态$\boldsymbol{x}(t)$、传感器故障$\boldsymbol{d}_s(t)$、推进器故障$\boldsymbol{d}_a(t)$的估计值；$\boldsymbol{L}$为观测增益矩阵。

定义估计误差为$\boldsymbol{e}(t)=\boldsymbol{z}(t)-\boldsymbol{z}_s(t)$，其导数可以表示如下

$$\begin{aligned}\dot{\boldsymbol{e}}(t)&=\left(\boldsymbol{Q}_1\boldsymbol{A}_1-\boldsymbol{L}\boldsymbol{G}_2\right)\boldsymbol{e}(t)+\boldsymbol{Q}_1\boldsymbol{B}_2\boldsymbol{d}_w(t)+\boldsymbol{Q}_3\boldsymbol{G}_3\dot{\boldsymbol{z}}(t)\\&=\left(\boldsymbol{Q}_1\boldsymbol{A}_1-\boldsymbol{L}\boldsymbol{G}_2\right)\boldsymbol{e}(t)+\bar{\boldsymbol{D}}\boldsymbol{d}(t)\end{aligned}\tag{5.16}$$

式中：$\bar{\boldsymbol{D}}=\begin{bmatrix}\boldsymbol{B}_2 & \boldsymbol{0}_{6\times3}\\ -\boldsymbol{C}\boldsymbol{B}_2 & \boldsymbol{0}_{6\times3}\\ \boldsymbol{0}_{3\times3} & \boldsymbol{I}_{3\times3}\end{bmatrix}$；$\boldsymbol{d}(t)=\begin{bmatrix}\boldsymbol{d}_w(t)\\ \dot{\boldsymbol{d}}_a(t)\end{bmatrix}$。

然而，式（5.15）存在微分项$\boldsymbol{Q}_2\boldsymbol{G}_2\dot{\boldsymbol{z}}(t)$，所以虚拟观测器具有较差的观测精度。为了解决这一问题，定义一个新的变量$\boldsymbol{j}(t)=\boldsymbol{z}_s(t)-\boldsymbol{Q}_2\boldsymbol{G}_2\boldsymbol{z}(t)$，则水下机器人的姿态方程可以转换为

$$\begin{cases}\dot{\boldsymbol{j}}(t)=\bar{\boldsymbol{A}}\boldsymbol{j}(t)+\bar{\boldsymbol{B}}\boldsymbol{u}_c(t)+\bar{\boldsymbol{L}}\boldsymbol{y}^s(t)\\ \boldsymbol{z}_s(t)=\boldsymbol{j}(t)+\bar{\boldsymbol{C}}\boldsymbol{y}^s(t)\end{cases}\tag{5.17}$$

式中：$\boldsymbol{j}(t)$为引入的辅助变量；$\bar{\boldsymbol{A}}$、$\bar{\boldsymbol{B}}$、$\bar{\boldsymbol{C}}$、$\bar{\boldsymbol{L}}$为观测增益矩阵。

定理1：若存在一个正定矩阵$\boldsymbol{W}$，并且同时存在一个实矩阵$\boldsymbol{V}$满足以下条件

$$\boldsymbol{\Omega}=\begin{bmatrix}\boldsymbol{\Phi}_1 & \boldsymbol{W}\bar{\boldsymbol{D}}\\ * & -\varepsilon^2\boldsymbol{I}\end{bmatrix}<\boldsymbol{0}\tag{5.18}$$

式中：$\boldsymbol{\Phi}_1=\boldsymbol{W}\boldsymbol{Q}_1\boldsymbol{A}_1+\boldsymbol{A}_1^{\mathrm{T}}\boldsymbol{Q}_1^{\mathrm{T}}\boldsymbol{W}-\boldsymbol{V}\boldsymbol{G}_2-\boldsymbol{G}_2^{\mathrm{T}}\boldsymbol{V}^{\mathrm{T}}+\boldsymbol{I}$；$\varepsilon$为一个正常数。式（5.16）在扰动衰减水平$\varepsilon$下渐近稳定，同时式（5.17）中的观测增益矩阵表示为

$$\begin{cases}\bar{\boldsymbol{A}}=\boldsymbol{Q}_1\boldsymbol{A}_1-\boldsymbol{L}\boldsymbol{G}_2\\ \bar{\boldsymbol{B}}=\boldsymbol{Q}_1\boldsymbol{B}_1\\ \bar{\boldsymbol{C}}=\boldsymbol{Q}_2\\ \bar{\boldsymbol{L}}=\boldsymbol{L}+(\boldsymbol{Q}_1\boldsymbol{A}_1-\boldsymbol{L}\boldsymbol{G}_2)\boldsymbol{Q}_2\end{cases}\tag{5.19}$$

稳定性证明：选取李雅普诺夫函数$V_1(t)=\boldsymbol{e}^{\mathrm{T}}(t)\boldsymbol{W}\boldsymbol{e}(t)$，首先考虑没有外部扰动的情况，即$\boldsymbol{d}(t)=\boldsymbol{0}$，则$V_1(t)$对时间的导数表示为

$$\begin{aligned}\dot{V}_1(t)&=2\boldsymbol{e}^{\mathrm{T}}(t)\boldsymbol{W}\dot{\boldsymbol{e}}(t)\\&=2\boldsymbol{e}^{\mathrm{T}}(t)\boldsymbol{W}\left(\boldsymbol{Q}_1\boldsymbol{A}_1-\boldsymbol{L}_2\right)\boldsymbol{e}(t)\\&=\boldsymbol{e}^{\mathrm{T}}(t)\boldsymbol{W}\boldsymbol{Q}_1\boldsymbol{A}_1\boldsymbol{e}(t)+\boldsymbol{e}^{\mathrm{T}}(t)\boldsymbol{A}_1^{\mathrm{T}}\boldsymbol{Q}_1^{\mathrm{T}}\boldsymbol{W}\boldsymbol{e}(t)-\\&\quad\ \boldsymbol{e}^{\mathrm{T}}(t)\boldsymbol{W}\boldsymbol{L}\boldsymbol{G}_2\boldsymbol{e}(t)-\boldsymbol{e}^{\mathrm{T}}(t)\boldsymbol{G}_2^{\mathrm{T}}\boldsymbol{L}^{\mathrm{T}}\boldsymbol{W}\boldsymbol{e}(t)\end{aligned}\tag{5.20}$$

令$\boldsymbol{L}=\boldsymbol{W}^{-1}\boldsymbol{V}$，则

$$\begin{aligned}\dot{V}_1(t)=&\boldsymbol{e}^{\mathrm{T}}(t)\boldsymbol{W}\boldsymbol{Q}_1\boldsymbol{A}_1\boldsymbol{e}(t)+\boldsymbol{e}^{\mathrm{T}}(t)\boldsymbol{A}_1^{\mathrm{T}}\boldsymbol{Q}_1^{\mathrm{T}}\boldsymbol{W}\boldsymbol{e}(t)-\\&\boldsymbol{e}^{\mathrm{T}}(t)\boldsymbol{V}\boldsymbol{G}_2\boldsymbol{e}(t)-\boldsymbol{e}^{\mathrm{T}}(t)\boldsymbol{G}_2^{\mathrm{T}}\boldsymbol{V}^{\mathrm{T}}\boldsymbol{e}(t)\\=&\boldsymbol{e}^{\mathrm{T}}(t)\left(\boldsymbol{W}\boldsymbol{Q}_1\boldsymbol{A}_1+\boldsymbol{A}_1^{\mathrm{T}}\boldsymbol{Q}_1^{\mathrm{T}}\boldsymbol{W}-\boldsymbol{V}\boldsymbol{G}_2-\boldsymbol{G}_2^{\mathrm{T}}\boldsymbol{V}^{\mathrm{T}}\right)\boldsymbol{e}(t)\end{aligned}$$

根据式（5.18）与引理可知，$\boldsymbol{\Phi}_1<\boldsymbol{0}$，所以 $\boldsymbol{W}\boldsymbol{Q}_1\boldsymbol{A}_1+\boldsymbol{A}_1^{\mathrm{T}}\boldsymbol{Q}_1^{\mathrm{T}}\boldsymbol{W}-\boldsymbol{V}\boldsymbol{G}_2-\boldsymbol{G}_2^{\mathrm{T}}\boldsymbol{V}^{\mathrm{T}}<\boldsymbol{0}$。因此，可以得出结论 $\dot{V}_1(t)<0$，则定义中的条件（1）被满足，误差系统式（5.16）在无扰动的情况下渐近稳定。

接下来考虑有外部扰动的情况，即 $\boldsymbol{d}(t)\neq\boldsymbol{0}$，则 $V_1(t)$ 对时间的导数可以表示为

$$\begin{aligned}\dot{V}_1(t)=&2\boldsymbol{e}^{\mathrm{T}}(t)\boldsymbol{W}\dot{\boldsymbol{e}}(t)\\=&2\boldsymbol{e}^{\mathrm{T}}(t)\boldsymbol{W}\left[\left(\boldsymbol{Q}_1\boldsymbol{A}_1-\boldsymbol{L}\boldsymbol{G}_2\right)\boldsymbol{e}(t)+\bar{\boldsymbol{D}}\boldsymbol{d}(t)\right]\\=&\boldsymbol{e}^{\mathrm{T}}(t)\boldsymbol{W}\boldsymbol{Q}_1\boldsymbol{A}_1\boldsymbol{e}(t)+\boldsymbol{e}^{\mathrm{T}}(t)\boldsymbol{A}_1^{\mathrm{T}}\boldsymbol{Q}_1^{\mathrm{T}}\boldsymbol{W}\boldsymbol{e}(t)-\\&\boldsymbol{e}^{\mathrm{T}}(t)\boldsymbol{W}\boldsymbol{L}\boldsymbol{G}_2\boldsymbol{e}(t)-\boldsymbol{e}^{\mathrm{T}}(t)\boldsymbol{G}_2^{\mathrm{T}}\boldsymbol{L}^{\mathrm{T}}\boldsymbol{W}\boldsymbol{e}(t)+\\&\boldsymbol{e}^{\mathrm{T}}(t)\boldsymbol{W}\bar{\boldsymbol{D}}\boldsymbol{d}(t)+\boldsymbol{d}^{\mathrm{T}}(t)\bar{\boldsymbol{D}}^{\mathrm{T}}\boldsymbol{W}\boldsymbol{e}(t)\\=&\boldsymbol{e}^{\mathrm{T}}(t)\boldsymbol{W}\boldsymbol{Q}_1\boldsymbol{A}_1\boldsymbol{e}(t)+\boldsymbol{e}^{\mathrm{T}}(t)\boldsymbol{A}_1^{\mathrm{T}}\boldsymbol{Q}_1^{\mathrm{T}}\boldsymbol{W}\boldsymbol{e}(t)-\\&\boldsymbol{e}^{\mathrm{T}}(t)\boldsymbol{W}\boldsymbol{L}\boldsymbol{G}_2\boldsymbol{e}(t)-\boldsymbol{e}^{\mathrm{T}}(t)\boldsymbol{G}_2^{\mathrm{T}}\boldsymbol{L}^{\mathrm{T}}\boldsymbol{W}\boldsymbol{e}(t)+\boldsymbol{e}^{\mathrm{T}}(t)\boldsymbol{e}(t)+\\&\boldsymbol{e}^{\mathrm{T}}(t)\boldsymbol{W}\bar{\boldsymbol{D}}\boldsymbol{d}(t)+\boldsymbol{d}^{\mathrm{T}}(t)\bar{\boldsymbol{D}}^{\mathrm{T}}\boldsymbol{W}\boldsymbol{e}(t)-\varepsilon^2\boldsymbol{d}^{\mathrm{T}}(t)\boldsymbol{d}(t)-\\&\boldsymbol{e}^{\mathrm{T}}(t)\boldsymbol{e}(t)+\varepsilon^2\boldsymbol{d}^{\mathrm{T}}(t)\boldsymbol{d}(t)\end{aligned}\tag{5.21}$$

将 $\boldsymbol{L}=\boldsymbol{W}^{-1}\boldsymbol{V}$ 代入式（5.21）中可得

$$\begin{aligned}\dot{V}_1(t)=&\boldsymbol{e}^{\mathrm{T}}(t)\boldsymbol{W}\boldsymbol{Q}_1\boldsymbol{A}_1\boldsymbol{e}(t)+\boldsymbol{e}^{\mathrm{T}}(t)\boldsymbol{A}_1^{\mathrm{T}}\boldsymbol{Q}_1^{\mathrm{T}}\boldsymbol{W}\boldsymbol{e}(t)-\\&\boldsymbol{e}^{\mathrm{T}}(t)\boldsymbol{V}\boldsymbol{G}_2\boldsymbol{e}(t)-\boldsymbol{e}^{\mathrm{T}}(t)\boldsymbol{G}_2^{\mathrm{T}}\boldsymbol{V}^{\mathrm{T}}\boldsymbol{e}(t)+\boldsymbol{e}^{\mathrm{T}}(t)\boldsymbol{e}(t)+\\&\boldsymbol{e}^{\mathrm{T}}(t)\boldsymbol{W}\bar{\boldsymbol{D}}\boldsymbol{d}(t)+\boldsymbol{d}^{\mathrm{T}}(t)\bar{\boldsymbol{D}}^{\mathrm{T}}\boldsymbol{W}\boldsymbol{e}(t)-\varepsilon^2\boldsymbol{d}^{\mathrm{T}}(t)\boldsymbol{d}(t)-\\&\boldsymbol{e}^{\mathrm{T}}(t)\boldsymbol{e}(t)+\varepsilon^2\boldsymbol{d}^{\mathrm{T}}(t)\boldsymbol{d}(t)\\=&\begin{bmatrix}\boldsymbol{e}(t)\\\boldsymbol{d}(t)\end{bmatrix}\begin{bmatrix}\boldsymbol{\Phi}_1&\boldsymbol{W}\bar{\boldsymbol{D}}\\ *&-\varepsilon^2\boldsymbol{I}\end{bmatrix}\begin{bmatrix}\boldsymbol{e}(t)\\\boldsymbol{d}(t)\end{bmatrix}-\\&\boldsymbol{e}^{\mathrm{T}}(t)\,\boldsymbol{e}^{\mathrm{T}}(t)+\varepsilon^2\boldsymbol{d}^{\mathrm{T}}(t)\boldsymbol{d}(t)\end{aligned}\tag{5.22}$$

若式（5.18）成立，则可以得到如下不等式

$$\begin{aligned}\dot{V}_1(t)=&\begin{bmatrix}\boldsymbol{e}(t)\\\boldsymbol{d}(t)\end{bmatrix}\begin{bmatrix}\boldsymbol{\Phi}_1&\boldsymbol{W}\bar{\boldsymbol{D}}\\ *&-\varepsilon^2\boldsymbol{I}\end{bmatrix}\begin{bmatrix}\boldsymbol{e}(t)\\\boldsymbol{d}(t)\end{bmatrix}-\\&\boldsymbol{e}^{\mathrm{T}}(t)\boldsymbol{e}^{\mathrm{T}}(t)+\varepsilon^2\boldsymbol{d}^{\mathrm{T}}(t)\boldsymbol{d}(t)\\\leqslant&-\boldsymbol{e}^{\mathrm{T}}(t)\boldsymbol{e}(t)+\varepsilon^2\boldsymbol{d}^{\mathrm{T}}(t)\boldsymbol{d}(t)\end{aligned}\tag{5.23}$$

将式（5.23）两边从 0 到 ∞ 进行积分可得

$$\int_0^\infty\dot{V}_1(t)+\boldsymbol{e}^{\mathrm{T}}(t)\boldsymbol{e}(t)\mathrm{d}t\leqslant\int_0^\infty\varepsilon^2\boldsymbol{d}^{\mathrm{T}}(t)\boldsymbol{d}(t)\mathrm{d}t\tag{5.24}$$

因为 $V_1(0)=0$，$V_1(\infty)>0$，所以式（5.25）成立。

$$\int_0^\infty \boldsymbol{e}^{\mathrm{T}}(t)\boldsymbol{e}(t)\mathrm{d}t \leqslant \int_0^\infty \varepsilon^2 \boldsymbol{d}^{\mathrm{T}}(t)\boldsymbol{d}(t)\,\mathrm{d}t \tag{5.25}$$

由式（5.25）可知，定义中的条件（2）被满足，所以误差系统式（5.16）在扰动衰减水平 ε 下具有 H_∞ 渐近稳定性能。

根据辅助变量 $\boldsymbol{j}(t)$ 的定义可知，式（5.26）成立。

$$\begin{aligned}\dot{\boldsymbol{j}}(t) &= \dot{\boldsymbol{z}}_s(t)-\boldsymbol{Q}_2\boldsymbol{G}_2\dot{\boldsymbol{z}}(t)\\ &= \boldsymbol{Q}_1\boldsymbol{A}_1\boldsymbol{z}_s(t)+\boldsymbol{Q}_1\boldsymbol{B}_1\boldsymbol{u}_c(t)+\boldsymbol{Q}_2\boldsymbol{G}_2\dot{\boldsymbol{z}}(t)+\\ &\quad \boldsymbol{L}\left[\boldsymbol{y}^s(t)-\boldsymbol{G}_2\boldsymbol{z}_s(t)\right]-\boldsymbol{Q}_2\boldsymbol{G}_2\dot{\boldsymbol{z}}(t)\\ &= \boldsymbol{Q}_1\boldsymbol{A}_1\boldsymbol{z}_s(t)+\boldsymbol{Q}_1\boldsymbol{B}_1\boldsymbol{u}_c(t)+\boldsymbol{L}\left[\boldsymbol{y}^s(t)-\boldsymbol{G}_2\boldsymbol{z}_s(t)\right]\\ &= \left(\boldsymbol{Q}_1\boldsymbol{A}_1-\boldsymbol{L}\boldsymbol{G}_2\right)\boldsymbol{z}_s(t)+\boldsymbol{Q}_1\boldsymbol{B}_1\boldsymbol{u}_c(t)+\boldsymbol{L}\boldsymbol{y}^s(t)\end{aligned} \tag{5.26}$$

令 $\boldsymbol{z}_s(t)=\boldsymbol{j}(t)+\boldsymbol{Q}_2\boldsymbol{G}_2\boldsymbol{z}(t)$，则

$$\begin{aligned}\dot{\boldsymbol{j}}(t) &= \left(\boldsymbol{Q}_1\boldsymbol{A}_1-\boldsymbol{L}\boldsymbol{G}_2\right)\boldsymbol{j}(t)+\boldsymbol{Q}_2\boldsymbol{B}_1\boldsymbol{u}_c(t)+\\ &\quad \left(\boldsymbol{Q}_1\boldsymbol{A}_1-\boldsymbol{L}\boldsymbol{G}_2\right)\boldsymbol{Q}_2\boldsymbol{G}_2\boldsymbol{z}(t)+\boldsymbol{L}\boldsymbol{y}^s(t)\\ &= \left(\boldsymbol{Q}_1\boldsymbol{A}_1-\boldsymbol{L}\boldsymbol{G}_2\right)\boldsymbol{j}(t)+\boldsymbol{Q}_1\boldsymbol{B}_1\boldsymbol{c}_c(t)+\\ &\quad \left[\boldsymbol{L}+\left(\boldsymbol{Q}_1\boldsymbol{A}_1-\boldsymbol{L}_{G_2}\right)\boldsymbol{Q}_2\right]\boldsymbol{y}^s(t)\end{aligned}$$

因此，本章设计的辅助观测器式（5.17）中的参数的具体含义如式（5.19）所示，且 $\boldsymbol{z}_s(t)=\boldsymbol{j}(t)+\boldsymbol{Q}_2\boldsymbol{G}_2\boldsymbol{z}(t)$，至此所有证明完成。

在本章中，水下机器人的姿态控制系统既会遇到外界干扰，也会遇到部件故障，所以很难设计一个能够精确估计系统状态和故障的观测器。为了解决这一问题，首先设计一个虚拟观测器，但虚拟观测器包含微分项 $\boldsymbol{Q}_2\boldsymbol{G}_2\dot{\boldsymbol{z}}(t)$，从而观测精度较差。因此，在虚拟观测器的基础上引入辅助变量 $\boldsymbol{j}(t)$，通过辅助变量中的微分项抵消虚拟观测器中的微分项，最终可以得到一个真实的观测值。

5.4.2 H_∞ 容错控制器的设计

根据本章所提出的水下机器人姿态系统虚拟观测器式（5.15），可以得到状态向量 $\boldsymbol{z}_s(t)$，将其作为 $\boldsymbol{x}(t)$、$\boldsymbol{d}_s(t)$ 和 $\boldsymbol{d}_a(t)$ 的估计值。接下来的主要目标是设计输出反馈 H_∞ 容错控制器，稳定姿态系统并保持系统性能。此外，文献 [114]

也采用了类似结构来处理传感器故障。

考虑基于观测器的输出反馈容错控制器，其形式表示为

$$\boldsymbol{u}_c(t)=\boldsymbol{K}\boldsymbol{G}_1\boldsymbol{z}_s(t)-\boldsymbol{G}_3\boldsymbol{z}_s(t) \tag{5.27}$$

式中：矩阵 $\boldsymbol{K}$ 为控制器的增益矩阵。因此，水下机器人的姿态控制系统式（5.12）中的 $\dot{\boldsymbol{x}}(t)$ 可以转换为

$$\begin{aligned}\dot{\boldsymbol{x}}(t)&=\boldsymbol{A}\boldsymbol{x}(t)+\boldsymbol{B}_1\left[\left(\boldsymbol{K}\boldsymbol{G}_1-\boldsymbol{G}_3\right)\boldsymbol{z}_s(t)+\boldsymbol{d}_a(t)\right]+\boldsymbol{B}_2\boldsymbol{d}_w(t)\\&=\boldsymbol{A}\boldsymbol{x}(t)+\boldsymbol{B}_1\boldsymbol{K}\boldsymbol{G}_1\boldsymbol{z}_s(t)-\boldsymbol{B}_1\boldsymbol{G}_3\boldsymbol{z}_s(t)+\boldsymbol{B}_1\boldsymbol{d}_a(t)+\boldsymbol{B}_2\boldsymbol{d}_w(t)\\&=\boldsymbol{A}\boldsymbol{x}(t)+\boldsymbol{B}_1\boldsymbol{K}\boldsymbol{G}_1\boldsymbol{z}(t)-\boldsymbol{B}_1\boldsymbol{K}\boldsymbol{G}_1\boldsymbol{z}(t)+\boldsymbol{B}_1\boldsymbol{K}\boldsymbol{G}_1\boldsymbol{z}_s(t)+\\&\quad\boldsymbol{B}_1\boldsymbol{G}_3\boldsymbol{z}(t)-\boldsymbol{B}_1\boldsymbol{G}_3\boldsymbol{z}_s(t)-\boldsymbol{B}_1\left[\boldsymbol{G}_3\boldsymbol{z}(t)-\boldsymbol{d}_a(t)\right]+\boldsymbol{B}_2\boldsymbol{d}_w(t)\\&=\left(\boldsymbol{A}+\boldsymbol{B}_1\boldsymbol{K}\right)\boldsymbol{x}(t)-\boldsymbol{B}_1\left(\boldsymbol{K}\boldsymbol{G}_1-\boldsymbol{G}_3\right)\boldsymbol{e}(t)+\boldsymbol{B}_2\boldsymbol{d}_w(t)\\&=\left(\boldsymbol{A}+\boldsymbol{B}_1\boldsymbol{K}\right)\boldsymbol{x}(t)-\boldsymbol{B}_1\boldsymbol{d}_1(t)+\boldsymbol{B}_1\boldsymbol{d}_2(t)+\tilde{\boldsymbol{D}}\boldsymbol{d}(t)\end{aligned} \tag{5.28}$$

式中：$\boldsymbol{d}_1(t)=\boldsymbol{K}\boldsymbol{G}_1\boldsymbol{e}(t)$；$\boldsymbol{d}_2(t)=\boldsymbol{G}_3\boldsymbol{e}(t)$；$\tilde{\boldsymbol{D}}=[\boldsymbol{B}_2\quad \boldsymbol{0}]$；$\boldsymbol{d}(t)=\begin{bmatrix}\boldsymbol{d}_w(t)\\ \dot{\boldsymbol{d}}_a(t)\end{bmatrix}$与式（5.16）中的定义相同。

定理 2：考虑发生推进器故障和传感器故障的水下机器人的姿态控制系统式（5.12），若存在一个正定矩阵 $\boldsymbol{X}$ 和一个适当维数的实矩阵 $\boldsymbol{Y}$，使得以下 LMI 成立

$$\begin{bmatrix}\boldsymbol{\Phi}_2 & \boldsymbol{X} & -\boldsymbol{B}_1 & \boldsymbol{B}_1 & \tilde{\boldsymbol{D}}\\ * & -\boldsymbol{I} & \boldsymbol{0} & \boldsymbol{0} & \boldsymbol{0}\\ * & * & -\alpha\boldsymbol{I} & \boldsymbol{0} & \boldsymbol{0}\\ * & * & * & -\beta\boldsymbol{I} & \boldsymbol{0}\\ * & * & * & * & -\varepsilon^2\boldsymbol{I}\end{bmatrix}<\boldsymbol{0} \tag{5.29}$$

式中：$\boldsymbol{\Phi}_2=\boldsymbol{A}\boldsymbol{X}+\boldsymbol{X}\boldsymbol{A}^{\mathrm{T}}+\boldsymbol{B}_1\boldsymbol{Y}+\boldsymbol{Y}^{\mathrm{T}}\boldsymbol{B}_1^{\mathrm{T}}$；$\alpha$、$\beta$ 为两个正常数；ε 的定义与定理 1 相同。通过使用基于观测器的容错控制器式（5.27），闭环水下机器人控制系统式（5.28）在扰动水平 γ 下渐近稳定，此时增益矩阵 $\boldsymbol{K}=\boldsymbol{Y}\boldsymbol{X}^{-1}$，扰动衰减水平 $\gamma=\sqrt{\left(\alpha\lambda_{\max}\left(\boldsymbol{K}^{\mathrm{T}}\boldsymbol{K}\right)+\beta+1\right)\varepsilon^2}$。

稳定性证明：

首先，选取如下李雅普诺夫函数

$$V_2(t)=\boldsymbol{x}^{\mathrm{T}}(t)\boldsymbol{P}\boldsymbol{x}(t) \tag{5.30}$$

式中：$\boldsymbol{P}$为适当维数的正定矩阵。则$V_2(t)$对时间的导数可以表示为

$$\begin{aligned}\dot{V}_2(t)&=2\boldsymbol{x}^{\mathrm{T}}(t)\boldsymbol{P}\dot{\boldsymbol{x}}(t)\\&=2\boldsymbol{x}^{\mathrm{T}}(t)\boldsymbol{P}\left[(\boldsymbol{A}+\boldsymbol{B}_1\boldsymbol{K})\boldsymbol{x}(t)-\boldsymbol{B}_1\boldsymbol{d}_1(t)+\boldsymbol{B}_1\boldsymbol{d}_2(t)+\tilde{\boldsymbol{D}}\boldsymbol{d}(t)\right]\\&=2\boldsymbol{x}^{\mathrm{T}}(t)\boldsymbol{P}\boldsymbol{A}\boldsymbol{x}(t)+2\boldsymbol{x}^{\mathrm{T}}(t)\boldsymbol{P}\boldsymbol{B}_1\boldsymbol{K}\boldsymbol{x}(t)-2\boldsymbol{x}^{\mathrm{T}}(t)\boldsymbol{P}\boldsymbol{B}_1\boldsymbol{d}_1(t)+\\&\quad 2\boldsymbol{x}^{\mathrm{T}}(t)\boldsymbol{P}\boldsymbol{B}_1\boldsymbol{d}_2(t)+2\boldsymbol{x}^{\mathrm{T}}(t)\boldsymbol{P}\tilde{\boldsymbol{D}}\boldsymbol{d}(t)\\&=\boldsymbol{x}^{\mathrm{T}}(t)\boldsymbol{P}\boldsymbol{A}\boldsymbol{x}(t)+\boldsymbol{x}^{\mathrm{T}}(t)\boldsymbol{A}^{\mathrm{T}}\boldsymbol{P}\boldsymbol{x}(t)+\boldsymbol{x}^{\mathrm{T}}(t)\boldsymbol{P}\boldsymbol{B}_1\boldsymbol{K}\boldsymbol{x}(t)+\\&\quad \boldsymbol{x}^{\mathrm{T}}(t)\boldsymbol{K}^{\mathrm{T}}\boldsymbol{B}_1^{\mathrm{T}}\boldsymbol{P}\boldsymbol{x}(t)-\boldsymbol{x}^{\mathrm{T}}(t)\boldsymbol{P}\boldsymbol{B}_1\boldsymbol{d}_1(t)-\\&\quad \boldsymbol{d}_1^{\mathrm{T}}(t)\boldsymbol{B}_1^{\mathrm{T}}\boldsymbol{P}\boldsymbol{x}(t)+\boldsymbol{x}^{\mathrm{T}}(t)\boldsymbol{P}\boldsymbol{B}_1\boldsymbol{d}_2(t)+\boldsymbol{d}_2^{\mathrm{T}}(t)\boldsymbol{B}_1^{\mathrm{T}}\boldsymbol{P}\boldsymbol{x}(t)+\\&\quad \boldsymbol{x}^{\mathrm{T}}(t)\boldsymbol{P}\tilde{\boldsymbol{D}}\boldsymbol{d}(t)+\boldsymbol{d}^{\mathrm{T}}(t)\tilde{\boldsymbol{D}}^{\mathrm{T}}\boldsymbol{P}\boldsymbol{x}(t)+\boldsymbol{x}^{\mathrm{T}}(t)\boldsymbol{x}(t)-\\&\quad \boldsymbol{x}^{\mathrm{T}}(t)\boldsymbol{x}(t)+\alpha\boldsymbol{d}_1^{\mathrm{T}}(t)\boldsymbol{d}_1(t)-\alpha\boldsymbol{d}_1^{\mathrm{T}}(t)\boldsymbol{d}_1(t)+\\&\quad \beta\boldsymbol{d}_2^{\mathrm{T}}(t)\boldsymbol{d}_2(t)-\beta\boldsymbol{d}_2^{\mathrm{T}}(t)\boldsymbol{d}_2(t)+\varepsilon^2\boldsymbol{d}^{\mathrm{T}}(t)\boldsymbol{d}(t)-\varepsilon^2\boldsymbol{d}^{\mathrm{T}}(t)\boldsymbol{d}(t)\\&=\boldsymbol{\Upsilon}^{\mathrm{T}}\boldsymbol{\Psi}_1\boldsymbol{\Upsilon}-\boldsymbol{x}^{\mathrm{T}}(t)\boldsymbol{x}(t)+\alpha\boldsymbol{d}_1^{\mathrm{T}}(t)\boldsymbol{d}_1(t)+\beta\boldsymbol{d}_2^{\mathrm{T}}(t)\boldsymbol{d}_2(t)+\varepsilon^2\boldsymbol{d}^{\mathrm{T}}(t)\boldsymbol{d}(t)\end{aligned}\tag{5.31}$$

式中：$\boldsymbol{\Psi}_1=\begin{bmatrix}\boldsymbol{\Pi}_1 & -\boldsymbol{P}\boldsymbol{B}_1 & \boldsymbol{P}\boldsymbol{B}_1 & \boldsymbol{P}\tilde{\boldsymbol{D}}\\ * & -\alpha\boldsymbol{I} & \boldsymbol{0} & \boldsymbol{0}\\ * & * & -\beta\boldsymbol{I} & \boldsymbol{0}\\ * & * & * & -\varepsilon^2\boldsymbol{I}\end{bmatrix}$，其中$\boldsymbol{\Pi}_1=\boldsymbol{P}\boldsymbol{A}+\boldsymbol{A}^{\mathrm{T}}\boldsymbol{P}+\boldsymbol{P}\boldsymbol{B}_1\boldsymbol{K}+\boldsymbol{K}^{\mathrm{T}}\boldsymbol{B}_1^{\mathrm{T}}\boldsymbol{P}+\boldsymbol{I}$；$\boldsymbol{\Upsilon}=\begin{bmatrix}\boldsymbol{x}(t)\\ \boldsymbol{d}_1(t)\\ \boldsymbol{d}_2(t)\\ \boldsymbol{d}(t)\end{bmatrix}$。

定义 $\boldsymbol{X}=\boldsymbol{P}^{-1}$，并将矩阵 $\boldsymbol{\Psi}_1$ 前后同时乘 $\boldsymbol{Z}=\mathrm{diag}\{\boldsymbol{X},\boldsymbol{I},\boldsymbol{I},\boldsymbol{I}\}$，得

$$\boldsymbol{\Psi}_2=\boldsymbol{Z}\boldsymbol{\Psi}_1\boldsymbol{Z}=\begin{bmatrix}\boldsymbol{\Pi}_2 & -\boldsymbol{B}_1 & \boldsymbol{B}_1 & \tilde{\boldsymbol{D}}\\ * & -\alpha\boldsymbol{I} & \boldsymbol{0} & \boldsymbol{0}\\ * & * & -\beta\boldsymbol{I} & \boldsymbol{0}\\ * & * & * & -\varepsilon^2\boldsymbol{I}\end{bmatrix}$$，其中$\boldsymbol{\Pi}_2=\boldsymbol{A}\boldsymbol{X}+\boldsymbol{X}\boldsymbol{A}^{\mathrm{T}}+\boldsymbol{B}_1\boldsymbol{K}\boldsymbol{X}+\boldsymbol{X}\boldsymbol{K}^{\mathrm{T}}\boldsymbol{B}_1^{\mathrm{T}}+\boldsymbol{X}\boldsymbol{X}$。

若式（5.29）成立，则根据舒尔补引理知$\boldsymbol{\Psi}_1<\boldsymbol{0}$，$\boldsymbol{\Psi}_2<\boldsymbol{0}$，因此，式（5.31）可以转换为

$$\dot{V}_2(t)+\boldsymbol{x}^{\mathrm{T}}(t)\boldsymbol{x}(t)<\alpha\boldsymbol{d}_1^{\mathrm{T}}(t)\boldsymbol{d}_1(t)+\beta\boldsymbol{d}_2^{\mathrm{T}}(t)\boldsymbol{d}_2(t)+\varepsilon^2\boldsymbol{d}^{\mathrm{T}}(t)\boldsymbol{d}(t)\tag{5.32}$$

因为$V_2(0)=0$，$V_2(\infty)>0$，同时将式（5.32）两边从0到∞进行积分可得

$$\int_0^\infty\boldsymbol{x}^{\mathrm{T}}(t)\boldsymbol{x}(t)\mathrm{d}t\leqslant\int_0^\infty\alpha\boldsymbol{d}_1^{\mathrm{T}}(t)\boldsymbol{d}_1(t)+\beta\boldsymbol{d}_2^{\mathrm{T}}(t)\boldsymbol{d}_2(t)+\varepsilon^2\boldsymbol{d}^{\mathrm{T}}(t)\boldsymbol{d}(t)\mathrm{d}t\tag{5.33}$$

根据定理1，可以得到$\int_0^\infty\boldsymbol{e}^{\mathrm{T}}(t)\boldsymbol{e}(t)\mathrm{d}t\leqslant\int_0^\infty\varepsilon^2\boldsymbol{d}^{\mathrm{T}}(t)\boldsymbol{d}(t)\,\mathrm{d}t$成立，则不等式（5.33）可以转换为

$$
\begin{aligned}
\int_0^\infty \boldsymbol{x}^{\mathrm{T}}(t)\boldsymbol{x}(t)\mathrm{d}t &\leqslant \int_0^\infty \alpha \boldsymbol{d}_1^{\mathrm{T}}(t)\boldsymbol{d}_1(t)+\beta \boldsymbol{d}_2^{\mathrm{T}}(t)\boldsymbol{d}_2(t)+\varepsilon^2\boldsymbol{d}^{\mathrm{T}}(t)\boldsymbol{d}(t)\mathrm{d}t \\
&\leqslant \int_0^\infty \alpha \boldsymbol{e}^{\mathrm{T}}(t)\boldsymbol{G}_1^{\mathrm{T}}\boldsymbol{K}^{\mathrm{T}}\boldsymbol{K}\boldsymbol{G}_1\boldsymbol{e}(t)+\beta \boldsymbol{e}^{\mathrm{T}}(t)\boldsymbol{G}_3^{\mathrm{T}}\boldsymbol{G}_3\boldsymbol{e}(t)+\varepsilon^2\boldsymbol{d}^{\mathrm{T}}(t)\boldsymbol{d}(t)\mathrm{d}t \\
&\leqslant \int_0^\infty \alpha \lambda_{\max}(\boldsymbol{K}^{\mathrm{T}}\boldsymbol{K})\boldsymbol{e}^{\mathrm{T}}(t)\boldsymbol{G}_1^{\mathrm{T}}\boldsymbol{G}_1\boldsymbol{e}(t)+\beta \boldsymbol{e}^{\mathrm{T}}(t)\boldsymbol{G}_3^{\mathrm{T}}\boldsymbol{G}_3\boldsymbol{e}(t)+\varepsilon^2\boldsymbol{d}^{\mathrm{T}}(t)\boldsymbol{d}(t)\mathrm{d}t \\
&\leqslant \int_0^\infty \alpha \lambda_{\max}(\boldsymbol{K}^{\mathrm{T}}\boldsymbol{K})\varepsilon^2\boldsymbol{d}^{\mathrm{T}}(t)\boldsymbol{d}(t)+\beta\varepsilon^2\boldsymbol{d}^{\mathrm{T}}(t)\boldsymbol{d}(t)+\varepsilon^2\boldsymbol{d}^{\mathrm{T}}(t)\boldsymbol{d}(t)\mathrm{d}t \\
&\leqslant \int_0^\infty \gamma^2\boldsymbol{d}^{\mathrm{T}}(t)\boldsymbol{d}(t)\mathrm{d}t
\end{aligned}
\tag{5.34}
$$

式中：$\gamma=\sqrt{\left[\alpha\lambda_{\max}\left(\boldsymbol{K}^{\mathrm{T}}\boldsymbol{K}\right)+\beta+1\right]\varepsilon^2}$，根据定理 1 的分析过程，式（5.34）满足定义的条件（2）。此外，当外部扰动 $\boldsymbol{d}(t)=\boldsymbol{0}$ 时，由式（5.29）可知 $\dot{V}_2(t)<0$，这意味着在零扰动情况下，系统式（5.28）是渐近稳定的。最后，由定义可知，闭环系统式（5.28）在扰动衰减水平 γ 下具有 H_∞ 渐近稳定性能，至此定理 2 的证明完成。

5.5　仿真结果与分析

为了验证本书所提出的容错控制方法的有效性，对具有推进器和传感器复合故障的水下机器人姿态控制系统进行仿真分析。假设 ROV 具有中性浮力，即 $G\approx B$。此外，将本书设计的容错控制方法与文献 [115] 中基于外界干扰和观测器故障的反步容错控制（backstepping fault-tolerant control based on disturbance and fault observer, BFTC-DFO）方法进行对比分析，具体结果如图 5.3 ～图 5.7 所示。

在仿真实验过程中，设定 ROV 的初始姿态角为 $\boldsymbol{\eta}(0)=[1.0,0.8,-0.8]^{\mathrm{T}}$，初始姿态角速度为 $\boldsymbol{v}(0)=[-0.4,0.5,-0.8]^{\mathrm{T}}$，并且传感器故障在横滚、俯仰、偏航三个通道上发生的时间分别为第 10 s、第 15 s、第 20 s，推进器故障均发生在第 45 s。设定控制器参数为 $\alpha=0.1$，$\beta=10$，$\varepsilon=0.2$，$\gamma=1.515$，控制输出限幅为 ±15 N（N·m），增益矩阵 $\boldsymbol{K}$ 表示如下

$$
\boldsymbol{K}=\begin{bmatrix} 8.8 & 0 & 0.28 & 8.7139 & 0 & -0.0992 \\ 0 & 7.2 & 1.68 & 0 & 20.1917 & 0 \\ 0.28 & 1.68 & 6.4 & -0.1883 & 0 & 7.1484 \end{bmatrix} \tag{5.35}
$$

传感器故障的类型众多，在仿真实验中本书主要考虑恒值偏差故障、时变

偏差故障及复合偏差故障三种类型，模型的描述如下

$$
\boldsymbol{d}_s(t)=\begin{cases} d_{s1}(t)=\begin{cases}0, 0\ \mathrm{s}<t<10\ \mathrm{s}\\ 3, t>10\ \mathrm{s}\end{cases}\\ d_{s2}(t)=\begin{cases}0, 0\ \mathrm{s}<t<15\ \mathrm{s}\\ 2\sin(0.05\pi t)\cos(0.05\pi t), t>15\ \mathrm{s}\end{cases}\\ d_{s3}(t)=\begin{cases}0, 0\ \mathrm{s}<t<20\ \mathrm{s}\\ 2\sin(0.05\pi t)\cos(0.05\pi t)+1, t>20\ \mathrm{s}\end{cases}\end{cases} \tag{5.36}
$$

推进器故障 $\boldsymbol{d}_a(t)$ 的描述如下

$$
\boldsymbol{d}_a(t)=\begin{cases} d_{a1}(t)=\begin{cases}0, 0\ \mathrm{s}<t<45\ \mathrm{s}\\ 10\cos(0.1\pi t)+10\cos(0.2\pi t)+10\sin(0.04\pi t), t>45\ \mathrm{s}\end{cases}\\ d_{a2}(t)=\begin{cases}0, 0\ \mathrm{s}<t<45\ \mathrm{s}\\ 10\sin(0.1\pi t)+10\cos(0.2\pi t), t>45\ \mathrm{s}\end{cases}\\ d_{a3}(t)=\begin{cases}0, 0\ \mathrm{s}<t<45\ \mathrm{s}\\ 10\sin(0.1\pi t), t>45\ \mathrm{s}\end{cases}\end{cases} \tag{5.37}
$$

在仿真中使用的扰动 $\boldsymbol{d}_w(t)$ 被认为是时变的，其中包括多种扰动，如海流、噪声等，其模型如下

$$
\boldsymbol{d}_w(t)=\begin{cases}2\sin(0.25\pi t+\pi/6)\\ 2\cos(0.35\pi t+\pi/3)\\ 1.5\sin(0.6\pi t+\pi/5)\end{cases} \tag{5.38}
$$

H_∞ 观测器对 ROV 的推进器故障值和传感器故障值进行在线估计得到的估计曲线如图 5.3 和图 5.4 所示。仿真结果表明该观测器随故障值的变化保持了较高的估计精度，并实现了估计误差的快速补偿，其平均估计误差分别保持在 ±0.09 和 ±0.7 的范围内，这验证了 H_∞ 观测器对系统推进器故障值和传感器故障值在线估计的有效性。图 5.5 是 ROV 在具有推进器故障和传感器故障时的姿态角响应曲线。从图 5.5 可以看出，本书方法与 BFTC-DFO 方法均能使控制系统达到稳定状态，但本书方法的收敛时间更短，发生故障时它引起的超调量更小，这使得其整体容错效果好于 BFTC-DFO 方法。此外，在复合故障的作用下，姿态角稳态误差分别约为 5.7×10^{-3} rad、7.8×10^{-3} rad、8.1×10^{-3} rad，相比于 BFTC-DFO 方法的稳态误差 3.0×10^{-2} rad，本书方法的稳态误差更小，本书方法在姿态角跟踪上具有更好的稳定性能。图 5.6 是 ROV 在具有推进器

故障和传感器故障时的姿态角速度响应曲线。由图 5.6 可知，两种控制方法均能在有限时间内收敛到稳定状态，且平均收敛时间为 10 ～ 20 s。但本书方法在稳定阶段的速度波动较小，具有较好的稳定性；而 BFTC-DFO 方法的速度波动较大，速度跟踪性能较差，容易引起抖振现象，降低工作效率。

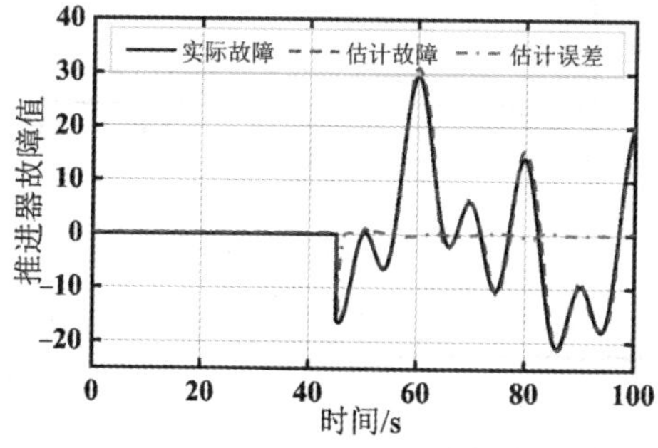

（a）横滚通道

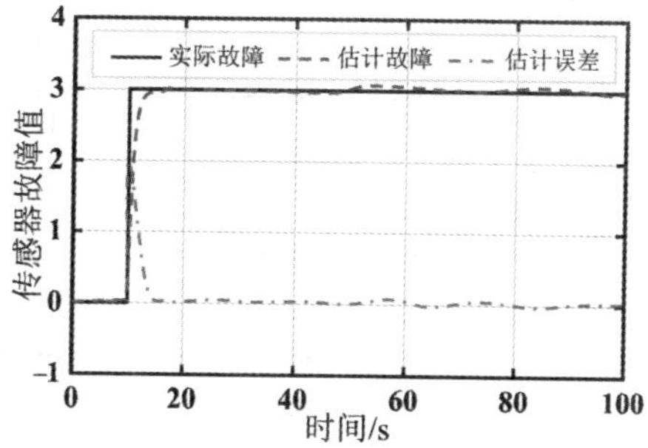

（a）横滚通道

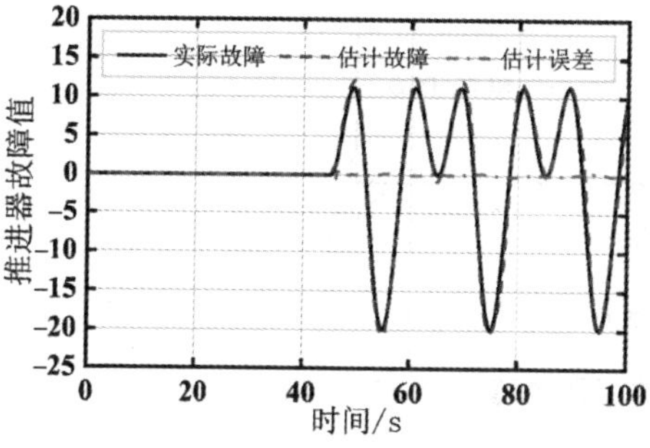

（b）俯仰通道

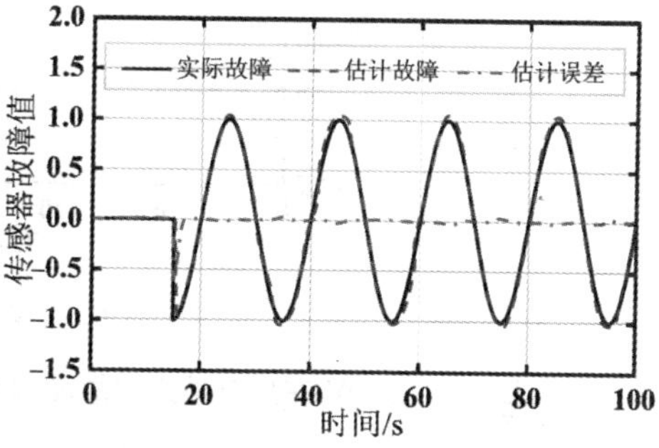

（b）俯仰通道

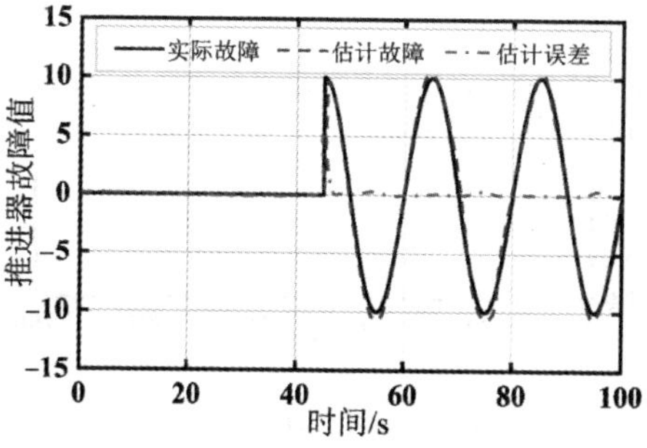

（c）偏航通道

图 5.3　推进器故障估计曲线

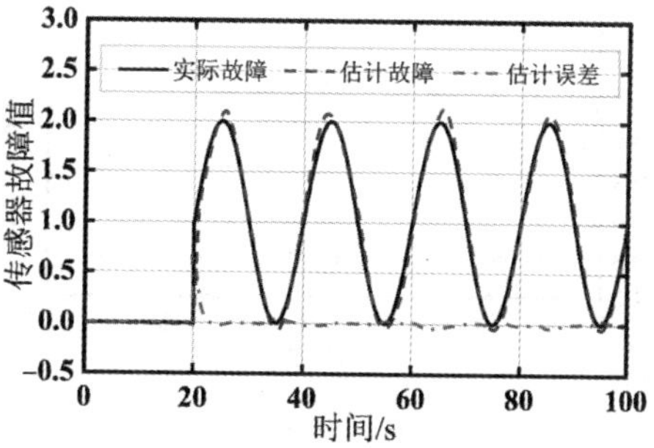

（c）偏航通道

图 5.4　传感器故障估计曲线

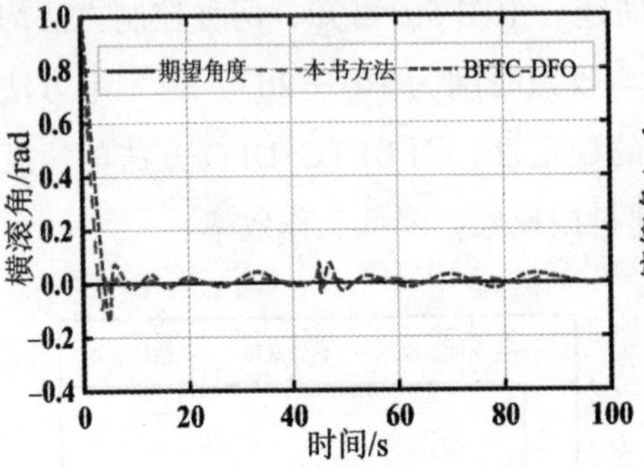

（a）横滚角

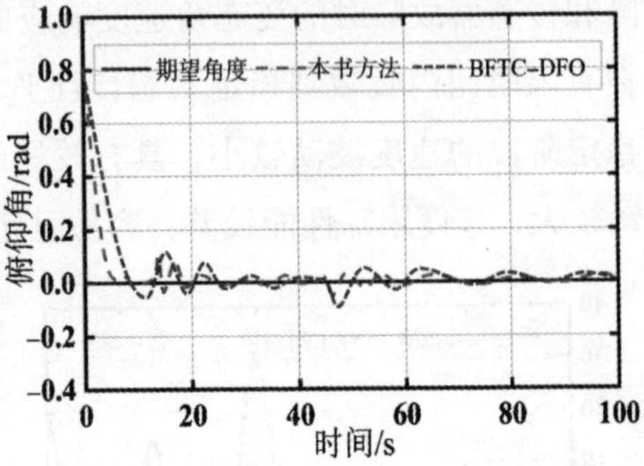

（b）俯仰角

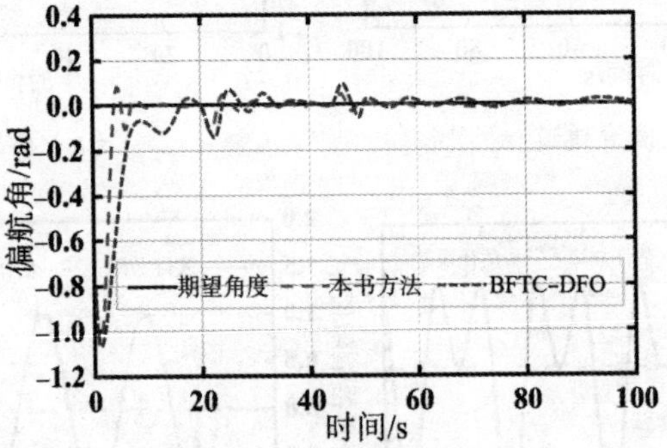

（c）偏航角

图 5.5　ROV 在具有推进器故障和传感器故障时的姿态角响应曲线

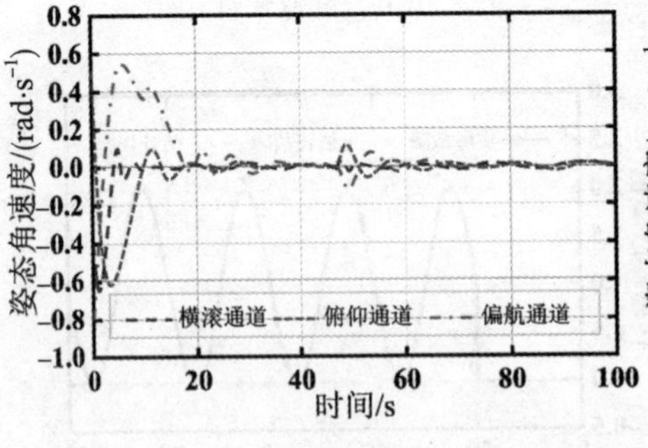

（a）本书方法

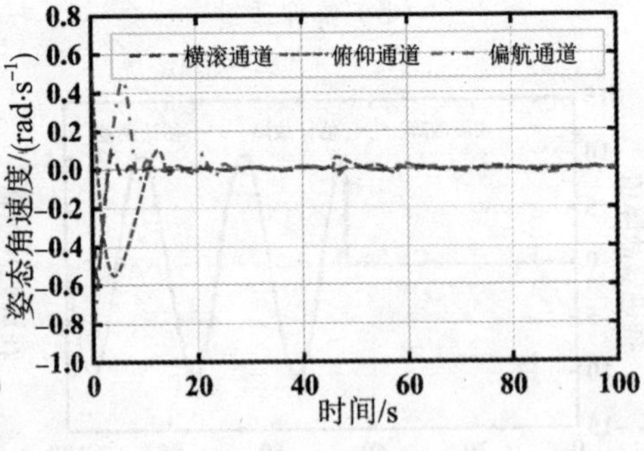

（b）BFTC-DFO 方法

图 5.6　ROV 在具有推进器故障和传感器故障时的姿态角速度响应曲线

图 5.7 是控制器输入力矩对比曲线。由图 5.7 可知，经限幅后控制力矩的幅值在合理范围内变化，即 −15 ～ 15 N·m。当发生推进器和传感器故障时，

BFTC-DFO 方法的控制量抖振明显，且最大力矩超过 15 N·m。相比之下，本书方法在发生故障时的最大力矩约为 13 N·m，平均能量消耗低于 BFTC-DFO 方法，同时其控制量具有平滑、抖振小的特点，本书方法实现了控制器的稳定输出。

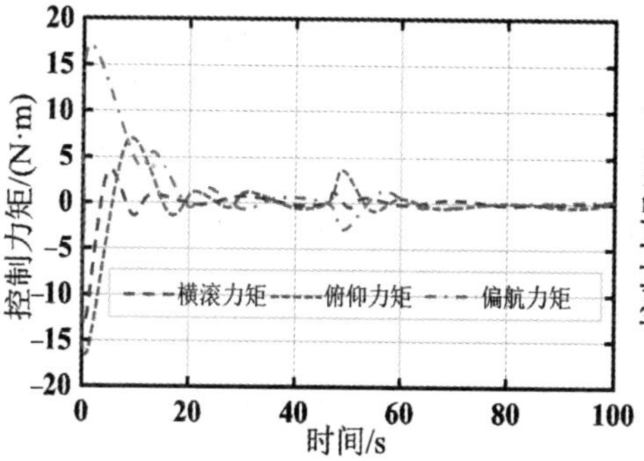

（a）本书方法

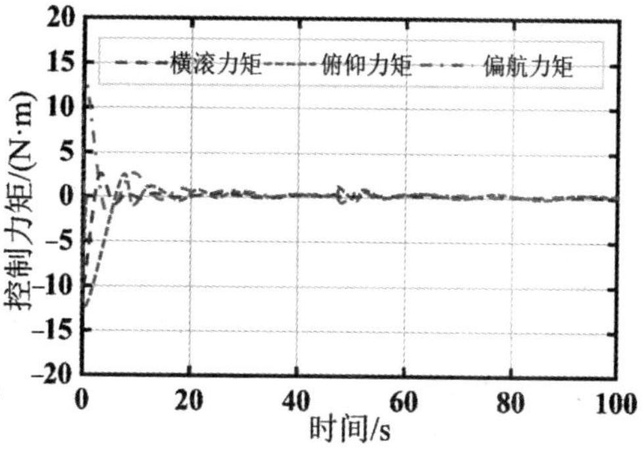

（b）BFTC-DFO 方法

图 5.7　控制器输入力矩对比曲线

5.6　本章小结

本章主要研究了同时存在推进器故障和传感器故障的 ROV 姿态系统的容错控制问题。首先，针对 ROV 出现复合故障和受到外界干扰的情况，设计了 H_∞ 观测器，对系统状态和故障进行了在线估计，并采用虚拟观测器减少了故障对系统的影响。其次，从虚拟观测器中获得了真实观测值，并在其基础上建立了 H_∞ 容错控制器，从而确保了故障闭环姿态系统在给定扰动衰减水平下的渐近稳定。最后，通过仿真实验验证了本书方法相比于 BFTC-DFO 方法具有更好的跟踪效果，体现了本书方法良好的抗干扰能力及容错能力。

第 6 章　ROV 运动控制实验

6.1　引言

为验证本书第 3 章和第 4 章所设计的控制方法在实际应用中的可行性和有效性，本章搭建了 ROV 水下实验平台，该平台集成了必要的硬件设备和软件系统，分别针对第 3 章、第 4 章和第 5 章所提出的控制方法进行了水平面航迹跟踪控制测试和故障容错控制测试，并评估了运动控制方法在实际情况下的性能，同时检验了容错控制方法对故障的应对能力。

6.2　实验设备及平台

本章用于控制方法验证的观测型 ROV 为 Chasing M2 ROV，其实验样机如图 6.1 所示，本章以此 ROV 为研究对象，搭建 ROV 水下实验平台进行实验。此 ROV 主要由电池舱、控制舱、螺旋桨推进器、LED 补光灯、摄像头以及主体外框架构成。此 ROV 可采用快拆技术，可按需随意搭载多功能配件，支持水下物体夹持、图像采集、声呐探测、水下定位、水质取样器等 20 余款配件的免工具极速拆装；此 ROV 内置了扩展槽，简化了多配件搭载过程，最多可实现 5 款配件的同时搭载。此 ROV 广泛应用于水下应急救援、水利水电检查、船体码头检查、海上风电设施检查、渔业养殖检查、科考探索等领域。

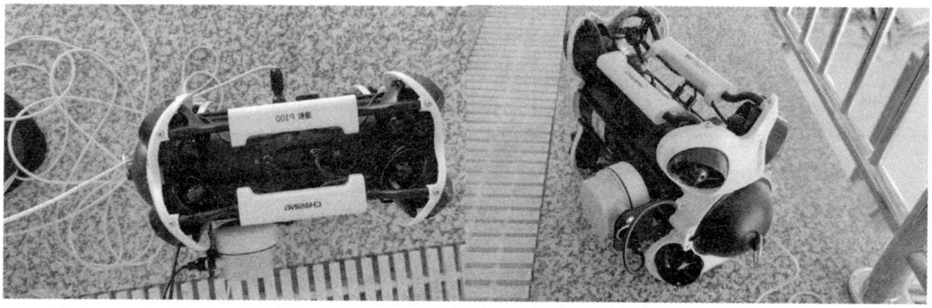

图 6.1　ROV 实验样机展示图

水面控制系统采用开源的地面站软件 Mission Planner，通过 MAVLink 通信协议与 ROV 实时传输航行数据和任务指令，实时采集各传感器数据并进行位置和姿态估计解算。Mission Planner 是一款功能强大且灵活的地面站软件，主要用于配置和控制各种自动控制系统，可为用户提供便捷的操作和监控界面，使得 ROV 的水下航行更加安全和可靠。MAVLink 通信协议为一种通用的、开放的通信协议，常应用于各种自动控制系统和地面站软件中，可为用户提供方便、高效的通信方式，使得对 ROV 的控制和监控更加灵活和可靠。

ROV 的控制系统框图如图 6.2 所示，ROV 的控制系统主要包括运动执行系统、飞控系统、供电系统、摄像与照明系统、数据传输系统等。运动执行系统主要通过电子控制来实现对推进器功率输出的控制和调整，以实现对平衡推力和运动航行的控制。ROV 的整个控制系统由电池仓内的电源模块供电。飞控系统主要通过使用深度计、加速度计、陀螺仪、磁力计等多种传感器来采集原始数据，接收水下中继器协同计算机传来的任务指令，控制电子调速器输出的 PWM 电压信号进而控制推进电机，实现对 ROV 位置和姿态的控制。数据传输系统主要由脐带电缆和协同计算机组成，传感器采集的数据与高清摄像机拍摄的图像通过脐带电缆采用以太网的通信方式在协同计算机与地面操作系统之间进行实时传输。

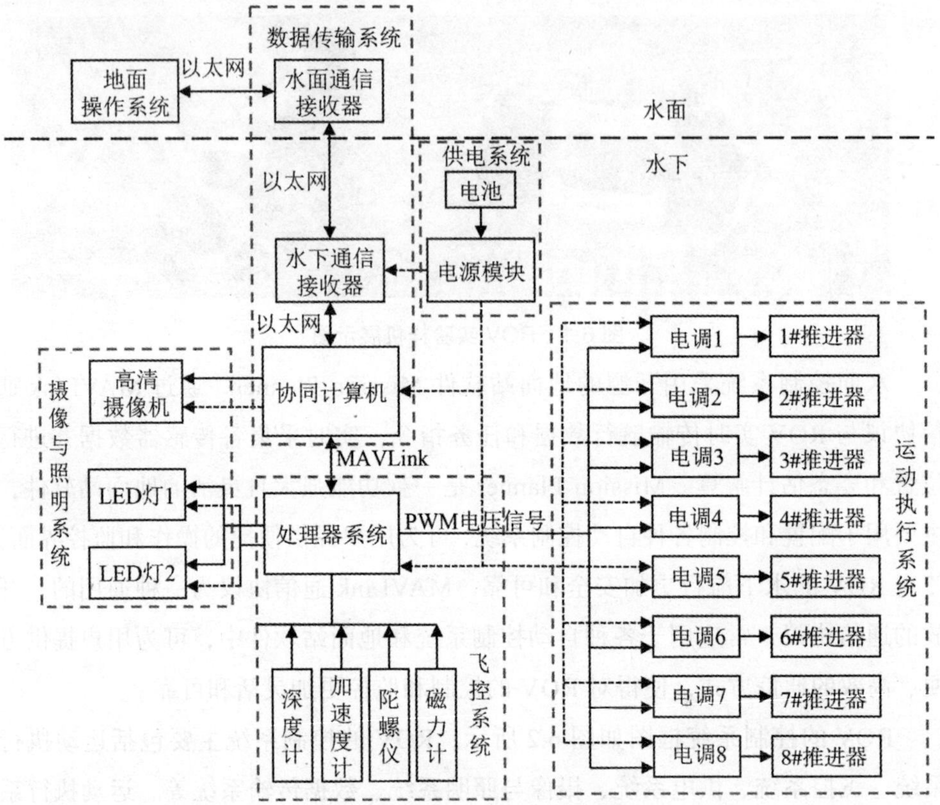

图 6.2 ROV 的控制系统框图

ROV 的运动控制器主要由主控制器 STM32F427 处理器和从控制器 STM32F100 处理器组成。其中，STM32F427 是一款高性能的微控制单元芯片，采用了 Cortex-M4 内核，集成了许多外部设备和接口，适用于各种领域，在无人机、机器人、工业控制等领域中应用广泛。STM32F100 是一款具有 32 位 ARM Cortex-M3 内核的微控制器芯片，是 STM32 系列中较为基础的型号，具有大容量、低功耗的优点。

ROV 将 STM32F427 作为主控模块，集成了 MPU6000 三轴加速度计 / 陀螺仪、HMC5883L 三轴磁力计和 MEAS MS5611 深度气压计。STM32F427 拥有多个数据命令通信接口，首先通过传感器采集电压信号，完成数据的读取、位置与姿态的估算，其次结合操作控制指令完成控制算法的控制量计算，最后通过通用异步接收发送设备（universal asynchronous receiver/transmitter, UART）通信协议并将信号传递到从控制器中。从控制器支持多种串口信号的输入，可将接收到的脉冲位置调制（pulse-position modulation, PPM）信号进行解码，输出 PWM 信号对推进器电机的转速进行控制。控制器工作原理如图 6.3 所示。

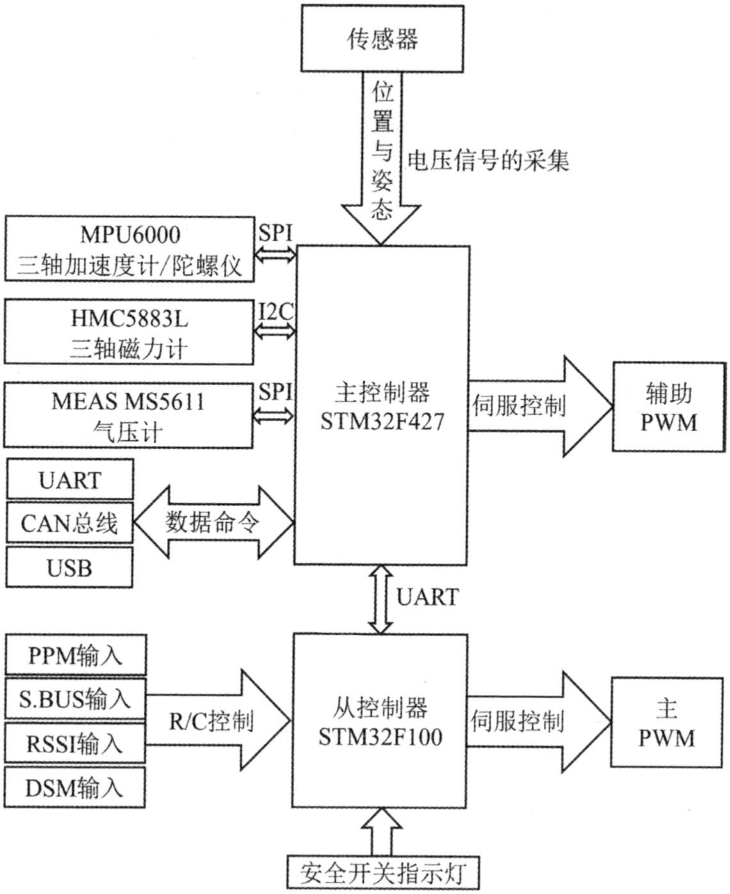

图 6.3　控制器工作原理

在一个长 15 m、宽 10 m、深 5 m 的实验水池中，作者进行了 ROV 的航迹跟踪控制测试和容错控制测试。实验水池的环境条件如图 6.4 所示。在进行测试之前，对控制器的参数进行仔细设置与调整，对 ROV 的运动性能进行细致检查，确保 ROV 在实验阶段表现出良好的稳定性，在控制器中编写本书控制方法的代码。测试结束后，下载 Pixhawk 在飞控系统中生成的航行日志，读取 ROV 的航行位移、姿态和速度等数据，并进行图像绘制。

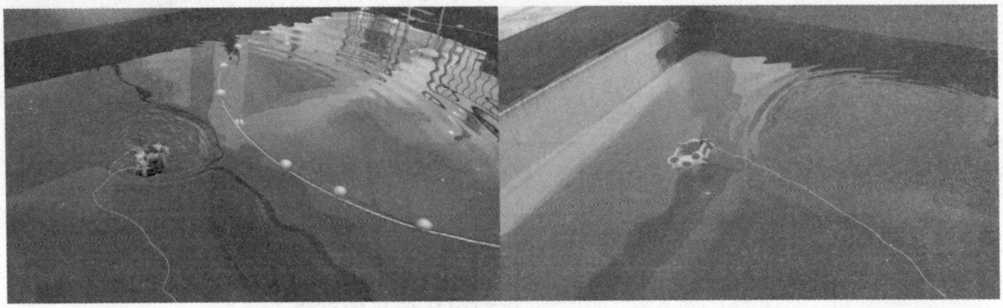

图 6.4　实验水池的环境条件

6.3　航迹跟踪控制测试

为验证本书第 3 章所提出的基于自适应快速终端滑模观测器的 ROV 航迹跟踪控制方法的有效性，基于所设计的控制方法，作者在实验水池环境中进行了水平面航迹跟踪控制测试。将本书方法的控制编码烧录至控制器中，在地面站中设定纵向运动为 $x_d=1.5\sin(0.04\pi t)$，横向运动目标航迹为 $y_d=1.5\cos(0.04\pi t)$；设定 ROV 的工作水深为 0.5 m，初始位置为 $x(0)=0$，$y(0)=1.5$，初始姿态角度为 0°，初始线速度与角速度为 0。测试结束后下载控制器中的航行日志，读取测试的航行数据，完成如图 6.5、图 6.6 所示的曲线的绘制。

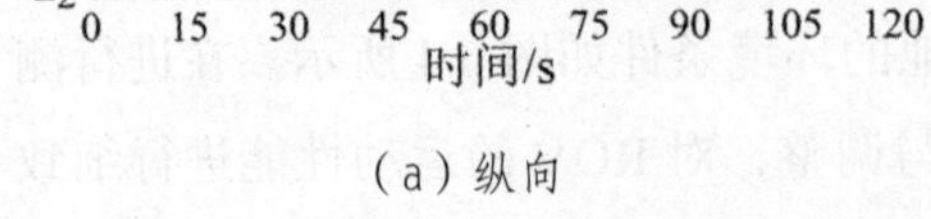

（a）纵向

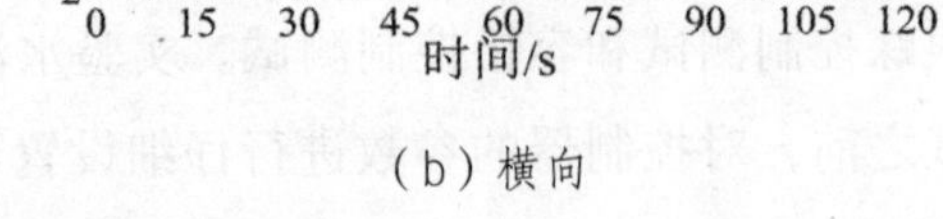

（b）横向

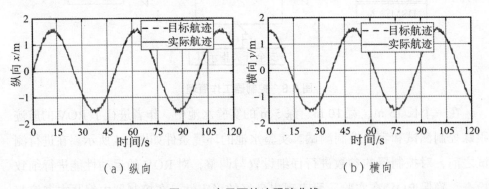

图 6.5　水平面航迹跟踪曲线

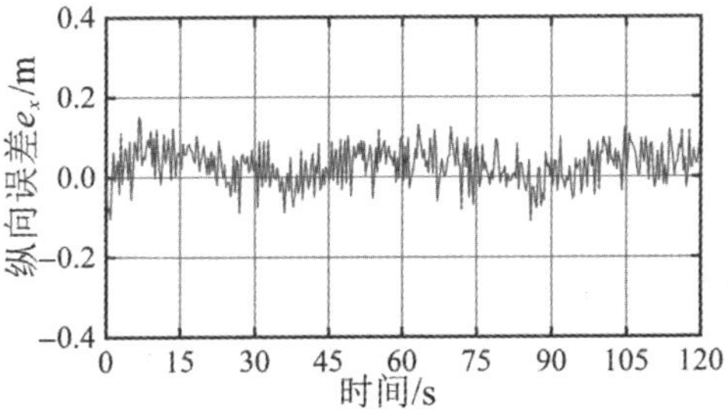

（a）本书方法的纵向误差

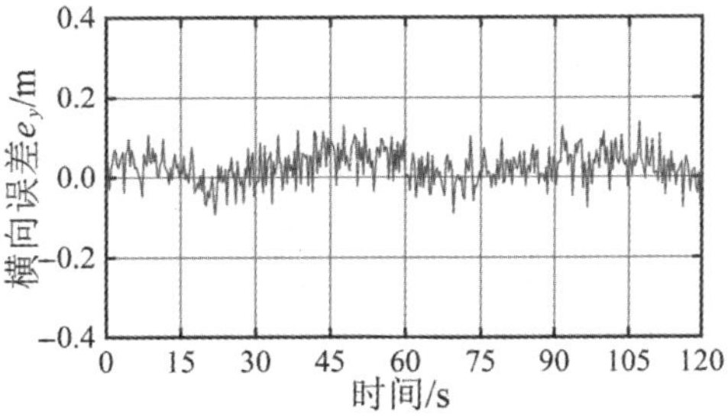

（b）本书方法的横向误差

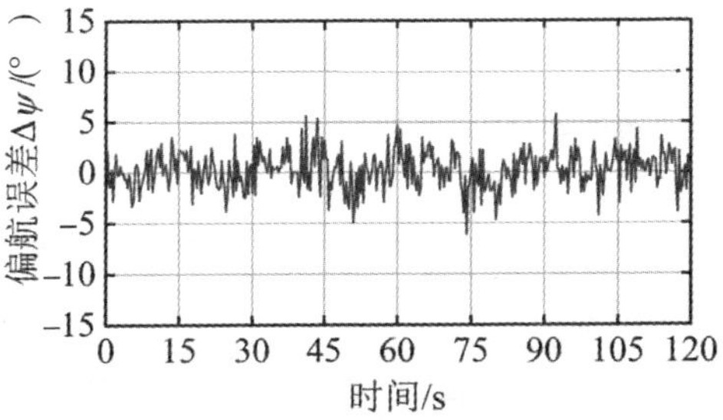

（c）本书方法的偏航误差

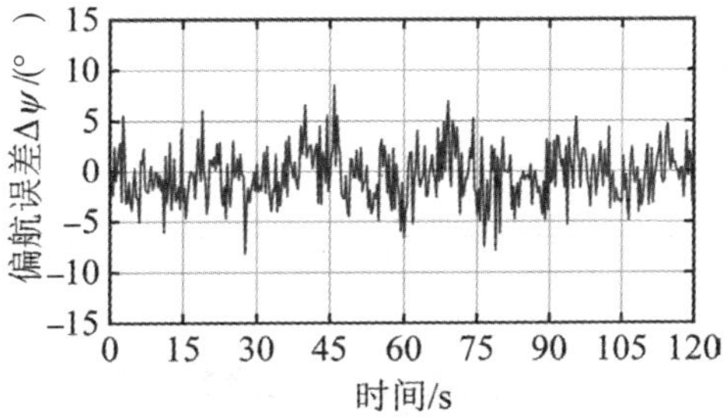

（d）传统方法的偏航误差

图 6.6　水平面航迹跟踪误差曲线

从图 6.5、图 6.6 可以看出，在实验水池环境下，ROV 能够平稳地跟踪目标航迹，无较大波动。纵向、横向运动位置跟踪误差在 ± 0.15 m 范围内波动；本书方法的偏航角在 ± 5° 的误差区域内波动，传统滑模控制方法的偏航角跟踪误差范围为 ± 10°。因此，本书所设计的控制方法能够使 ROV 进行稳定运动控制和目标航迹跟踪，这进一步验证了本书方法的有效性。

6.4　故障容错控制测试

为验证本书第 4 章所设计的容错控制方法的有效性，基于 Chasing M2 ROV 的推进器实际配置和实验环境条件，设计并模拟了在外物缠绕干扰这类典型故障下的 ROV 运动实验。在实际实验中，将 1# 推进器作为故障推进器，在螺旋桨叶片上缠绕干扰物以实现故障的模拟。在地面站中发出控制指令，使 ROV 根据设定航迹航行，设定 ROV 的工作水深为 0.5 m。测试结束后在地面站中下载控制器中的航行日志，读取测试的航行数据，采用 MATLAB 软件绘制数据曲线，得到如图 6.7、图 6.8 所示的跟踪曲线和跟踪误差曲线。

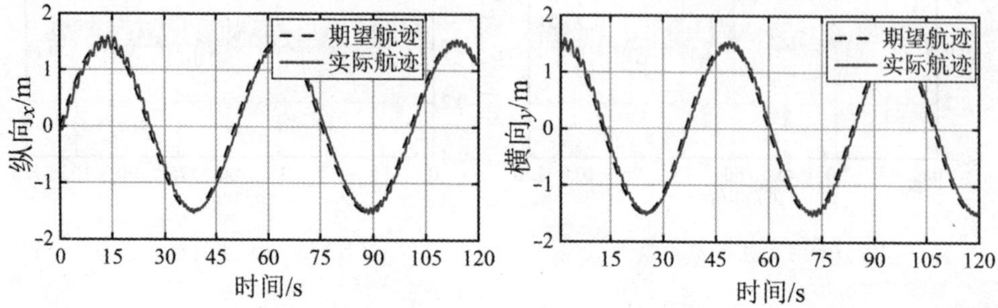

（a）纵向　　（b）横向

图 6.7　故障下航迹跟踪曲线

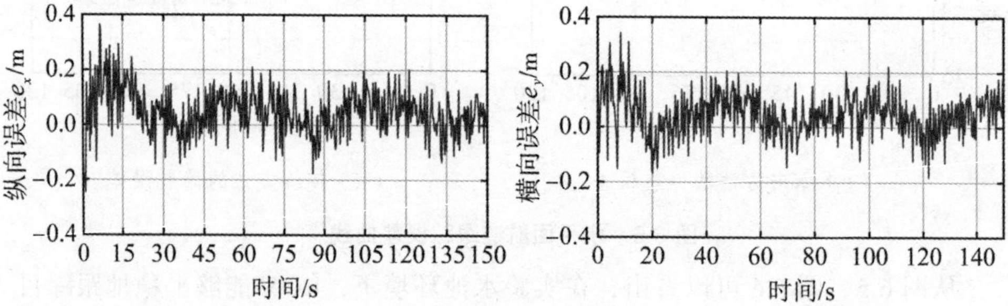

（a）纵向　　（b）横向

图 6.8　故障下航迹跟踪误差曲线

从图 6.7、图 6.8 可以看出，在运动初始阶段，由于螺旋桨叶片被干扰物缠绕，跟踪误差较大。随着运动的进行，在容错控制方法的作用下，推力进行了重新分配，使 ROV 重新稳定跟踪上设定目标航迹。其中，纵向与横向跟踪误差保持在 ± 0.4 m 范围内，因此，本书所设计的容错控制方法能保证 ROV 的稳定运行，这进一步验证了容错控制方法的可行性和有效性。

在地面站中发出控制指令，使 ROV 根据设定深度潜行，设定 ROV 的初始工作水深为 0.5 m。在 20 s 后 ROV 下潜到期望深度 1.5 m，最后上浮，回到 0.5 m 水深位置。测试结束后在地面站中下载控制器中的航行日志，读取测试的航行数据，并完成如图 6.9、图 6.10 所示的 ROV 深度响应曲线与 ROV 深度误差响应曲线的绘制。

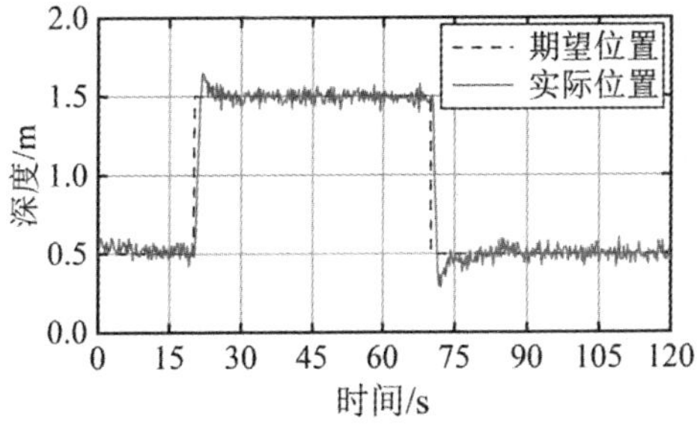

图 6.9　ROV 深度响应曲线

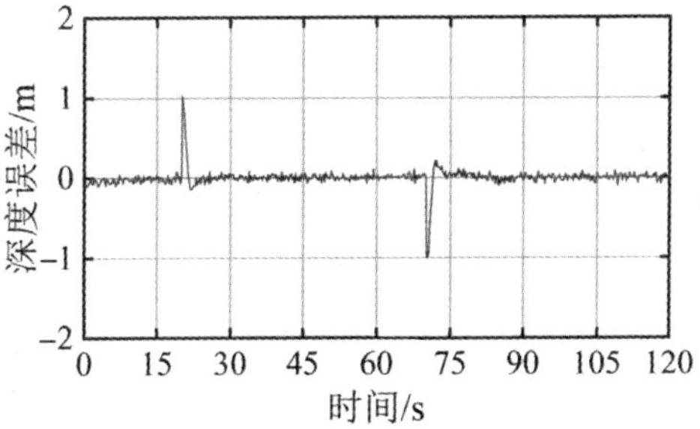

图 6.10　ROV 深度误差响应曲线

从图 6.9、图 6.10 可以看出，ROV 能够迅速响应深度控制指令，定深稳定且误差波动较小。在低速简单运动中，即使受到外物缠绕干扰，ROV 产生的推力仍然能够满足运动要求。这论证了本书提出的容错控制方法具有较好的稳定性和鲁棒性。

6.5　ROV 姿态容错控制测试

本节针对第 5 章提出的姿态容错控制方法，对 ROV 在复合故障下的情况进行实验验证。首先，将控制代码编写在飞控系统中，并在地面站中将姿态运动目标航迹设定为 $\varphi = \sin(0.04\pi t)$，$\theta = \cos(0.04\pi t)$，$\psi = 0.5\sin(0.04\pi t)$，且传感器故障发生在第 20 s，推进器故障发生在第 40 s，初始角速度为 0，初始姿态角为 $\varphi(0)=0$，$\theta(0)=1$，$\psi(0)=0$。此外，将本书提出的控制方法与文献 [114] 中基于干扰和观测器故障的反步容错控制（BFTC-DFO）方法进行测试对比。测试结束后，读取飞控系统中的航行数据，并完成图像绘制，如图 6.11 和图 6.12 所示。

测试结果表明，本书提出的容错控制方法可以有效地跟踪到期望航迹，具体如图 6.11 和图 6.12 所示。当发生推进器故障和传感器故障时，跟踪曲线波动较小，并在短时间内恢复到稳定状态，姿态角跟踪误差始终保持在 ±0.05 rad 区域内；BFTC-DFO 方法也能够准确跟踪到期望航迹，但是当发生推进器故障和传感器故障时，跟踪曲线波动较大，再次稳定时间较长，姿态角跟踪误差范围为 ±0.09 rad。因此，本书方法相对于 BFTC-DFO 方法拥有更好的容错性以及鲁棒性。

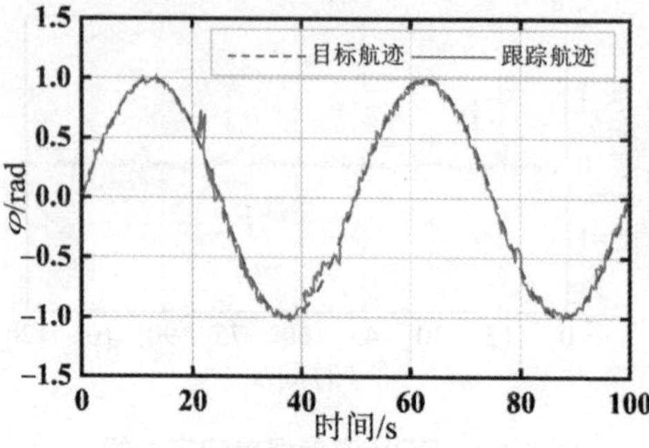

（a）横滚角度

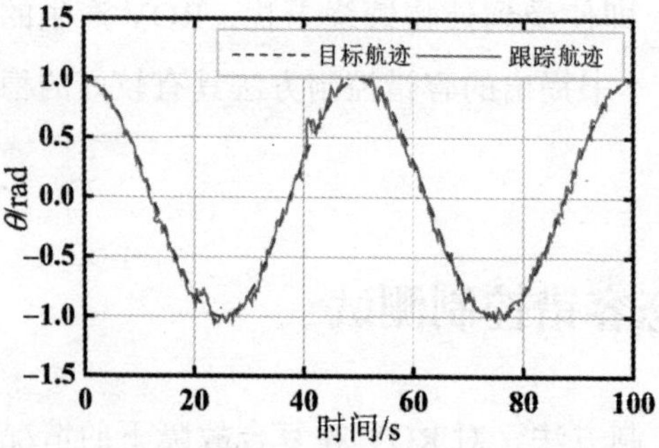

（b）俯仰角度

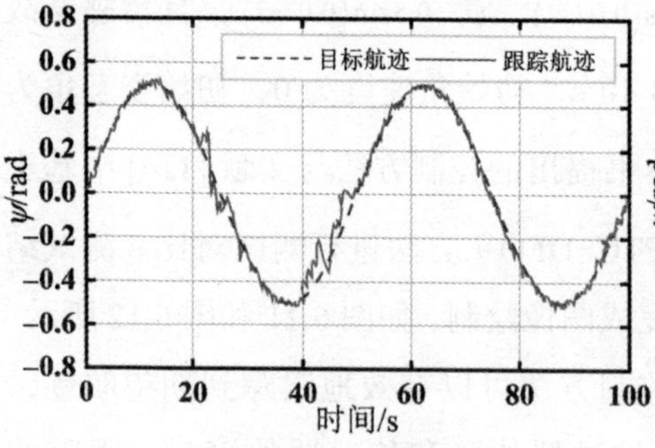

（c）偏航角度

图 6.11 本书方法

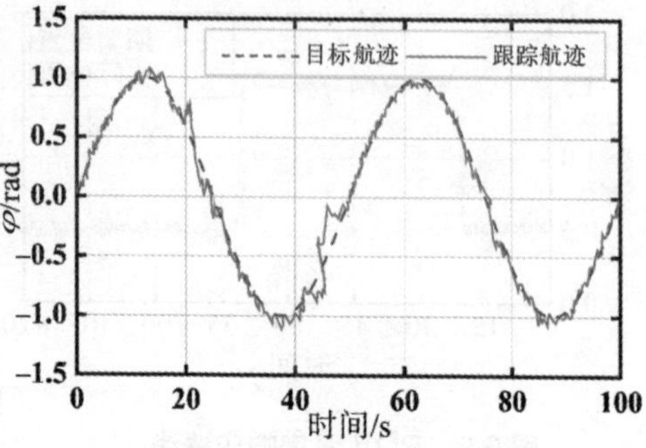

（a）横滚角度

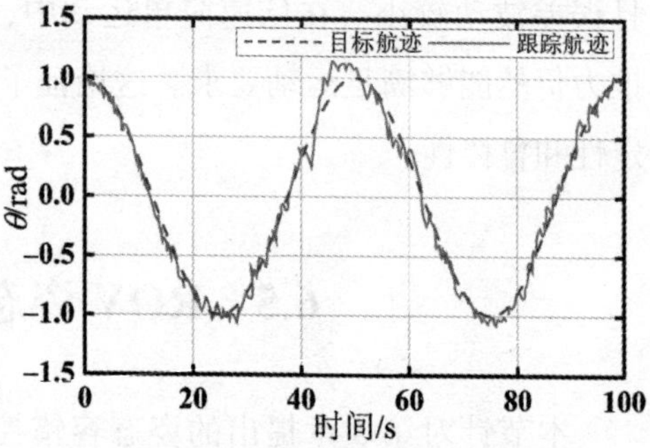

（b）俯仰角度

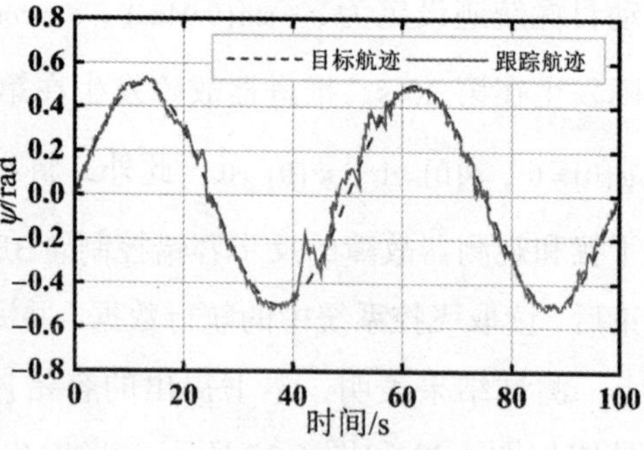

（c）偏航角度

图 6.12 BFTC-DFO 方法

6.6　本章小结

本章主要通过搭建的 ROV 水下实验平台，对所提出的航迹跟踪控制方法和故障容错控制方法进行性能测试。通过水平面航迹跟踪测试，验证了第 3 章所设计的滑模控制器的良好性能；通过在螺旋桨叶片上缠绕外物模拟部分推进器故障来进行航迹跟踪和深度定位容错控制测试，验证了第 4 章所设计的容错控制器的可靠性和稳定性；通过姿态容错控制测试，表明了本书提出的容错控制方法可以有效地跟踪到期望航迹，同时本书方法相对于 BFTC–DFO 方法拥有更好的容错性以及鲁棒性。测试结果表明，本书所提出的航迹跟踪控制方法和故障容错控制方法均表现出较好的控制效果，虽然可能受到传感器测量误差、控制参数设定不合理以及外部环境的影响，出现了一定误差波动情况，但均在不影响 ROV 正常工作的合理范围之内。

第 7 章　基于自适应鲁棒算法的 UUV 容错控制

7.1　引言

随着对 UUV 应用的普及，不同的作业环境使得其不得不面临各种恶劣环境与突发状况。因此，现阶段在 UUV 自主化与智能化发展的同时，人们对其可靠性的要求日益提升。所谓可靠性，不仅要求它能够适应各种工作环境，还要求它能够实时对自身突发状况作出容错反应，也就是能够解决控制系统中存在的鲁棒性问题，在面对外界干扰和模型的不确定性时，仍然能够保持系统的稳定性和良好的控制效果。

在 UUV 的容错设计方面，各种自适应鲁棒算法以设计简单、响应速度快、适应性强等优点被广泛应用，其不仅不依赖故障诊断系统，还能够很好地处理 UUV 的故障问题，提高系统的鲁棒性。例如，干扰观测器能够很好地应对 UUV 受到的外界干扰，对其进行估计与补偿，通过优化参数进一步降低故障给 UUV 带来的影响，保持系统的稳定性。滑模控制在 UUV 这种非线性系统中有着极强的鲁棒性，能够很好地提高系统的瞬态与稳态性能。滑模控制算法自身排异性低，能够融合多种算法使用，不仅可以减少系统的抖振现象，还能克服单一控制方法带来的缺点。

本章针对 UUV 工作过程中出现的执行器故障问题，通过构造积分终端滑模控制器，利用有限时间干扰观测器（finite time disturbance observer, FTDO）观测外界干扰，同时采用 RBF 神经网络逼近估计 UUV 系统的不可建模部分与执行器故障，最后设计自适应律减少滑模控制抖振现象并确定趋近律收敛系统误差。

7.2　控制方法

7.2.1　自适应控制

自适应控制是依靠对系统参数的调整和误差反馈来处理系统的不确定性以及所受到的非线性外部扰动的一种控制方法。在实际应用中，它能实时监测系统的输出和输入，通过对比系统的实际输出与期望输出的差值，自动调节系统控制器的参数，这时误差作为反馈信号来调整系统，以适应外界干扰带来的系统动态变化和不确定性。

假设考虑离散时间线性时不变系统，定义系统模型如下

$$\boldsymbol{x}_k(t+1)=\boldsymbol{A}\boldsymbol{x}_k(t)+\boldsymbol{B}\boldsymbol{u}_k(t) \tag{7.1}$$

式中：$\boldsymbol{x}_k(t)\in\mathbf{R}^n$ 为系统的状态向量；$\boldsymbol{u}_k(t)\in\mathbf{R}^m$ 为系统的输入向量；$\boldsymbol{A}\in\mathbf{R}^{n\times n}$ 与 $\boldsymbol{B}\in\mathbf{R}^{n\times m}$ 为已知的常数矩阵。

定义参考模型如下

$$\boldsymbol{x}_r(t+1)=\boldsymbol{A}_r\boldsymbol{x}_r(t)+\boldsymbol{B}_r\boldsymbol{r}(t) \tag{7.2}$$

式中：$\boldsymbol{x}_r(t)\in\mathbf{R}^n$ 为参考模型的状态向量；$\boldsymbol{r}(t)\in\mathbf{R}^p$ 为参考模型的期望输入向量；$\boldsymbol{A}_r\in\mathbf{R}^{n\times n}$ 与 $\boldsymbol{B}_r\in\mathbf{R}^{n\times p}$ 为已知的常数矩阵。

由此可得到如下控制参数更新规律

$$\dot{\varsigma}(t)=-\boldsymbol{\Gamma}\frac{\partial\boldsymbol{\Phi}}{\partial\varsigma} \tag{7.3}$$

式中：$\dot{\varsigma}(t)$ 为待估计控制器的参数向量；$\boldsymbol{\Gamma}$ 为正定矩阵；$\boldsymbol{\Phi}$ 为性能指标。自适应控制的数学模型会因自适应算法和控制策略的不同而有所不同，实际自适应控制器模型会根据实际应用和问题的特点进行调整和扩展。

自适应控制的原理和方法可以从不同手段及应用场景进行概述，包括参数标识、参数调整、稳定性分析、鲁棒性。其中，参数标识与参数调整根据系统当前的观测误差对位置系统模型参数进行估计或对控制器进行调参。稳定性分析与鲁棒性则是在确保系统稳定性条件的基础上，考虑影响系统的各种扰动及

不确定性，再通过反向推导设计自适应控制器。自适应控制的分类及对应方法如图 7.1 所示。

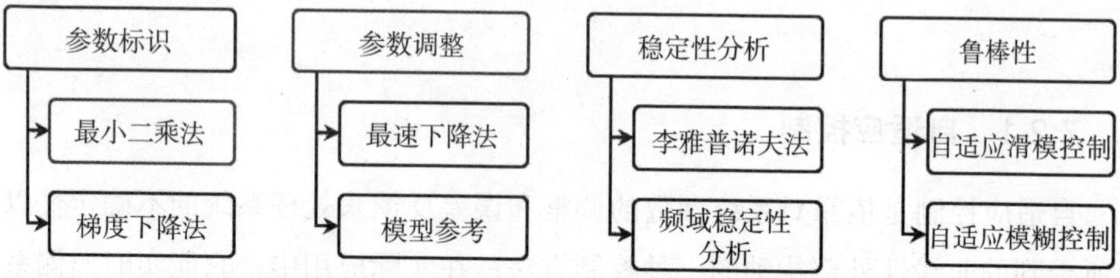

图 7.1　自适应控制的分类及对应方法

7.2.2　干扰观测器

干扰观测器自 20 世纪 80 年代提出以来，被科学家与学者广泛运用于各个控制领域。在非线性系统中，干扰观测器主要用于检测和补偿被控系统中的外部干扰信号。在系统中，模型不确定性、外部扰动、参数摄动都能等效为对系统的复合干扰，并影响系统模型使实际量与标称量出现差值。干扰观测器能够将这些差值作为等效干扰误差，并反馈到输入端进行补偿，从而消除了复合干扰对系统控制的影响，提高了系统的可靠性与鲁棒性。干扰观测器根据不同的应用场景又可分为基于名义模型、基于非线性、基于扩张状态等多种类型。干扰观测器的控制原理框图如图 7.2 所示。

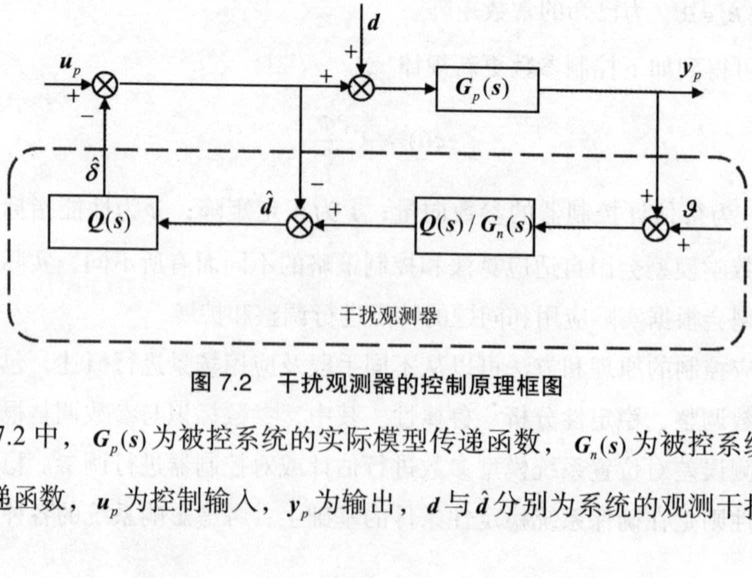

图 7.2　干扰观测器的控制原理框图

图 7.2 中，$G_p(s)$ 为被控系统的实际模型传递函数，$G_n(s)$ 为被控系统的标称模型传递函数，u_p 为控制输入，y_p 为输出，d 与 $\hat{d}$ 分别为系统的观测干扰与等效

干扰，$\hat{\delta}$为估计误差补偿项，ϑ为测量噪声。通常情况下，$G_p(s)$无法得到准确的数学模型，是因为系统自带的测量噪声使系统的控制性能受到了影响，这时可以根据系统干扰频率与测量噪声在观测干扰的后面加上一个低通滤波器$Q(s)$，从而通过设计滤波器的带宽得到干扰补偿估计值。综上可知，干扰观测器不仅实用性好、结构简单，还能在非线性系统中做到实时控制，不需要准确的模型，有很好的鲁棒性。

非线性二阶系统的观测器设计如下

$$\begin{cases}\dot{x}_1 = x_2 \\ \dot{x}_2 = f(x_1, x_2) + \tau + d_f + \tau_d\end{cases} \tag{7.4}$$

$$\begin{cases}\tilde{d} = \bar{z} + Lx_2 \\ \dot{\bar{z}} = -L\tilde{d} - L\left[f(x_1, x_2) + \tau\right]\end{cases} \tag{7.5}$$

式中：x_1、x_2为状态变量；$\bar{z}$为辅助变量。

7.2.3　滑模控制方法

滑模变结构控制是一种在非线性控制领域中应用非常广泛的控制策略，目前大多运用在非线性运动系统中，如机器人轨迹控制、航空航海控制等。滑模变结构控制的基本思想是设计一个滑模面，使得系统的运动轨迹在有限时间内趋近并且稳定在该滑模面上，如图 7.3 所示，从而实现对系统的鲁棒控制。其中，滑模面是由一个或多个系统状态变量与一个或多个控制变量组成的。

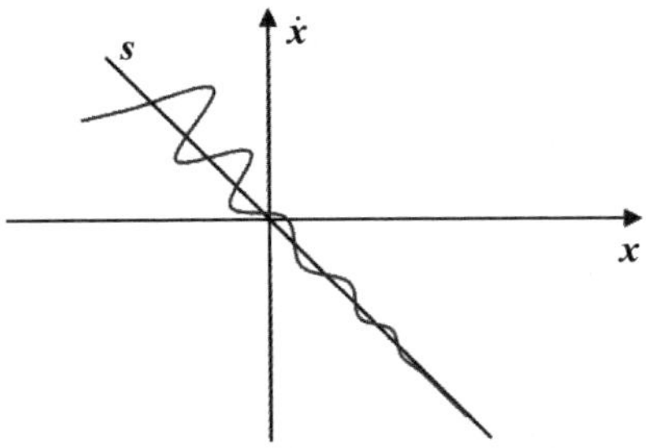

图 7.3　滑模控制的几何原理

定义空间中一个系统$\dot{x}$如下

$$\dot{x} = f(x, u, t), x \in \mathbf{R}^n, u \in \mathbf{R}^m, t \in \mathbf{R} \tag{7.6}$$

式中：x与u分别为系统状态与系统输出。此时确定一个滑模面s使得

$$\lim_{x\to 0} s\dot{s} \leqslant 0 \tag{7.7}$$

在滑模运动中，要想使系统状态在有限时间内趋近滑模面，需要设计一个控制律，这个控制律会根据当前系统状态与滑模面之间的差值来发出控制指令，以使系统状态能够迅速进入滑模面。几种常见的趋近律如下：

（1）指数趋近律

$$\dot{s} = \eta \operatorname{sgn} s - f(s), \eta > 0 \tag{7.8}$$

（2）等速趋近律

$$\dot{s} = \eta \operatorname{sgn} s, \eta > 0 \tag{7.9}$$

（3）幂次趋近律

$$\dot{s} = \eta |s|^a \operatorname{sgn} s, \eta > 0, 0 < a < 1 \tag{7.10}$$

设计了滑模面和控制律后，需要进行系统的稳定性分析。通过稳定性分析，可以判断系统在各种工作条件下是否能够在滑模面上保持稳定运动，并且是否对外部扰动具有鲁棒性。在实际应用中，系统噪声、过大的滑模面斜率可能会引起控制器输出的快速变化，导致控制器出现抖振现象。这可能需要人们对滑模变结构控制器的参数与结构进行调整和优化，以使系统能够更好地满足控制要求，如积分滑模、终端滑模等。滑模变结构控制还能与其他方法相结合，如神经网络滑模、自适应滑模等。

总的来说，滑模变结构控制是一种鲁棒性好、控制器设计简单和响应速度快的控制方法，可以实现系统高精度、高效率、高速度的控制效果。

7.2.4 RBF 神经网络

RBF 神经网络是一种基于径向基函数的神经网络模型，通常由输入层、隐含层和输出层三部分组成。输入层用于接收输入数据，并将数据传递到下一层；隐含层包含多个神经元，根据中心点与权重的距离，建立 RBF 的输出；输出层将隐含层的输出结果进行线性组合，并将其作为最终的输出。完整的 RBF 神经网络的训练过程如图 7.4 所示。

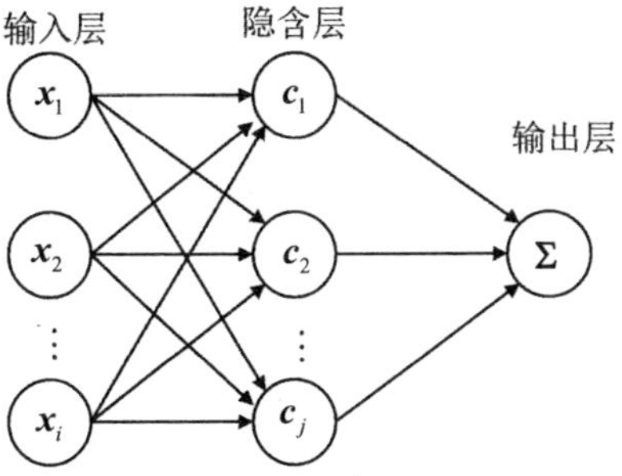

图 7.4　RBF 神经网络的训练过程

RBF 神经网络的训练过程包括选择合适的中心点和调整隐含层到输出层的权重。一种常用的方法是通过聚类算法选择中心点，并使用最小二乘法或梯度下降法等优化算法来优化权重，其输入输出算法为

$$h_j = \exp\left(\frac{\left\|\boldsymbol{x}_i - \boldsymbol{c}_j\right\|^2}{2b_j^2}\right) \tag{7.11}$$

$$\boldsymbol{f} = \boldsymbol{W}^* \boldsymbol{h} + \boldsymbol{\varepsilon} \tag{7.12}$$

式中：$\boldsymbol{x}_i$ 为输入层第 i 个网络输入；$\boldsymbol{h} = [h_j]^{\mathrm{T}}$，为高斯基函数的输出；$\boldsymbol{W}^*$ 为网络的理想权值；$\boldsymbol{\varepsilon}$ 为理想神经网络逼近 $\boldsymbol{f}$ 的误差，$|\boldsymbol{\varepsilon}| \leqslant \varepsilon_{\max}$；$\boldsymbol{c}_j$ 为高斯基函数中心点的坐标向量；b_j 为高斯基函数的宽度。令 $\hat{\boldsymbol{f}}$ 为网络输出，则 $\hat{\boldsymbol{W}}$ 为神经网络的估计权值。

RBF 神经网络在处理非线性、全局逼近等问题上具有较好的拟合能力。在设计上，其学习规则简单、易于实现且具有较快的训练速度和较好的泛化能力，具有较强的自学能力与记忆能力，采用 RBF 神经网络的控制器有很好的鲁棒性。

7.2.5　主要引理

引理 1（杨氏不等式）：若变量满足 $\boldsymbol{x}_\Delta, \boldsymbol{y}_\Delta \in \mathbf{R}^n$，存在 $1/p_\Delta + 1/q_\Delta = 1$，其中 p_Δ, q_Δ 为正常数，则 $\boldsymbol{x}_\Delta^{\mathrm{T}} \boldsymbol{y}_\Delta \leqslant 1/p_\Delta \left\|\boldsymbol{x}_\Delta\right\|^{p_\Delta} + 1/q_\Delta \left\|\boldsymbol{y}_\Delta\right\|^{q_\Delta}$。

引理 2：若李雅普诺夫函数 $V(x)$ 的一阶导数满足 $\dot{V} + k_0 V^{m_0} + k_1 V^{m_1} \leqslant 0$，其中 $k_0 \geqslant 1$，$k_1 \geqslant 1$，$m_0 \geqslant 1$，$0 \leqslant m_1 \leqslant 1$，则其可以在有限时间内收敛到零，具体时间表达为

$$T_r=\begin{cases}\dfrac{V^{1-m_0}(0)-\varepsilon_{\min}^{1-m_0}}{k_0(1-m_0)}+\dfrac{\varepsilon_{\min}^{1-m_1}}{k_1(1-m_1)},m_0>1\\ \dfrac{1}{k_0(1-m_1)}\ln\left[1+\dfrac{k_0}{k_1}V^{1-m_0}(0)\right],m_0=1\end{cases} \tag{7.13}$$

$$\varepsilon_{\min}=\max\left\{1,\left(\frac{m_0}{m_1}\right)^{\frac{1}{m_1-m_0}}\right\}$$

7.3 基于干扰观测器的UUV自适应非奇异积分终端滑模容错控制

7.3.1 干扰观测器的设计

为了提高容错控制策略的稳定性，通过引入有限时间干扰观测器应对复合干扰对航行中UUV造成的影响，使其在有限时间内回到稳态控制，使观测误差在有限时间内收敛到零，同时使目标变量的动态响应更快、更准确。

为便于容错控制策略的设计，修正动力学模型为

$$\begin{cases}\dot{\boldsymbol{\eta}}=\boldsymbol{J}(\boldsymbol{\eta})\boldsymbol{v}\\ \boldsymbol{M}^*\dot{\boldsymbol{v}}+\boldsymbol{C}^*(\boldsymbol{v})\boldsymbol{v}+\boldsymbol{D}^*(\boldsymbol{v})\boldsymbol{v}+\boldsymbol{g}^*(\boldsymbol{\eta})=\boldsymbol{\tau}+\boldsymbol{\tau}_e+\boldsymbol{\tau}_D\end{cases} \tag{7.14}$$

在空间运动过程中，UUV的速度与加速度通常情况下都处于不停变化中，在实际工作中难以观测，在控制器的设计中应尽可能避免直接使用。对式（7.14）进行变形并提取如下UUV加速度表达式

$$\dot{\boldsymbol{v}}=\boldsymbol{M}^{*-1}(\boldsymbol{\tau}+\boldsymbol{\tau}_e+\boldsymbol{\tau}_D)-\boldsymbol{M}^{*-1}\left[\boldsymbol{C}^*(\boldsymbol{v})\boldsymbol{v}+\boldsymbol{D}^*(\boldsymbol{v})\boldsymbol{v}+\boldsymbol{g}^*(\boldsymbol{\eta})\right] \tag{7.15}$$

提取如下需要观测的对象

$$\boldsymbol{\tau}_D=\boldsymbol{\tau}+\boldsymbol{\tau}_e-\boldsymbol{C}^*(\boldsymbol{v})\boldsymbol{v}-\boldsymbol{D}^*(\boldsymbol{v})\boldsymbol{v}-\boldsymbol{g}^*(\boldsymbol{\eta})-\boldsymbol{M}^*\dot{\boldsymbol{v}} \tag{7.16}$$

为方便定义复合干扰的状态与变化情况设计干扰观测器，对式（7.16）进行积分并定义观测器的状态变量、辅助变量及输出变量如下

$$\int_0^t\boldsymbol{\tau}_D\mathrm{d}\sigma=\int_0^t\left[\boldsymbol{\tau}+\boldsymbol{\tau}_e-\boldsymbol{C}^*(\boldsymbol{v})\boldsymbol{v}+\boldsymbol{D}^*(\boldsymbol{v})\boldsymbol{v}+\boldsymbol{g}^*(\boldsymbol{\eta})\right]\mathrm{d}\sigma-\boldsymbol{M}^*\boldsymbol{v} \tag{7.17}$$

$$\begin{cases}\dot{\boldsymbol{x}}_1=\boldsymbol{x}_2\\ \dot{\boldsymbol{x}}_2=\overline{z}\\ \boldsymbol{y}=\boldsymbol{x}_1\end{cases}\tag{7.18}$$

式中：$\boldsymbol{x}_1=\int_0^t\boldsymbol{\tau}_D\mathrm{d}\sigma$，$\boldsymbol{x}_2=\boldsymbol{\tau}_D$，为观测器的状态变量；$\overline{z}$ 为辅助变量；$\boldsymbol{y}$ 为输出变量。

综上，设计如下干扰观测器

$$\begin{cases}\hat{\boldsymbol{x}}_1=-\sigma_1\boldsymbol{e}_1-\sigma_2\boldsymbol{e}_2+\dot{\hat{\boldsymbol{x}}}_2\\ \hat{\boldsymbol{x}}_2=-\sigma_3\mathrm{sgn}\ \boldsymbol{e}_1\end{cases}\tag{7.19}$$

式中：$\hat{\boldsymbol{x}}_1$、$\hat{\boldsymbol{x}}_2$ 为观测器状态变量的实际值；$\boldsymbol{e}_1=\hat{\boldsymbol{x}}_1-\boldsymbol{x}_1$，$\boldsymbol{e}_2=\hat{\boldsymbol{x}}_2-\boldsymbol{x}_2$，为观测值与实际值的误差；$\sigma_1$、$\sigma_2$、$\sigma_3$ 为可设计的常值参数。在实际应用中，通过调整参数可以使观测误差在有限时间内收敛到零，完成系统的快速响应。

下面为证明过程。

结合式（7.18）得到如下观测误差一阶导数表达式

$$\begin{cases}\dot{\boldsymbol{e}}_1=-\sigma_2|\boldsymbol{e}_1|^{1/2}\mathrm{sgn}\ \boldsymbol{e}_1+\boldsymbol{e}_2-\sigma_1\boldsymbol{e}_1\\ \dot{\boldsymbol{e}}_2=-\sigma_3\mathrm{sgn}\ \boldsymbol{e}_1-\overline{z}\end{cases}\tag{7.20}$$

定义李雅普诺夫函数如下

$$V_1=\boldsymbol{\zeta}^{\mathrm{T}}\boldsymbol{\Lambda}_1\boldsymbol{\zeta}\tag{7.21}$$

式中：$\boldsymbol{\zeta}=\left[\zeta_1^{\mathrm{T}},\zeta_2^{\mathrm{T}}\right]$，$\zeta_1=|\boldsymbol{e}_1|^{1/2}\mathrm{sgn}\ \boldsymbol{e}_1$，$\zeta_2=\boldsymbol{e}_2$。对其分别求导可得

$$\begin{cases}\dot{\zeta}_1=-\dfrac{\sigma_1}{2}|\boldsymbol{e}_1|^{-\frac{1}{2}}\boldsymbol{e}_1-\dfrac{\sigma_2}{2}|\boldsymbol{e}_1|^{-1}\boldsymbol{e}_1-\dfrac{1}{2}|\boldsymbol{e}_1|^{-\frac{1}{2}}\boldsymbol{e}_2\\ \dot{\zeta}_2=\sigma_3|\boldsymbol{e}_1|^{-1}\boldsymbol{e}_1-\overline{z}\end{cases}\tag{7.22}$$

设计矩阵 $\boldsymbol{\Lambda}_1$ 为

$$\boldsymbol{\Lambda}_1=\begin{bmatrix}(\sigma_2^2+4\sigma_3)/2 & -\sigma_2/2\\ -\sigma_2/2 & 1\end{bmatrix}\tag{7.23}$$

将式（7.23）代入式（7.21）并求导得

$$\begin{aligned}\dot{V}_1=&-\frac{\sigma_1}{2|\boldsymbol{e}_1|^{\frac{1}{2}}}[(\sigma_2^2+2\sigma_3)\boldsymbol{\zeta}_1^2-(4\sigma_3-2\sigma_2)\boldsymbol{\zeta}_1\boldsymbol{\zeta}_2+\boldsymbol{\zeta}_2^2]+\\ &\frac{\sigma_1}{2|\boldsymbol{e}_1|^{\frac{1}{2}}}(2\boldsymbol{\zeta}_1^2+\frac{2}{\sigma_2}\boldsymbol{\zeta}_1^2+\frac{2}{\sigma_2}\boldsymbol{\zeta}_2^2)\delta+(2\sigma_3\sigma_1-\frac{\sigma_2^2\sigma_1}{2})\boldsymbol{\zeta}_1^2+\frac{\sigma_2\sigma_1}{2}\boldsymbol{\zeta}_1\boldsymbol{\zeta}_2\end{aligned}\tag{7.24}$$

整理可得

$$
\begin{aligned}
\dot{V}_1 = &\left\{\frac{\sigma_1}{2|\boldsymbol{e}_1|^{\frac{1}{2}}}\left[\left(2+\frac{2}{\sigma_2}\right)\delta-\sigma_2^2-2\sigma_3\right]+\left(2\sigma_3\sigma_1-\frac{\sigma_2^2\sigma_1}{2}\right)\right\}\zeta_1^2+ \\
&\left[\frac{\sigma_1}{2|\boldsymbol{e}_1|^{\frac{1}{2}}}\left(\frac{2\delta}{\sigma_2}-1\right)\right]\zeta_2^2+\left(\frac{\sigma_2\sigma_1}{2}+\frac{\sigma_1(4\sigma_3-2\sigma_2)}{2|\boldsymbol{e}_1|^{\frac{1}{2}}}\right)\zeta_1\zeta_2
\end{aligned}
\tag{7.25}
$$

根据引理 1 定义如下辅助矩阵 $\boldsymbol{\Lambda}_2$、$\boldsymbol{\Lambda}_3$

$$
\boldsymbol{\Lambda}_2=\begin{bmatrix}\dfrac{\sigma_1}{2|\boldsymbol{e}_1|^{\frac{1}{2}}}(2\delta-\sigma_2^2-2\sigma_3)+2\sigma_3\sigma_1-\dfrac{\sigma_2^2\sigma_1}{2} & \dfrac{2\delta\sigma_1}{2\sigma_2|\boldsymbol{e}_1|^{\frac{1}{2}}} \\ \dfrac{2\delta\sigma_1}{2\sigma_2|\boldsymbol{e}_1|^{\frac{1}{2}}} & \dfrac{\sigma_1}{2|\boldsymbol{e}_1|^{\frac{1}{2}}}\end{bmatrix}
\tag{7.26}
$$

$$
\boldsymbol{\Lambda}_3=\begin{bmatrix}\dfrac{\kappa^2\sigma_1(4\sigma_3+2\sigma_2)}{2|\boldsymbol{e}_1|^{\frac{1}{2}}} & \dfrac{\kappa^2\sigma_1\sigma_2}{4} \\ \dfrac{\sigma_1(4\sigma_3+2\sigma_2)}{2\kappa^2|\boldsymbol{e}_1|^{\frac{1}{2}}} & \dfrac{\sigma_1\sigma_2}{4\kappa^2}\end{bmatrix}
\tag{7.27}
$$

式中：δ,κ为正常数，考虑李雅普诺夫稳定性理论并结合式（7.24）、式（7.26）、式（7.27）得到

$$
\dot{V}_1\leqslant\boldsymbol{\zeta}^{\mathrm{T}}\boldsymbol{\Lambda}_2\boldsymbol{\zeta}+\boldsymbol{\zeta}^{\mathrm{T}}\boldsymbol{\Lambda}_3\boldsymbol{\zeta}
\tag{7.28}
$$

通过调节参数 σ_1、σ_2、σ_3，可以使二次型 $\boldsymbol{\zeta}^{\mathrm{T}}\boldsymbol{\Lambda}_2\boldsymbol{\zeta}$、$\boldsymbol{\zeta}^{\mathrm{T}}\boldsymbol{\Lambda}_3\boldsymbol{\zeta}$ 是负定的。令 $\lambda_{2\max}$、$\lambda_{3\max}$ 分别为 $\boldsymbol{\Lambda}_2$、$\boldsymbol{\Lambda}_3$ 的最大特征值，$\lambda_{1\max}$、$\lambda_{1\min}$ 分别为 $\boldsymbol{\Lambda}_1$ 的最大特征值、最小特征值，则可以得到

$$
\dot{V}_1-\lambda_{2\max}\|\zeta\|^2-\lambda_{3\max}\|\zeta\|^2\leqslant 0
\tag{7.29}
$$

其中

$$
\lambda_{1\min}\|\zeta\|^2\leqslant V_1\leqslant\lambda_{1\max}\|\zeta\|^2
\tag{7.30}
$$

结合式（7.21）和式（7.28）～式（7.30）可以得到

$$
\dot{V}_1+\left(\frac{-\lambda_{2\max}-\lambda_{3\max}}{\lambda_{1\min}}\right)V\leqslant 0
\tag{7.31}
$$

式中：$\boldsymbol{\Lambda}_2$、$\boldsymbol{\Lambda}_3$ 为正定矩阵；$\boldsymbol{\Lambda}_1$ 为负定矩阵。由引理 2 可知，存在一个有限时间 t_ζ 满足

$$\begin{cases}\lim\limits_{t\to t_\zeta}\boldsymbol{e}_1=\boldsymbol{0}\\ \lim\limits_{t\to t_\zeta}\boldsymbol{e}_2=\boldsymbol{0}\\ t_\zeta=\dfrac{\lambda_{1\min}}{\lambda_{2\max}}\ln\left[1+\dfrac{\lambda_{2\max}}{\lambda_{3\max}V(0)}\right]\end{cases} \tag{7.32}$$

有限时间干扰观测器相较于普通的干扰观测器能够更快地对复合干扰进行估计，对较为复杂的水下环境干扰，即使观测初值误差较大，仍可以使观测误差在短时间内收敛到零，使系统保持稳定性，同时使目标变量的动态响应更快、更准确。

7.3.2　自适应非奇异积分终端滑模控制器

滑模控制器的使用能够保证控制系统有很好的瞬态性能与稳态性能，使非线性系统输出很好的跟踪期望指令，且有很好的鲁棒性。但滑模控制伴随的切换增益会引发控制量的持续抖振；RBF 神经网络的结构简单，没有冗长的计算，结合滑模控制，不仅可以减少由切换增益所引发的抖振，还能保证整个控制系统的收敛性和稳定性。

非奇异积分终端滑模面可以表示为

$$\boldsymbol{s}=\int_0^t\boldsymbol{e}(\tau)\mathrm{d}\tau+\boldsymbol{\alpha}\boldsymbol{e}^{\rho_1/\rho_2} \tag{7.33}$$

式中：$\boldsymbol{e}$ 为状态误差；$\boldsymbol{\alpha}$ 为要设计的参数；为避免奇异值问题，ρ_1、ρ_2 满足 $\rho_1>0, \rho_2>0$ 且 $1<\rho_1/\rho_2<2$。

结合式（7.14）定义 UUV 六自由度航迹跟踪误差及其一阶导数如下

$$\begin{cases}\boldsymbol{e}_\eta=\boldsymbol{\eta}-\boldsymbol{\eta}_d\\ \dot{\boldsymbol{e}}_\eta=\boldsymbol{J}(\boldsymbol{\eta})-\boldsymbol{\eta}_d\end{cases} \tag{7.34}$$

选取参考速度作为虚拟控制输入矢量，结合式（7.14）对式（7.34）进行整合可得

$$\boldsymbol{v}_c=\boldsymbol{J}(\boldsymbol{\eta})^{-1}\boldsymbol{\eta}_d+\boldsymbol{J}(\boldsymbol{\eta})^{-1}\left(\boldsymbol{Q}_1\dot{\boldsymbol{e}}_\eta+\boldsymbol{Q}_2\int_0^t\boldsymbol{e}_\eta\mathrm{d}\tau\right) \tag{7.35}$$

式中：$\boldsymbol{Q}_1$、$\boldsymbol{Q}_2$为六阶对角常参数矩阵。

定义速度跟踪误差为

$$\begin{cases}\boldsymbol{e}_v = \boldsymbol{v} - \boldsymbol{v}_c \\ \dot{\boldsymbol{e}}_v = \dot{\boldsymbol{v}} - \dot{\boldsymbol{v}}_c\end{cases} \tag{7.36}$$

综上，定义如下非奇异积分滑模面

$$\boldsymbol{s}_2 = \int_0^t \boldsymbol{e}_v \mathrm{d}\tau + \boldsymbol{Q}_3 \boldsymbol{e}_v^{\rho_1/\rho_2} \tag{7.37}$$

式中：$\boldsymbol{Q}_3 = \mathrm{diag}\{q_{31}, q_{32}, q_{33}, q_{34}, q_{35}, q_{36}\} \in \mathbf{R}^6$，为六阶对角常参数矩阵；$\rho_1$、$\rho_2$满足$\rho_1 > 0, \rho_2 > 0$且$1 < \rho_1/\rho_2 < 2$。

为进一步减少动力输出误差带来的不利影响，提高系统精度，利用RBF神经网络的万能逼近特性，对加性故障进行在线逼近估计，其输入输出算法如下：

若网络输入取$\boldsymbol{x}_i = \boldsymbol{s}_2$（$\boldsymbol{e}_v$，$\dot{\boldsymbol{e}}_v$），则输出为UUV加性故障干扰，它表示为

$$\hat{\boldsymbol{f}} = \hat{\boldsymbol{W}}^{\mathrm{T}} \boldsymbol{h} \tag{7.38}$$

式中：$\boldsymbol{h} = \left[h_j\right]^{\mathrm{T}}$，其中

$$h_j = \exp\left(\frac{\left\|\boldsymbol{x}_i - \boldsymbol{c}_j\right\|^2}{2b_j^2}\right) \tag{7.39}$$

定义估计误差为

$$\tilde{\boldsymbol{f}} = \boldsymbol{f} - \hat{\boldsymbol{f}} = \boldsymbol{W}^* \boldsymbol{h}(\boldsymbol{x}_i) - \hat{\boldsymbol{W}}^{\mathrm{T}} \boldsymbol{h} + \boldsymbol{\varepsilon} = \tilde{\boldsymbol{W}}^{\mathrm{T}} \boldsymbol{h} + \boldsymbol{\varepsilon} \tag{7.40}$$

式中：$\boldsymbol{W}^*$为加权矩阵的标称值；$\hat{\boldsymbol{W}}$为加权矩阵的估计值；$\boldsymbol{\varepsilon}$为标称值与估计值之间的误差。若存在Ψ使得$\left\|\tilde{\boldsymbol{W}}^{\mathrm{T}} \boldsymbol{h} + \boldsymbol{\varepsilon}\right\| = \left\|\Gamma\right\| \leqslant \Psi$，定义$\tilde{\Psi} = \hat{\Psi} - \Psi$，其中$\hat{\Psi}$为$\Psi$的估计值，$\tilde{\Psi}$为估计值与实际值的误差。

对速度滑模面$\boldsymbol{s}_2$求导得

$$\dot{\boldsymbol{s}}_2 = \boldsymbol{e}_v + \rho_1/\rho_2 \boldsymbol{Q}_3 \boldsymbol{e}_v^{(\rho_1/\rho_2 - 1)} \dot{\boldsymbol{e}}_v \tag{7.41}$$

综上，RBF神经网络的更新律与自适应律为

$$\dot{\hat{\boldsymbol{W}}} = \chi_1 (\Theta \hat{\boldsymbol{h}})^{\mathrm{T}} \tag{7.42}$$

$$\boldsymbol{x}_i = \chi_2(\Theta\dot{\hat{\boldsymbol{W}}}\hat{\boldsymbol{h}})^{\mathrm{T}} \tag{7.43}$$

$$\dot{\hat{\Psi}} = \chi_3\|\Theta\| \tag{7.44}$$

式中：$\Theta = \rho_1/\rho_2\, \boldsymbol{s}_2^{\mathrm{T}}\boldsymbol{Q}_3 \mathrm{diag}\, \boldsymbol{e}_v^{(\rho_1/\rho_2-1)}\boldsymbol{M}^{*-1}$；$\chi_i(i=1,2,3)$ 为正常数。

本章采用了一种新型的滑模趋近律，在结构上结合了快速幂次趋近律和双幂次趋近律，这种组合趋近律综合了两种趋近律的优点，使滑动模态在不同的区间均能达到最优的收敛速度。

若连续的径向无界函数 $V(x)\in \mathbf{R}_+ \cup \{0\}$ 满足如下条件，则式（7.45）成立。

（1）存在 $0<\mu<1,\nu>0$，使得 $\gamma_\mu>0,\gamma_\nu>0$。

（2）$V(0)=0$，且原点是全局的有限时间收敛平衡点。

$$\dot{V} \leqslant \begin{cases} -\gamma_\mu V^{1-\mu}, V\leqslant 1 \\ -\gamma_\nu V^{1-\nu}, V>1 \end{cases} \tag{7.45}$$

收敛时间满足如下条件

$$T(x_0) \leqslant T_{\max} \leqslant \frac{1}{\mu\gamma_\mu} + \frac{1}{\nu\gamma_\nu} \tag{7.46}$$

设计如下快速双幂次趋近律

$$\dot{\boldsymbol{s}}_2 = -\boldsymbol{k}_1 \mathrm{fal}(\boldsymbol{s}_2, a, \delta) - \boldsymbol{k}_2 |\boldsymbol{s}_2|^b \operatorname{sgn} \boldsymbol{s}_2 \tag{7.47}$$

式中：$\boldsymbol{k}_1$，$\boldsymbol{k}_2$ =1.5 $\boldsymbol{I}_6$；δ 为正常数；$a=1+\gamma$；$b=1-\gamma$；$\operatorname{sgn}(\cdot)$ 为符号函数；非线性幂次组合函数可表示为

$$\mathrm{fal}(\boldsymbol{s}, a, \delta) = \begin{cases} |\boldsymbol{s}|^a \operatorname{sgn} \boldsymbol{s}, & |\boldsymbol{s}|>\delta \\ \dfrac{\boldsymbol{s}}{\delta^{1-a}}, & |\boldsymbol{s}|\leqslant\delta \end{cases} \tag{7.48}$$

在式（7.15）的基础上，结合式（7.36）～式（7.38）、式（7.47）、式（7.48）得到控制器最终控制律如下

$$\begin{aligned} \boldsymbol{\tau} = {} & \left\{\left[\boldsymbol{e}_v + \boldsymbol{k}_1 \mathrm{fal}(\boldsymbol{s}, a, \delta) + \boldsymbol{k}_2 |\boldsymbol{s}|^b \operatorname{sgn} \boldsymbol{s}\right] / \boldsymbol{Q}_3 \boldsymbol{e}_v^{(\rho_1/\rho_2-1)} + \boldsymbol{v}_e\right\} \boldsymbol{M}^* - \\ & \boldsymbol{C}^*(\boldsymbol{v})\boldsymbol{v} - \boldsymbol{D}^*(\boldsymbol{v})\boldsymbol{v} - \boldsymbol{g}^*(\boldsymbol{\eta}) - \boldsymbol{W}^*\boldsymbol{h}(\boldsymbol{x}_i) - \boldsymbol{\tau}_D \end{aligned} \tag{7.49}$$

7.3.3 稳定性分析

采用李雅普诺夫稳定性理论来验证控制系统的稳定性，首先定义李雅普诺夫函数 V_2 如下

$$V_2 = \frac{1}{2}\boldsymbol{s}_2^{\mathrm{T}}\boldsymbol{s}_2 + \frac{1}{2\chi_1}\mathrm{tr}(\tilde{\boldsymbol{W}}\tilde{\boldsymbol{W}}^{\mathrm{T}}) \tag{7.50}$$

由式（7.15）与式（7.36）可得

$$\begin{aligned}\dot{\boldsymbol{e}}_v &= \dot{\boldsymbol{v}} - \dot{\boldsymbol{v}}_d \\ &= \boldsymbol{M}^{*-1}\left[\boldsymbol{\tau} + \boldsymbol{\tau}_e + \boldsymbol{\tau}_D - \boldsymbol{C}^*(\boldsymbol{v})\boldsymbol{v} - \boldsymbol{D}^*(\boldsymbol{v})\boldsymbol{v} - \boldsymbol{g}^*(\boldsymbol{\eta})\right] - \dot{\boldsymbol{v}}_d\end{aligned} \tag{7.51}$$

将式（7.51）代入式（7.50）并求导得

$$\begin{aligned}\dot{V}_2 &= \Theta\left[\boldsymbol{\tau} + \boldsymbol{\tau}_e + \boldsymbol{\tau}_D - \boldsymbol{C}^*(\boldsymbol{v})\boldsymbol{v} - \boldsymbol{D}^*(\boldsymbol{v})\boldsymbol{v} - \boldsymbol{g}^*(\boldsymbol{\eta})\right] + \frac{1}{2\chi_1}\mathrm{tr}(\tilde{\boldsymbol{W}}\tilde{\boldsymbol{W}}^{\mathrm{T}}) \\ &= \Theta(\boldsymbol{\tau} + \tilde{\boldsymbol{f}}) + \frac{1}{2\chi_1}\mathrm{tr}(\tilde{\boldsymbol{W}}\tilde{\boldsymbol{W}}^{\mathrm{T}})\end{aligned} \tag{7.52}$$

结合式（7.37）、式（7.40）、式（7.52）可得

$$\begin{aligned}\dot{V}_2 &= \boldsymbol{s}_2^{\mathrm{T}}\dot{\boldsymbol{s}}_2 + \boldsymbol{s}_2^{\mathrm{T}}\left[\boldsymbol{e}_v + \rho_1/\rho_2\,\boldsymbol{s}_2^{\mathrm{T}}\boldsymbol{Q}_3\mathrm{diag}(\boldsymbol{e}_v^{(\rho_1/\rho_2-1)})\dot{\boldsymbol{e}}_v\right] + \frac{1}{2\chi_1}\mathrm{tr}(\tilde{\boldsymbol{W}}\tilde{\boldsymbol{W}}^{\mathrm{T}}) \\ &= \boldsymbol{s}_2^{\mathrm{T}}\boldsymbol{e}_v + \Theta(\boldsymbol{\tau} + \boldsymbol{\tau}_e + \boldsymbol{\tau}_D) + \mathrm{tr}(\Theta\tilde{\boldsymbol{W}}\hat{\boldsymbol{h}} - \frac{1}{\chi_1}\tilde{\boldsymbol{W}}\dot{\hat{\boldsymbol{W}}}^{\mathrm{T}}) \\ &= \boldsymbol{s}_2^{\mathrm{T}}\boldsymbol{e}_v + \Theta(\boldsymbol{\tau} + \boldsymbol{\tau}_e + \boldsymbol{\tau}_D) + \mathrm{tr}\left[\tilde{\boldsymbol{W}}(\Theta\hat{\boldsymbol{h}} - \frac{1}{\chi_1}\dot{\hat{\boldsymbol{W}}}^{\mathrm{T}})\right] \\ &= -\|\Theta\|\hat{\Psi} - \|\Theta\|\tilde{\Psi} + \Theta\Gamma \\ &= -\|\Theta\|(\hat{\Psi} - \tilde{\Psi}) + \Theta\Gamma\end{aligned} \tag{7.53}$$

结合式（7.41）与式（7.44）可得

$$\begin{aligned}\dot{V}_2 &= -\|\Theta\|(\hat{\Psi} - \tilde{\Psi}) + \Theta\Gamma \\ &= -\|\Theta\|\Psi + \Theta\Gamma \\ &\leqslant \|\Theta\|(\Gamma - \Psi) \\ &\leqslant \rho_1/\rho_2\,\boldsymbol{s}_2^{\mathrm{T}}\boldsymbol{Q}_3\mathrm{diag}\,\boldsymbol{e}_v^{(\rho_1/\rho_2-1)}\boldsymbol{M}^{*-1}(\Gamma - \Psi)\end{aligned} \tag{7.54}$$

由于 $\rho_1/\rho_2\,\boldsymbol{s}_2^{\mathrm{T}}\boldsymbol{Q}_3\mathrm{diag}\,\boldsymbol{e}_v^{(\rho_1/\rho_2-1)}\boldsymbol{M}^{*-1} < 0$ 且 $\|\tilde{\boldsymbol{W}}^{\mathrm{T}}\boldsymbol{h} + \boldsymbol{\varepsilon}\| = \|\Gamma\| \leqslant \Psi$，因此 $\dot{V}$ 是负定的。因为 V 是有界且正定的，根据李雅普诺夫稳定性理论，本节所设计控制器是渐近稳定的。本节设计的基于 FTDO 的 UUV 自适应非奇异积分终端滑模容错控制系

统框图如图 7.5 所示。

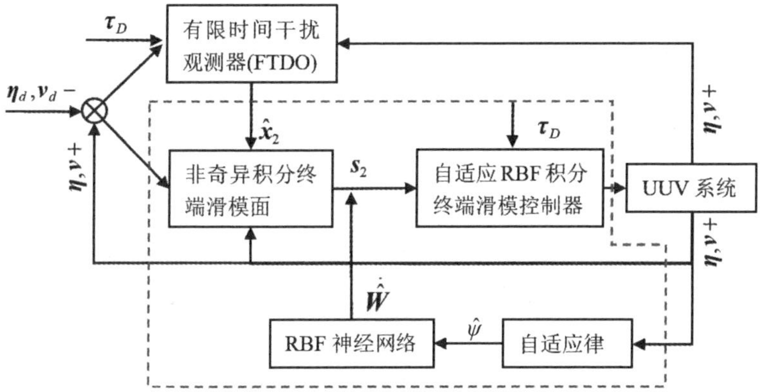

图 7.5　基于 FTDO 的 UUV 自适应非奇异积分终端滑模容错控制系统框图

7.3.4　仿真分析

为验证所设计方法对系统的容错控制性能，以便进一步对控制方法作出改进，在 MATLAB/Simulink 中搭建 UUV 运动仿真模块，具体程序框图如图 7.6、图 7.7 所示。其中，图 7.6 为单自由度整体动力学框架，图 7.7 为本章所设计方法的控制器程序，包括观测器模块、控制律模块、自适应 RBF 模块。

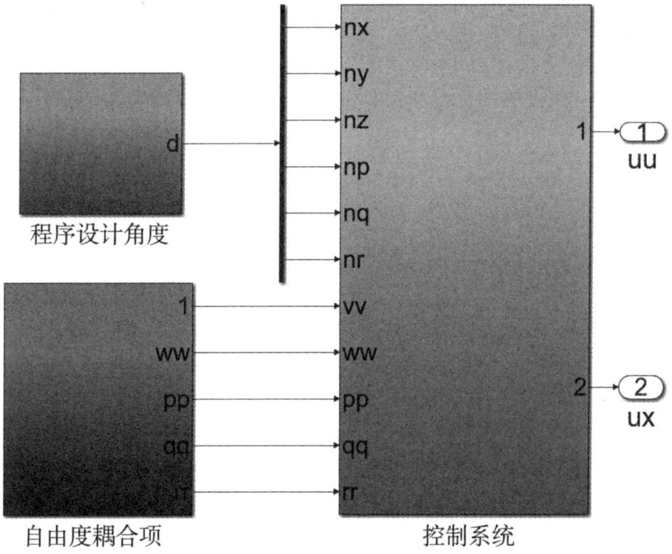

图 7.6　基于 FTDO 的 UUV 自适应非奇异积分终端滑模容错控制程序框图

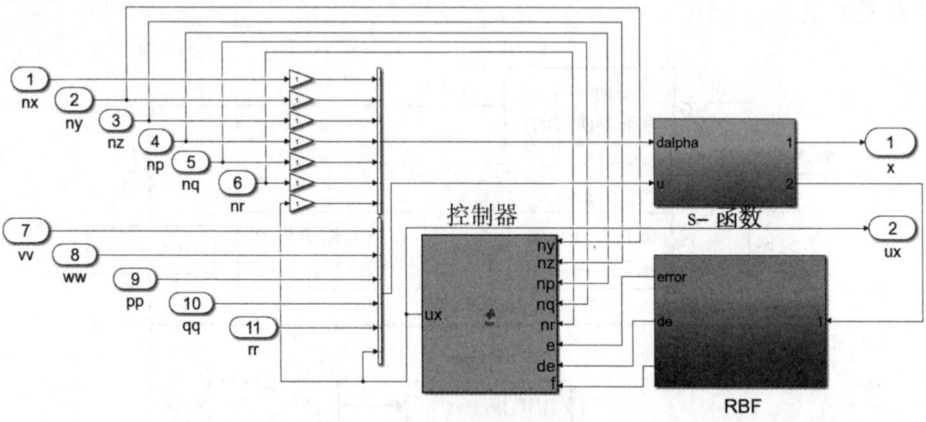

图 7.7　控制器程序框图

在仿真过程中，由于六自由度的参数变化是相互耦合的，因此所搭建的模块可同时进行六自由度的容错控制仿真。由于 Chasing M2 UUV 在结构上有对称性，因此假设其静止状态下的垂直面具有平衡性，即 $G \approx B$。为更加直观清晰地展示控制器的容错效果，在 UUV 的三维运动航迹跟踪仿真的过程中，设定其初始位置为坐标系的原点，运动航迹为螺旋下潜运动，其三维效果与水平面航迹跟踪曲线如图 7.8、图 7.9 所示。本章还将所设计的容错控制方法与现阶段较为常用的自适应 PID 方法进行了对比，由航迹跟踪结果可对比其性能。

设置 UUV 六自由度初始位置状态为 $(1,1,1,0,0,0)^{\mathrm{T}}$，初始速度为 0，期望速度为 $x_d = \sin(0.06\pi t)$, $y_d = \cos(0.06\pi t)$, $z_d = 0.8 + 0.06t$，期望姿态角为 $\varphi_d = 0$, $\theta_d = 0.06\pi$, $\psi = -0.06\pi$ 。在仿真过程中，考虑到外界干扰与系统模型的不确定性，采用正弦信号与阶跃信号来模拟表达。对于故障项，假设在 t=20 s 和 t=60 s 时分别出现推进器失效与卡死故障，其可以描述为

$$\boldsymbol{i}_e = \begin{cases} \boldsymbol{I}_8\ , t<20\ \mathrm{s} \\ \mathrm{diag}\{1,0.8,1,1,1,1,1,1\}, \quad 20\ \mathrm{s} \leqslant t<60\ \mathrm{s} \\ \mathrm{diag}\{1,1,1,1,1,1,0,1\}, \quad t \geqslant 60\ \mathrm{s} \end{cases} \tag{7.55}$$

基于上面对单台推进器的故障描述，其动力的损失可根据布置矩阵分解为对各自由度的故障干扰，因此，式（7.13）中复合故障的表达为未建模动态与故障的线性叠加，同样可以用正弦信号与阶跃信号来模拟。另外，仿真的步长设置为 0.04 s，在仿真过程中控制器的参数如表 7.1 所示。

表 7.1　控制器的参数

参数	数值	参数	数值
κ	2	$\boldsymbol{k}_1$	$20\boldsymbol{I}_6$
δ	3	$\boldsymbol{k}_2$	$\boldsymbol{I}_6$
ρ_1	1.5	a	1.5
ρ_2	1	b	0.5
$\boldsymbol{\alpha}$	$20\boldsymbol{I}_6$	γ	0.5

从图 7.8 和图 7.9 可以看出，本章的自适应 RBF 积分终端滑模方法与自适应 PID 方法都能很好地使 UUV 跟踪期望航迹，但相较于自适应 PID 方法，自适应 RBF 积分终端滑模方法有更高的收敛速度与精度，在故障下其跟踪效果有更小的超调。

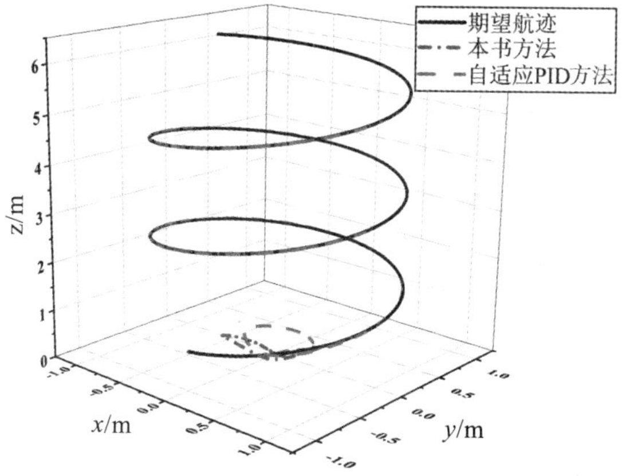

图 7.8　UUV 的三维航迹容错效果图

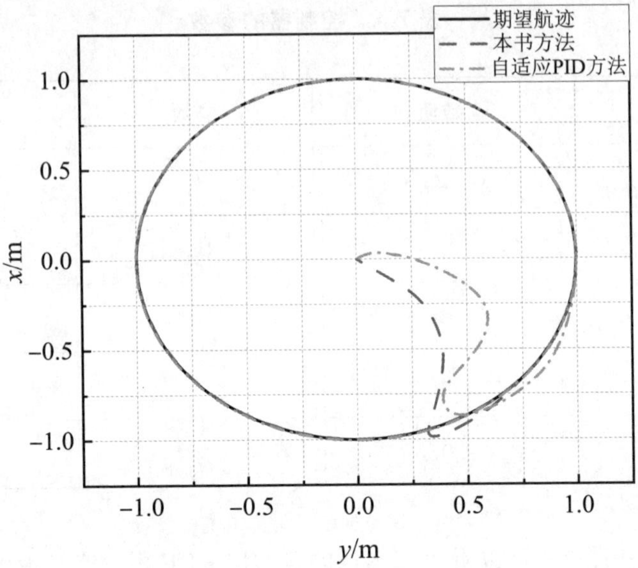

图 7.9 UUV 的水平面航迹跟踪曲线

为更好地对比本书方法与自适应 PID 方法的性能，图 7.10 给出了 UUV 的六自由度位置姿态跟踪曲线，图 7.11 描述了 UUV 在运动过程中的速度误差曲线。为突出 RBF 的万能逼近性能，图 7.12 给出了 RBF 神经网络对复合故障的估计曲线。

由图 7.10 可以看出，在姿态与位置的跟踪上，本书方法均在 6 s 左右完成了状态量的跳动，并能在后续运动中很好地跟踪期望航迹，且相较于自适应 PID 方法在位置方向上的收敛时间缩短了 40%、30%、30%。在故障出现后，UUV 的波动误差控制在 ± 0.08 m 之内，且无明显的超调，这相较于自适应 PID 方法在波动峰值上降低了 50%。在姿态跟踪上，相较于自适应 PID 方法，本书方法在纵倾与偏航方向的收敛时间均缩短了 30%，而且避免了在横滚方向出现的超调。在跟踪过程中，波动误差在 ± 0.06 rad 以内，本书方法的姿态跟踪相较于自适应 PID 方法在性能上分别提高了 30%、10%、10%。由此可知，本书方法相较于自适应 PID 方法在容错控制过程中，不但收敛速度更快而且误差波动更小。

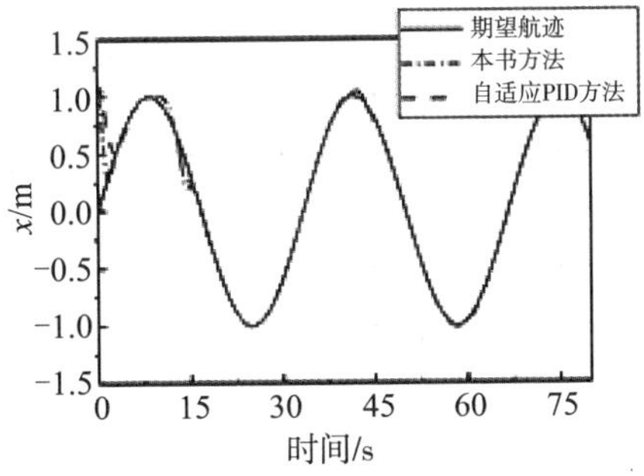

(a) x 方向上的位置姿态跟踪曲线

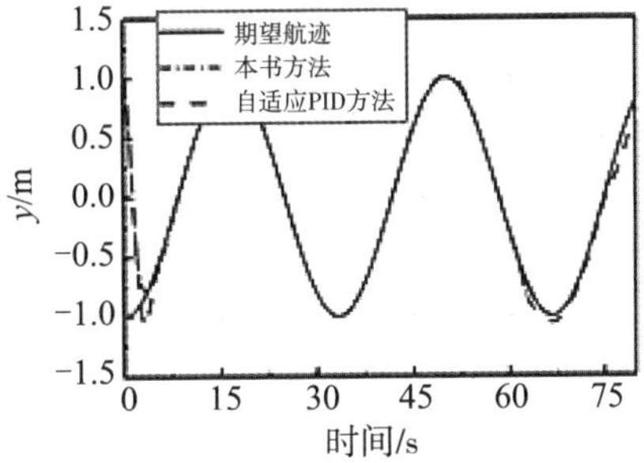

(b) y 方向上的位置姿态跟踪曲线

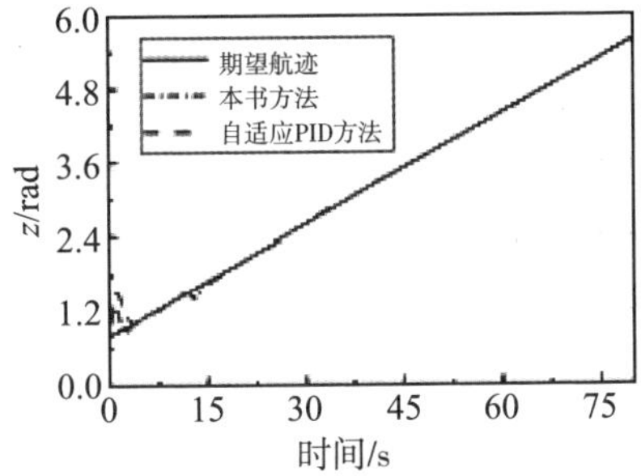

(c) z 方向上的位置姿态跟踪曲线

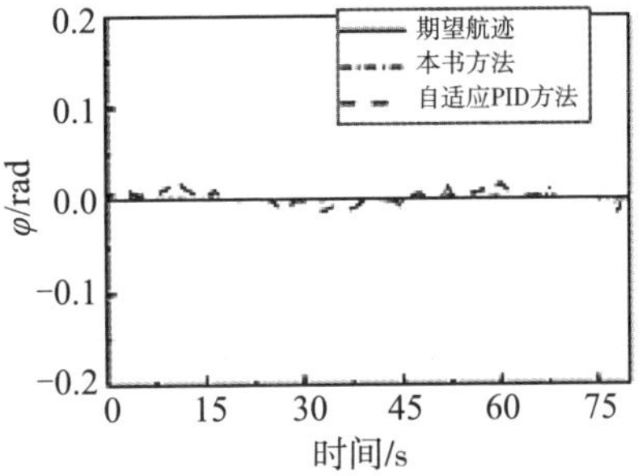

(d) φ 位置姿态跟踪曲线

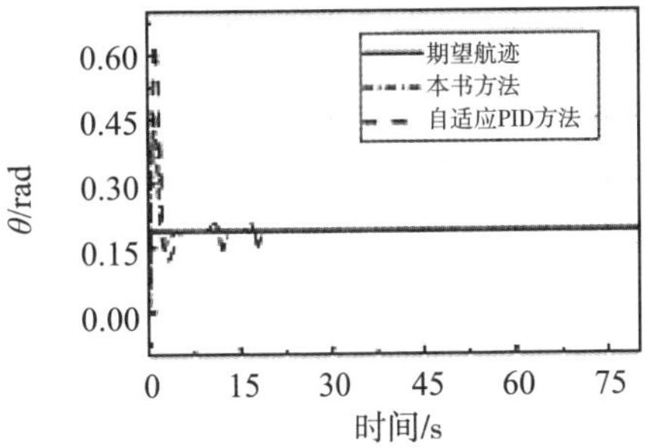

(e) θ 位置姿态跟踪曲线

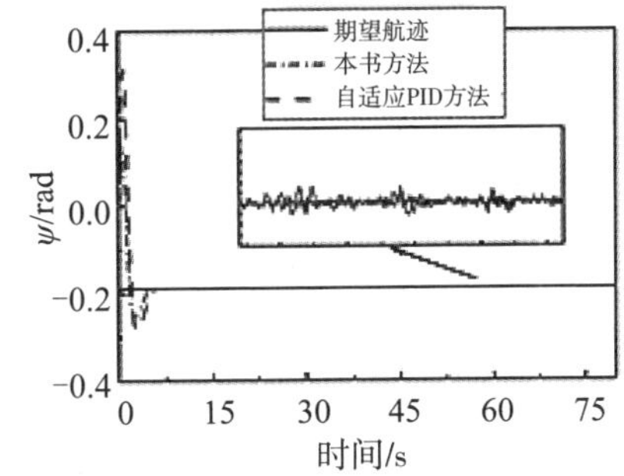

(f) ψ 位置姿态跟踪曲线

图 7.10　UUV 的六自由度位置姿态跟踪曲线

图 7.11 显示了 UUV 出现故障后控制器对 UUV 的实时容错效果。在 t=20 s 与 t=60 s，当引入所设计的故障信号模拟执行器的失效时，UUV 出现推进器动力与力矩的部分缺失，在控制器的作用下，通过调节剩余推进器的输出达到对缺失动力与力矩的补偿。由图 7.11 可知，线速度与角速度的补偿调节均在 3 s 之内，其中横向、纵向、垂向的稳态误差均控制在 0.1 m/s 左右，而横滚、纵倾、偏航的稳态误差控制在 0.4 rad/s 以内。本书方法对故障下的动力补偿有良好的响应速度与稳态性能。

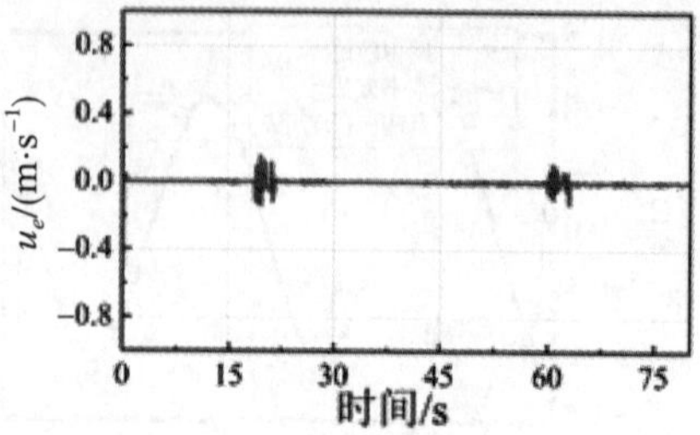

(a) u_e 误差曲线

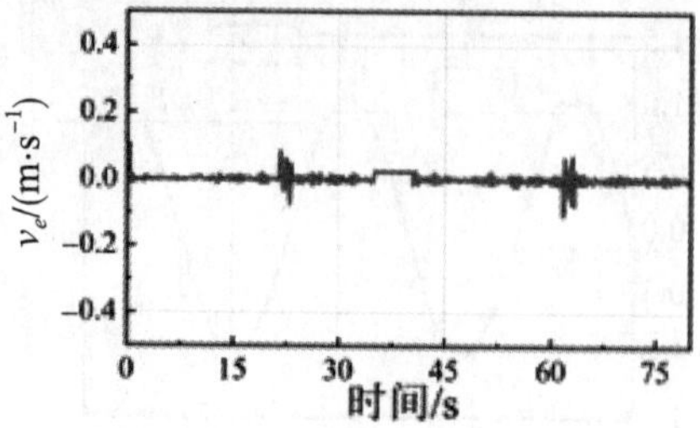

(b) v_e 误差曲线

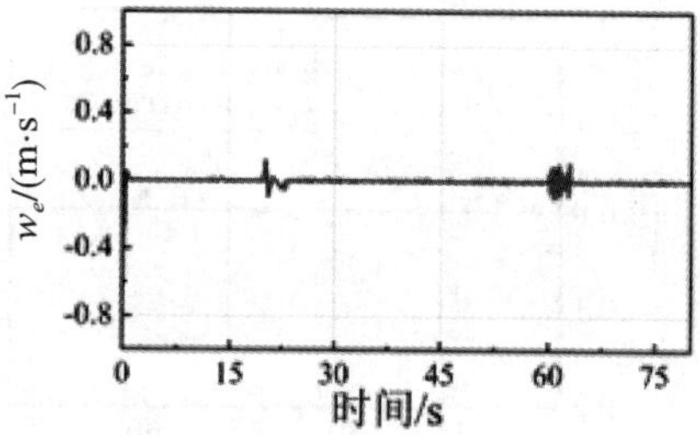

(c) w_e 误差曲线

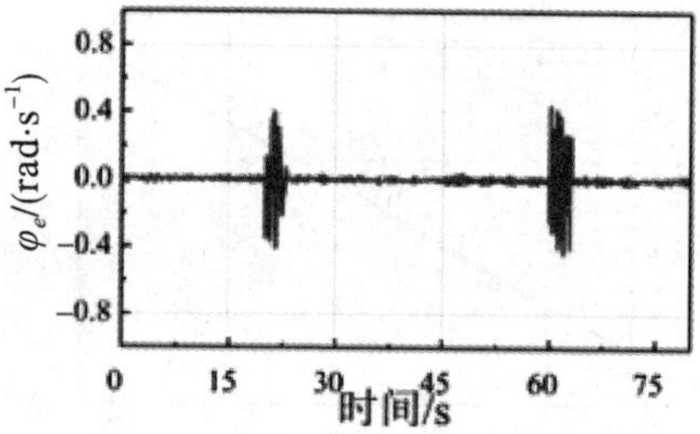

(d) φ_e 误差曲线

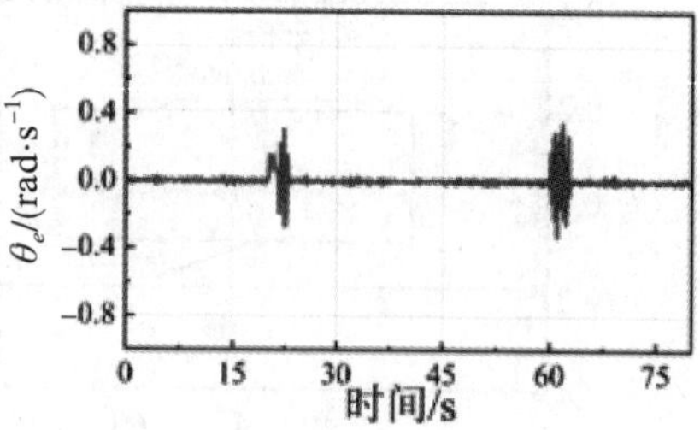

(e) θ_e 误差曲线

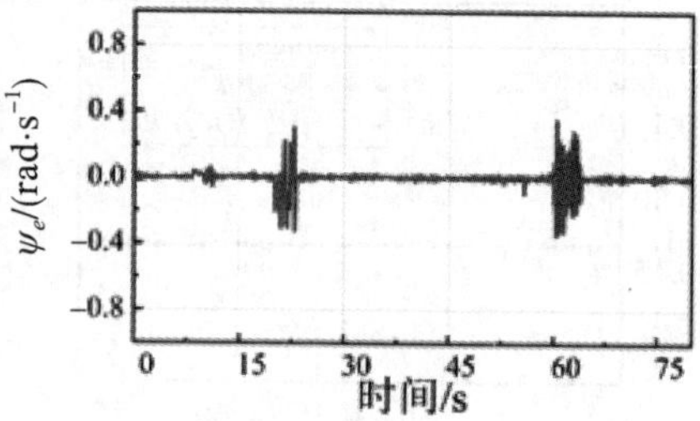

(f) ψ_e 误差曲线

图 7.11　UUV 在运动过程中的速度误差曲线

图 7.12 突出了自适应 RBF 对复合故障的估计效果，当系统同时存在模型不确定性与执行器故障时，自适应 RBF 能够在复合故障突变的同时展现出较好的瞬态性能，能够在短时间内快速逼近实际值并保持较高的估计精度，展示了良好的稳态效果。

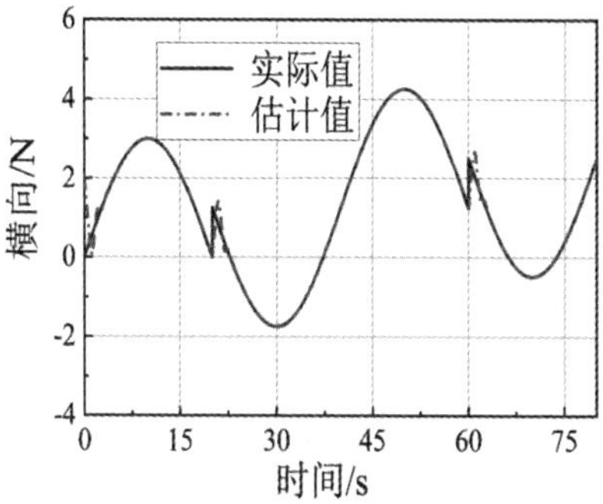

(a) 横向

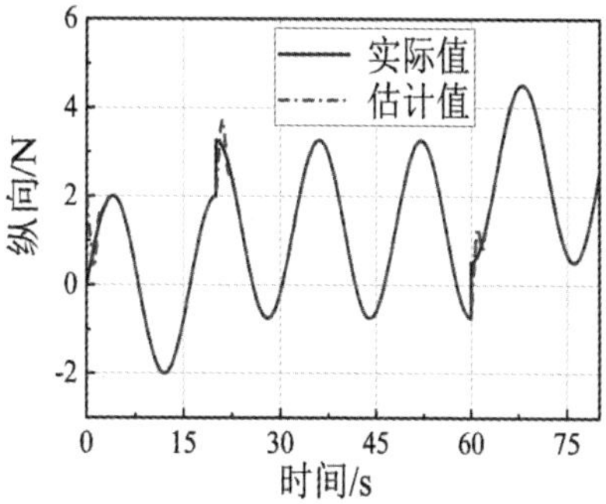

(b) 纵向

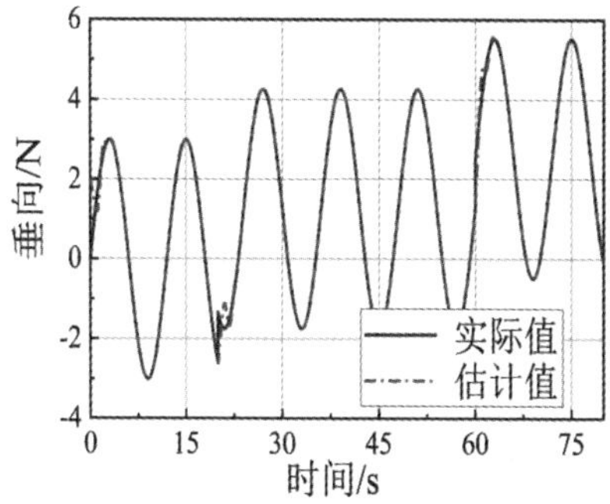

(c) 垂向

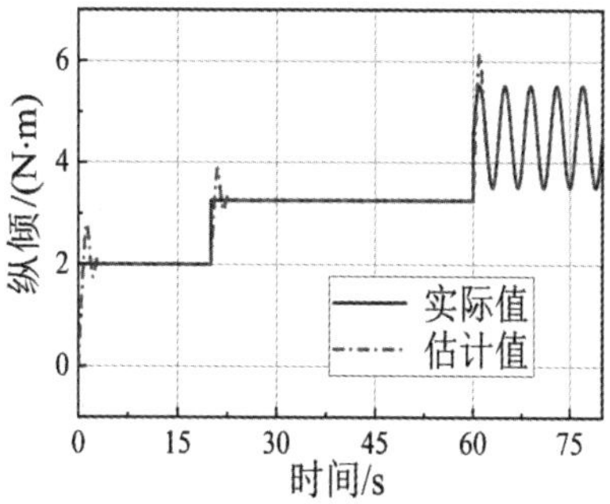

(d) 纵倾

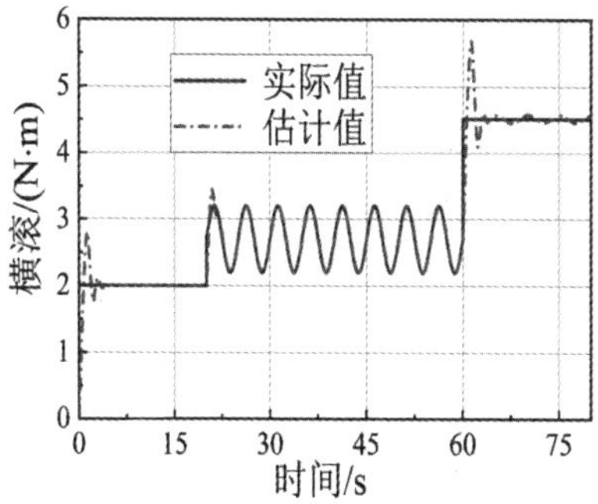

(e) 横滚

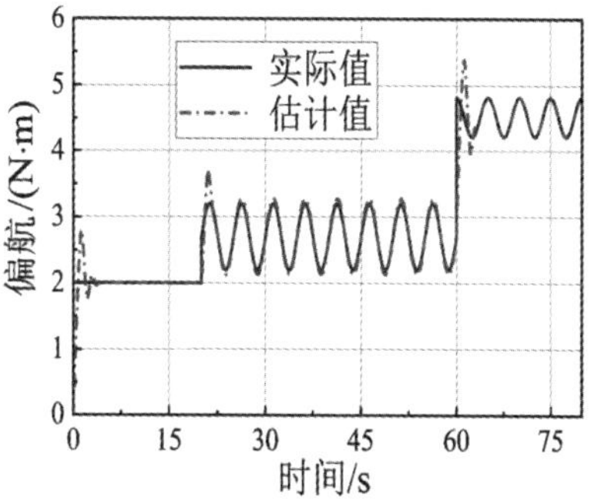

(f) 偏航

图 7.12　RBF 神经网络对复合故障的估计曲线

7.4 本章小结

本章针对 UUV 运动过程中出现的执行器故障问题，综合 FTDO、积分终端滑模、自适应 RBF 神经网络算法对其进行航迹容错跟踪。首先，在 UUV 动力学模型的基础上，构造积分终端滑模面，用于收敛位置误差。其次，利用 FTDO 减少外界干扰对系统的影响，提高滑模控制的稳态性能。再次，设计切换控制律同时采用 RBF 神经网络对复合故障进行逼近估计，并设计自适应律对系统参数进行调整，减少滑模抖振现象。最后，采用李雅普诺夫稳定性理论证明控制方法的稳定性和误差的渐近收敛。仿真结果表明，本书方法相对于传统的自适应 PID 方法有更好的稳态与瞬态性能，有更强的鲁棒性。

第 8 章　基于推力分配策略的 UUV 容错控制

8.1　引言

UUV 在实际应用过程中，除了进行航迹跟踪、目标搜索等高速巡航外，还需有定点定向悬停的功能，这就要求 UUV 要有稳定的动力定位能力。故障下的 UUV 要想在作业中保持设定的方向与位置或相对位置不变，就需要较为严格的输出精度。这不仅需要推进器在指定要求下快速、平稳地输出动力且尽可能地减少输出能耗，还需要应对其在工作过程中出现的各种不利因素。

本章主要针对 UUV 执行器故障问题进行深入研究，在作业中 UUV 输出到六自由度上的动力与力矩是各推进器输出并在惯性坐标系上合成的结果，当出现执行器故障时，会出现由某一自由度的动力与力矩不足导致的失衡现象，偏离预期结果。动力重新分配是解决问题的直接办法，其目的在于接收来自容错控制器的控制信号，重新规划各个执行器的输出，从而使各自由度的合力达到正常水平。在现阶段各种优化规划算法中，伪逆法、粒子群算法、SQP 法等较为常用，都能够很好地应用在推力分配问题中。其中，伪逆法的设计方法直接简单，参数少，但它未考虑系统的能耗问题与输出边界，容易陷入奇异点问题；粒子群算法的结构简单，它在应用上不依赖参数信息且收敛快，有很强的全局寻优能力，但由于精度不够，所以局部寻优能力较差；SQP 法有精度高的优点，因此具有较强的局部寻优能力。

综上，本章提出了基于粒子群－序列二次规划（particle swarm optimization-sequential quadratic programming, PSO-SQP）的推力分配方法，在 SQP 法的基础上采用粒子群更新求出 SQP 的运行初始值，使 SQP 克服了对初始值的过分依赖，提高了算法全局寻优的能力。

8.2 推力分配方法

8.2.1 伪逆法

伪逆法是一种广泛运用于二次优化问题的分配计算方法。矩阵的逆是指对于任意矩阵，都可以找到一个任意大小的矩阵，使得该矩阵与原矩阵相乘后得到的结果是单位矩阵。若原矩阵是可逆矩阵，则该矩阵的广义逆矩阵就是其逆矩阵。依靠这种方法可以找出控制系统输出的最优解。假设目标函数如下

$$\begin{cases}\min \quad f=\boldsymbol{u}^{\mathrm{T}}\boldsymbol{w}\boldsymbol{u} \\ \text{s.t.} \quad \boldsymbol{\tau}-\boldsymbol{B}\boldsymbol{u}=\boldsymbol{0}\end{cases} \tag{8.1}$$

式中：f为系统消耗的能量；$\boldsymbol{w}$为正定的对角矩阵；$\boldsymbol{u}$为控制器的输出。因此，定义上述约束的拉格朗日函数如下

$$L(\boldsymbol{u},\boldsymbol{\lambda})=\boldsymbol{u}^{\mathrm{T}}\boldsymbol{W}\boldsymbol{u}+\boldsymbol{\lambda}(\boldsymbol{\tau}-\boldsymbol{B}\boldsymbol{u}) \tag{8.2}$$

式中：$\boldsymbol{\lambda}$为拉格朗日乘子向量。解相关方程可得

$$\begin{aligned}\boldsymbol{u}&=\boldsymbol{B}^{-1}\boldsymbol{\tau}\\&=\boldsymbol{W}^{-1}\boldsymbol{B}^{\mathrm{T}}(\boldsymbol{B}\boldsymbol{W}^{-1}\boldsymbol{B}^{\mathrm{T}})^{-1}\boldsymbol{\tau}\end{aligned} \tag{8.3}$$

因此

$$\boldsymbol{B}^{-1}=\boldsymbol{W}^{-1}\boldsymbol{B}^{\mathrm{T}}(\boldsymbol{B}\boldsymbol{W}^{-1}\boldsymbol{B}^{\mathrm{T}})^{-1} \tag{8.4}$$

8.2.2 粒子群算法

粒子群算法是通过观察鸟类捕食飞行规律提出的。它可以基于对鸟类行为的模拟与仿真，获取其寻优规律，从而将该规律应用到各种规划控制领域，以实现对全局最优解的搜索。目前粒子群算法广泛应用于各种优化问题，特别是连续空间中的优化问题，如函数优化、二次规划、参数调节等。它具有简单易实现、收敛速度快、全局能力好等优点，因此成为许多寻优问题的有效求解手段之一。

在粒子群算法中，位置和速度是每个粒子的基本姿态参数，用来记录单个

粒子的运动状态和搜索过程中的最优解。粒子群算法的基本思想是通过不同粒子之间的信息共享和合作来引导整个群体向更优解的方向移动。当一个粒子所处的位置最靠近全局最优解时，所有粒子都会自主地向它靠近，完成一次迭代，最后导入下一次迭代过程。具体来说，粒子群算法通过不断迭代更新每个粒子的位置和速度来进行搜索。在每一次迭代中，每个粒子根据自身的经验和群体的经验导入下一次更新，以下是更新速度和位置的公式

$$V_i(t+1) = \omega_x V_i(t) + c_1 r_1 \left[p_i - X_i(t) \right] + c_2 r_2 \left[g_i - X_i(t) \right] \tag{8.5}$$

$$X_i(t+1) = X_i(t) + V_i(t+1) \tag{8.6}$$

式中：$V_i(t)$ 为粒子 i 在时刻 t 的速度；$X_i(t)$ 为粒子 i 在时刻 t 的位置；p_i 为粒子 i 的个体最优解；g_i 为全局最优解；ω_x、c_1、c_2 为常数；r_1、r_2 为在 0 和 1 之间的随机数。通过不断迭代更新每个粒子的速度和位置，粒子群算法找到的全局最优解往往可以接近或达到问题的最优解。粒子群算法流程如图 8.1 所示。

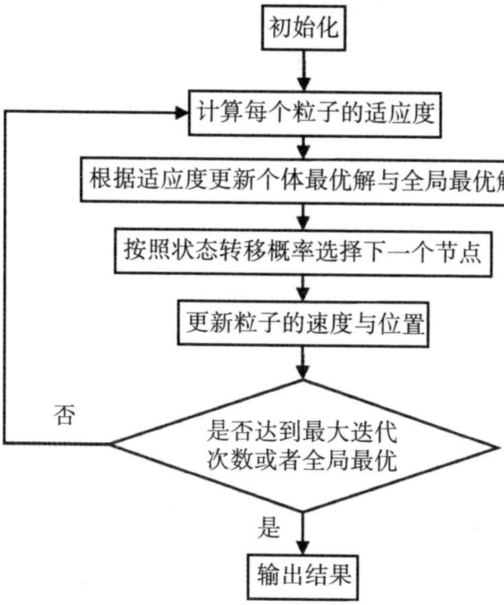

图 8.1　粒子群算法流程

8.2.3　SQP 法

SQP 法是一种常见的非线性规划问题求解方法。非线性规划问题是在目标

函数或者约束条件下的非线性问题。总体上讲，非线性规划问题的求解比线性规划问题的求解要复杂困难得多。而且，线性规划问题有许多通用算法，如单纯形法，非线性规划问题到现在为止还没有适用于各种问题的通用算法。SQP法是目前公认的求解非线性规划问题的有效方法之一。与其他算法相比，SQP法的优点是收敛性好、计算效率高、局部边界搜索能力强。

用 SQP 法求解二次规划问题的本质是将复杂的非线性规划问题简单化，即将其转化为多个二次规划子问题的集合，然后对每一个子问题进行求解，但是这种方法在求解过程中无法利用原问题的良好特性。其整体算法结构如下：

定义如下目标函数

$$\begin{cases}\min\ \boldsymbol{f}(\boldsymbol{X}) \\ \text{s.t.}\ \boldsymbol{g}_u(\boldsymbol{X})\leqslant \boldsymbol{0}\ (u=1,2,\cdots,m) \\ \qquad \boldsymbol{h}_v(\boldsymbol{X})=\boldsymbol{0}\ (v=1,2,\cdots,n)\end{cases} \tag{8.7}$$

将式（8.7）用泰勒公式展开，简化为如下二次规划问题

$$\begin{cases}\min\ \boldsymbol{f}(\boldsymbol{X})=\dfrac{1}{2}\boldsymbol{S}^{\mathrm{T}}\nabla^2\boldsymbol{f}(\boldsymbol{X}^k)\boldsymbol{S}+\nabla\boldsymbol{f}(\boldsymbol{X}^k)^{\mathrm{T}}\boldsymbol{S} \\ \text{s.t.}\ \nabla\boldsymbol{g}_u(\boldsymbol{X})^{\mathrm{T}}\boldsymbol{S}+\boldsymbol{g}_u(\boldsymbol{X}^k)\leqslant\boldsymbol{0}\ (u=1,2,\cdots,m) \\ \qquad \nabla\boldsymbol{h}_v(\boldsymbol{X})^{\mathrm{T}}\boldsymbol{S}+\boldsymbol{h}_v(\boldsymbol{X}^k)=\boldsymbol{0}\ (v=1,2,\cdots,n)\end{cases} \tag{8.8}$$

简化式（8.8），得到如下二次规划问题

$$\begin{cases}\min\ \dfrac{1}{2}\boldsymbol{S}^{\mathrm{T}}\boldsymbol{W}\boldsymbol{S}+\bar{\boldsymbol{C}}^{\mathrm{T}}\boldsymbol{S} \\ \text{s.t.}\ \bar{\boldsymbol{A}}\boldsymbol{S}=-\bar{\boldsymbol{B}} \\ \qquad \bar{\boldsymbol{A}}_{\mathrm{ep}}\boldsymbol{S}=-\bar{\boldsymbol{B}}_{\mathrm{ep}}\end{cases} \tag{8.9}$$

将得到的二次规划问题的子问题作为简单的等式约束二次规划问题进行求解，采用牛顿法对其拉格朗日函数进行调整迭代，求解关于问题的目标与约束条件的矩阵方程，判断是否得到关于子问题的最优解，是否需要进行下一次迭代。求解的基本步骤如下：

（1）根据目标函数与约束条件选择初始值。

（2）计算目标函数的梯度与约束函数；计算约束函数的雅可比矩阵及拉格朗日函数的黑塞矩阵。

（3）得到牛顿迭代的方向及下一个迭代点的拉格朗日乘子向量。

（4）计算下一个迭代点及目标函数值，判断罚函数值是否达到要求；若达到要求，则终止迭代，否则回到（2）。

8.3　基于 PSO-SQP 的 UUV 推力分配方法的设计

8.3.1　推进系统的描述

UUV 的动力输出分配是典型的非线性二次规划问题，在考虑故障导致的动力损失的情况下，设计推力重分配应注意执行器的输出上限。本节利用 SQP 法在解决推力分配问题的同时对执行器输出进行约束，并采用粒子群算法优化其初始值，以弥补全局优化能力不足的缺陷。

在 Chasing M2 UUV 的推进系统中，8 个三叶螺旋桨推进器按照固定的角度与位置放置，输出方式为电机驱动螺旋桨转动提供相应方向的动力，其中螺旋桨的转动方向均为单向。单个螺旋桨推力与力矩的表达式如下

$$\begin{cases} F = \rho n^2 D^4 k \\ M_F = Fh \end{cases} \tag{8.10}$$

式中：F 为推进器所提供的推力；ρ 为 UUV 的作业环境中液体的密度；n 为螺旋桨的转速，是执行器输出电流的直接作用部分；D 为螺旋桨的直径；k 为推进器的推力系数，与螺旋桨的形状、叶片数量以及螺距有关；M_F 为输出力矩；h 为重心到推力方向的垂线距离。

8.3.2　粒子群的设计

在粒子群的设计优化中，目标函数和约束条件决定了粒子群中每一个粒子的位置变化、速度及适应度，前一个粒子的这几个要素的优劣会影响整个群体的走向，即完成一次迭代，最终达到函数的全局最优值。在 UUV 的推力分配优化过程中，不仅要考虑各个自由度误差即收敛到最小值，还要尽可能地降低能耗与磨损。由于 UUV 有六自由度的推力寻优，因此粒子群的搜索空间是六维的，故定义单自由度的更新方法为

$$V(k+1)=\varpi V(k)+c_1r_1\left[p(k)-x_d(k)\right]+c_2r_2\left[g(k)-x_d(k)\right] \tag{8.11}$$

$$x_d(k+1)=x_d(k)+V(k+1) \tag{8.12}$$

式中：$V(k+1)$为$k+1$时刻粒子的速度，为迭代后的结果；c_1、c_2为迭代过程中的加速度因子，其大小可以决定粒子在迭代过程中的速度；r_1、r_2为0到1之间的随机数；$p(k)$为粒子在搜索过程中的个体极值；$g(k)$为粒子在搜索过程中的全局极值，也是个体极值中的最优解；$x_d(k)$为粒子在搜索过程中的位置信息；ϖ为惯性权重，可表示为

$$\varpi=\varpi_{\max}-\frac{iN(\varpi_{\max}-\varpi_{\min})}{iN_{\max}} \tag{8.13}$$

式中：iN为粒子群优化过程的迭代次数；$iN_{\max}$为最大迭代次数；$\varpi_{\max}$、$\varpi_{\min}$为惯性权重的最大值、最小值，它们的取值可以影响搜索的局部性能，当取值较小时，粒子运动惯性小，局部寻优能力强，反之全局寻优能力强。

粒子群更新优化的约束为

$$V(k+1)=\begin{cases}V_{\max}\ , & V(k+1)\geqslant V_{\max}\\ V(k+1)\ , & V_{\min}<V(k+1)<V_{\max}\\ V_{\min}\ , & V(k+1)\leqslant V_{\min}\end{cases} \tag{8.14}$$

$$x_d^{\min}(k)<x_d(k+1)<x_d^{\max}(k) \tag{8.15}$$

在UUV的推力分配中，其约束主要考虑的是执行器功率大小和推进器输出的上限。对故障推进器的动力补偿方案通常有多个，优化约束可以过滤掉有饱和现象的粒子，使其找到合适的粒子群。

适应度函数可以用于反映粒子群中每一个粒子的优劣程度。它根据目标问题的需求来定义其本身结构，如目标函数的极值，可能是极大值也可能是极小值。适应度函数通过将搜索寻优的每一个解映射到一个适应度值来评估解的质量，适应度值越高表示粒子群的解越好。在UUV进行动力定位时期望有最小的能耗与误差，因此适应度函数f_i可设置为

$$f_i=\sum_{i=1}^{6}F_i+\boldsymbol{s}^{\mathrm{T}}\boldsymbol{P}\boldsymbol{s} \tag{8.16}$$

式中：F_i（$i=1,2,\cdots,6$）为推进器所输出的动力；$\boldsymbol{s}^{\mathrm{T}}\boldsymbol{P}\boldsymbol{s}$为惩罚项，其中$s$为动力

输出误差，$\boldsymbol{P}$ 为松弛量，为正定的对角矩阵。在粒子搜索过程中，将每一个粒子的个体极值与当前的适应度值进行比较，将迭代过程中与适应度值最接近的粒子作为新的极值保存下来，否则进入下一次迭代，直到最终找到粒子群最优解。整体算法步骤如下：

（1）初始化粒子群，设定相关参数。

（2）构造适应度函数 f_i。

（3）对比适应度值，更新并保存个体 $p(k)$ 与群体 $g(k)$ 极值。

（4）更新速度与位置，并判断是否满足终止条件，若不满足则返回（2）。

（5）输出最优结果。

8.3.3　基于 PSO–SQP 的分配控制器的设计

为避免 SQP 陷入局部最优结果，本节在 UUV 的推力分配中结合粒子群算法，构造了 PSO–SQP，该算法将粒子群算法的最优结果作为 SQP 迭代的初始值，使 SQP 摆脱了对初始值的依赖，同时提高了推力分配系统的局部与全局搜索能力。

针对 UUV 模型与期望要求，构造二次目标函数并给定约束如下

$$\begin{cases} f(t)=\boldsymbol{\tau}^{\mathrm{T}}\tilde{\boldsymbol{W}}\boldsymbol{\tau}+\boldsymbol{s}^{\mathrm{T}}\boldsymbol{P}\boldsymbol{s}+\dfrac{\rho}{\bar{\varepsilon}+\det(\boldsymbol{B}\boldsymbol{B}^{\mathrm{T}})} \\ \boldsymbol{s}=\boldsymbol{\tau}-\boldsymbol{B}\boldsymbol{u} \\ \boldsymbol{u}_{\min}\leqslant\boldsymbol{u}\leqslant\boldsymbol{u}_{\max} \\ \Delta\boldsymbol{u}_{\min}\leqslant\boldsymbol{u}\leqslant\Delta\boldsymbol{u}_{\max} \end{cases} \tag{8.17}$$

目标函数中第一项是推进器的推力输出项，在应对 UUV 推力缺失故障时，不仅要考虑使六自由度上力与力矩恢复到正常水平，还要尽可能地降低执行器功耗，提高 UUV 的后续容错能力。其中，$\tilde{\boldsymbol{W}}$ 为对角矩阵，主对角线上的值代表各台推进器的权值矩阵。

第二项是目标函数的惩罚项，其中 $\boldsymbol{s}$ 为执行器的输出力矩与实际输出力矩的差值，定义为推力的输出误差；$\boldsymbol{P}$ 是权值矩阵，为正的对角矩阵，$\boldsymbol{P}$ 的取值越大，$\boldsymbol{s}$ 就越接近零，因此 $\boldsymbol{P}$ 在取值范围内应尽可能取大值。

第三项是为防止系统出现奇异情况，使整个系统算法进程崩溃而特别设计

的。其中，$\boldsymbol{B}$为推进器的布置矩阵，ρ为水的密度，ε可以避免分母为0的情况。

目标函数的拉格朗日表达式为

$$\boldsymbol{L}(t,\boldsymbol{\lambda})=\boldsymbol{f}(t)-\sum\boldsymbol{\lambda}^{\mathrm{T}}\boldsymbol{c}_E(t) \tag{8.18}$$

式中：$\boldsymbol{\lambda}$与$\boldsymbol{c}_E$分别为拉格朗日乘子向量与约束。

$$\nabla_t\boldsymbol{L}(t,\boldsymbol{\lambda})=\boldsymbol{g}(t)-\boldsymbol{J}_E(t)^{\mathrm{T}}\boldsymbol{\lambda} \tag{8.19}$$

式中：∇为梯度符号；$\nabla_{\lambda}\boldsymbol{L}(t,\boldsymbol{\lambda})=-\boldsymbol{c}_E(t)$，为关于$\boldsymbol{\lambda}$的梯度；$\boldsymbol{g}(t)=\nabla_t\boldsymbol{f}(t)$为目标函数的梯度。现构造约束函数的雅可比矩阵$\boldsymbol{J}_E(t)$如下

$$\boldsymbol{J}_E(t)=\boldsymbol{D}_E\boldsymbol{c}_E(t) \tag{8.20}$$

式中

$$\boldsymbol{J}_E(t)=[c_1(t),c_2(t),\cdots,c_n(t)] \tag{8.21}$$

根据待解决问题的KKT条件可得

$$\nabla\boldsymbol{L}(t,\boldsymbol{\lambda})=\begin{bmatrix}\nabla_t\boldsymbol{L}(t,\boldsymbol{\lambda})\\ \nabla_{\lambda}\boldsymbol{L}(t,\boldsymbol{\lambda})\end{bmatrix}=\begin{bmatrix}\boldsymbol{g}(t)-\boldsymbol{J}_E(t)^{\mathrm{T}}\boldsymbol{\lambda}\\ -\boldsymbol{c}_E(t)\end{bmatrix}=\boldsymbol{0} \tag{8.22}$$

采用牛顿法求解，首先得到目标函数关于t、$\boldsymbol{\lambda}$的二阶梯度，即得到包含目标函数的如下黑塞矩阵的不等式方程

$$\begin{aligned}\nabla^2\boldsymbol{L}(t,\boldsymbol{\lambda})&=\begin{bmatrix}\nabla_{tt}^2\boldsymbol{L}(t,\boldsymbol{\lambda}) & \nabla_{t\lambda}^2\boldsymbol{L}(t,\boldsymbol{\lambda})\\ \nabla_{\lambda t}^2\boldsymbol{L}(t,\boldsymbol{\lambda}) & \nabla_{\lambda\lambda}^2\boldsymbol{L}(t,\boldsymbol{\lambda})\end{bmatrix}\\ &=\begin{bmatrix}\boldsymbol{H}(t)-\sum\boldsymbol{\lambda}_i\boldsymbol{C}_i(t) & \boldsymbol{J}_E(t)^{\mathrm{T}}\boldsymbol{\lambda}\\ \boldsymbol{J}_E(t) & \boldsymbol{0}\end{bmatrix}\end{aligned} \tag{8.23}$$

式中：$\boldsymbol{C}_i(t)=\nabla^2\boldsymbol{c}_E(t)$为约束函数$\boldsymbol{c}_E$的黑塞矩阵；$\boldsymbol{H}(t)$为目标函数的黑塞矩阵；$\boldsymbol{H}(t)-\sum\boldsymbol{\lambda}_i\boldsymbol{C}_i(t)$为拉格朗日函数的黑塞矩阵。

对此构造如下函数

$$\phi(\boldsymbol{\tau})=\boldsymbol{f}(t^k+\boldsymbol{\tau}) \tag{8.24}$$

对式（8.24）在k处进行泰勒展开可得

$$\phi(\boldsymbol{\tau})=\boldsymbol{f}(t^k)+\boldsymbol{g}(t^k)^{\mathrm{T}}\boldsymbol{\tau}+\frac{1}{2}\boldsymbol{\tau}^{\mathrm{T}}\boldsymbol{H}(t^k)\boldsymbol{\tau} \tag{8.25}$$

在UUV的推力分配问题中，对$\boldsymbol{\tau}$的期望是尽可能小的，对所构造函数$\phi(\boldsymbol{\tau})$

取极值，则可以得到

$$\nabla\phi(\boldsymbol{\tau})=\boldsymbol{g}(t^k)+\boldsymbol{H}(t^k)\boldsymbol{\tau}=\boldsymbol{0} \tag{8.26}$$

式中：$\nabla\phi(\boldsymbol{\tau})$ 为函数 $\phi(\boldsymbol{\tau})$ 对 $\boldsymbol{\tau}$ 的梯度。对于给定的参数 t^k、$\boldsymbol{\tau}$，采用 $t^{k+1}=t^k+\boldsymbol{\tau}$ 的方式进行迭代，且同时满足

$$\boldsymbol{H}(t^k)\boldsymbol{\tau}^k=-\boldsymbol{g}(t^k) \tag{8.27}$$

结合式（8.22）、式（8.23）得到如下关于 $\boldsymbol{\tau}$ 的矩阵方程

$$\begin{bmatrix}\boldsymbol{t}^{k+1}\\ \boldsymbol{\lambda}^{k+1}\end{bmatrix}=\begin{bmatrix}\boldsymbol{t}^k+\boldsymbol{\tau}_t^k\\ \boldsymbol{\lambda}^k+\boldsymbol{\tau}_\lambda^k\end{bmatrix}=\begin{bmatrix}\boldsymbol{t}^k\\ \boldsymbol{\lambda}^k\end{bmatrix}+\begin{bmatrix}\boldsymbol{\tau}_t^k\\ \boldsymbol{\tau}_\lambda^k\end{bmatrix} \tag{8.28}$$

变形得

$$\begin{bmatrix}\boldsymbol{W} & -\boldsymbol{J}_E(t^k)^{\mathrm{T}}\\ -\boldsymbol{J}_E(t^k) & \boldsymbol{0}\end{bmatrix}\begin{bmatrix}\boldsymbol{\tau}_t^k\\ \boldsymbol{\tau}_\lambda^k\end{bmatrix}=-\begin{bmatrix}\boldsymbol{g}^k-\boldsymbol{J}_E(t^k)^{\mathrm{T}}\boldsymbol{\lambda}^k\\ -\boldsymbol{c}_E(t^k)\end{bmatrix} \tag{8.29}$$

上述 KKT 线性化可以使得非线性二次规划问题转变为简单的二次规划子问题，从而获得目标问题的局部最优解，但由于其是局部收敛的，此二次规划问题的初始值要尽可能靠近最优值，且必须满足 $\boldsymbol{W}(t^k,\boldsymbol{\lambda}^k)>0$，$\boldsymbol{J}_E(t^k)$ 为行满秩。最终关于原问题的二次规划子问题为

$$\begin{cases}\min\ \dfrac{1}{2}\boldsymbol{\tau}^{\mathrm{T}}\boldsymbol{W}_k^t\boldsymbol{\tau}+\boldsymbol{\tau}^{\mathrm{T}}\boldsymbol{g}(t)\\ \text{s.t.}\ \boldsymbol{J}_E(t)\boldsymbol{\tau}=-\boldsymbol{c}_E(t)\\ \qquad \boldsymbol{h}_i(t)=-\nabla\boldsymbol{h}_i(t)^{\mathrm{T}}\boldsymbol{\tau}\\ \qquad \boldsymbol{g}_j(t)\geqslant\nabla\boldsymbol{g}_j(t)^{\mathrm{T}}\boldsymbol{\tau}\end{cases} \tag{8.30}$$

式（8.30）的求解流程图如图 8.2 所示，具体步骤如下：

（1）根据目标函数与约束条件选择初始值。

（2）计算目标函数的梯度与约束函数；计算约束函数的雅可比矩阵及拉格朗日函数的黑塞矩阵。

（3）得到牛顿迭代的方向及下一个迭代点的拉格朗日乘子向量。

（4）计算下一个迭代点及目标函数值，判断罚函数值是否达到要求；若达到要求，则终止迭代，否则回到（2）。

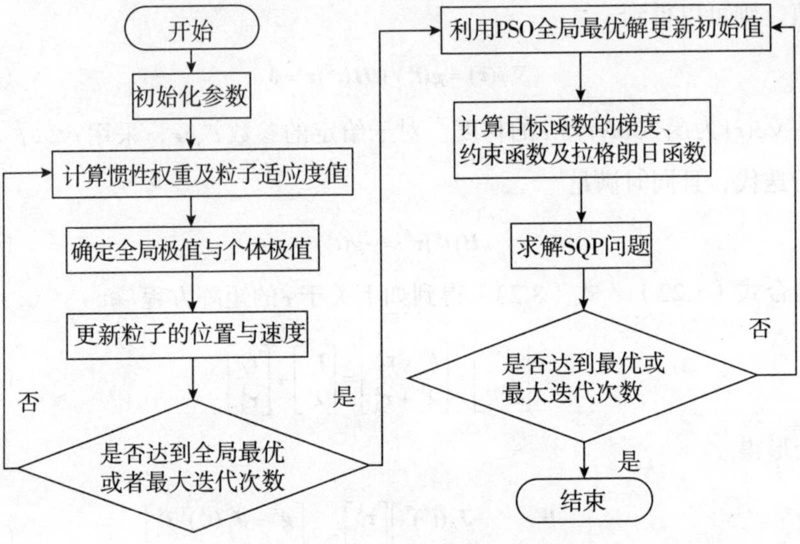

图 8.2　PSO-SQP 算法的流程图

8.3.4　仿真分析

为验证本章所提出的基于 PSO-SQP 的推力分配方法的有效性，采用 MATLAB 软件对其进行数值模拟仿真，其中 UUV 模型依旧采用 Chasing M2 UUV，该仿真利用粒子群工具包对粒子群算法进行处理。

在仿真过程中，设定 UUV 的初始位置信息为 $\boldsymbol{\eta}_0 = (0,0,0,0,0,0)^{\mathrm{T}}$，期望位移与期望姿态角分别为

$$x_d = \begin{cases} 0.3t\,, 0\,\mathrm{s} \leqslant t < 50\mathrm{s} \\ 15\,, t \geqslant 50\mathrm{s} \end{cases}$$

$$y_d = \begin{cases} -0.4t\,, 0\,\mathrm{s} \leqslant t < 50\mathrm{s} \\ -20\,, t \geqslant 50\mathrm{s} \end{cases}$$

$$z_d = \begin{cases} 0.2t\,, 0\,\mathrm{s} \leqslant t < 50\mathrm{s} \\ 10\,, t \geqslant 50\,\mathrm{s} \end{cases} \tag{8.31}$$

$$\begin{cases} \varphi = 0 \\ \theta = 0 \\ \psi = 0 \end{cases}$$

令 UUV 的初始速度为 0，在仿真中用正弦波与线性函数的组合来模拟外界干扰、模型不确定性以及执行器故障，在求解过程中，$\tau_i (i = 1,2,\cdots,8)$ 为执行

器推力的实际输出，$s_i(i=1,2,\cdots,8)$为理论输出推力与实际输出推力之间的差值。Chasing M2 UUV 推进器的最大输出推力为 15 N，推进器的布置角度是固定的，其中参数为 h_x =0.1 m，h_y =0.15 m，h_z =0.07 m，$\lambda_1=\lambda_2=\lambda_3$ =45°。UUV 六自由度的力与力矩由 8 台推进器根据布置角度合成得到，本节采用 $T_i(i=1,2,\cdots,8)$ 分别表示 UUV 8 台推进器，在仿真中故障设定为 T_1 部分失效与 T_8 卡死，即 $T_{1e}=oT_1, o\in(0,1)$，T_8 =0。

在推力分配模型中，设定推力分配目标函数的参数为

$$\begin{cases}\tilde{\boldsymbol{W}}=\operatorname{diag}\{5,5,5,8,8,8\}\\ \boldsymbol{P}=\operatorname{diag}\{800,800,800,800,800,800\}\end{cases} \tag{8.32}$$

为进一步突出本章所提出方法的性能，将基于 PSO-SQP 的推力分配方法（以下简称 PSO-SQP 法）与当前常用的伪逆法、SQP 法进行对比仿真，仿真结果如图 8.3 ～图 8.5 所示。

图 8.3 为 UUV 在容错控制器作用下的六自由度航迹跟踪曲线。由图 8.3 可知，当 UUV 出现故障时，PSO-SQP 法、SQP 法、伪逆法基本上能对控制器所输出的控制量进行精准控制。在位置跟踪过程中，PSO-SQP 法与 SQP 法响应迅速，均能在短时间内跟踪目标航迹，但相比于 SQP 法，PSO-SQP 法有更好的稳态性能，在横荡与纵荡自由度内有更低的超调量。而伪逆法无法克服执行器输出饱和的问题，这会导致推进器输出动力达不到要求，因此它在垂荡过程中偏离了目标位置。

在姿态跟踪上，三种方法均能够使 UUV 在故障作用下以较为稳定的姿态角进行巡航，其稳态误差都保持在 ±0.1 rad 以内，综上可知，三种方法在总体性能上均有较好的鲁棒性。

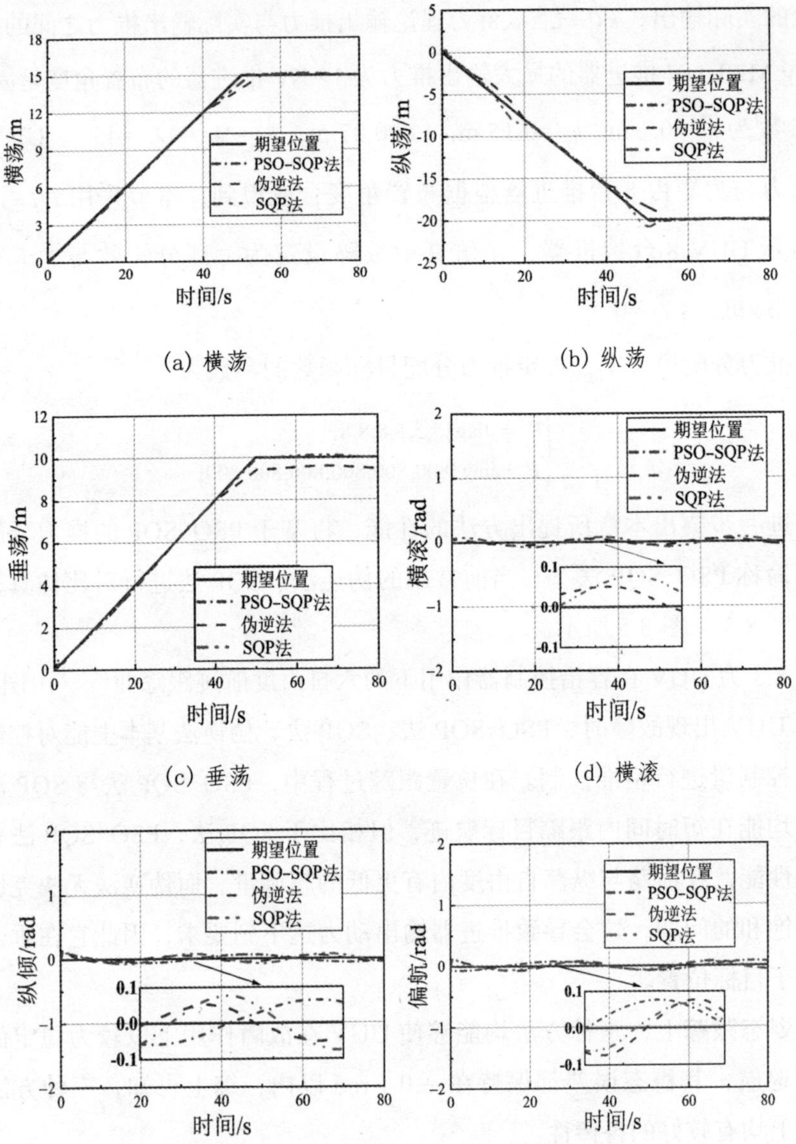

(a) 横荡　(b) 纵荡

(c) 垂荡　(d) 横滚

(e) 纵倾　(f) 偏航

图 8.3　UUV 六自由度航迹跟踪曲线

图 8.4 与图 8.5 分别为非故障下 UUV 各推进器在推力分配控制器作用下的推力输出曲线与故障下 UUV 六自由度上的推力与期望值误差曲线。由图 8.4 可以看出，在第 40 s 后，通过调整推进器权值矩阵模拟推进器 T_1 的失效故障与 T_8 的卡死故障，$T_2 \sim T_7$ 6 台推进器的推力发生变化，推进器的最大输出推

力为 15 N。由此可知，伪逆法虽然原理简单，无太多参数变化，但当 UUV 出现多台推进器故障、冗余分配推力太大时，容易导致推进器进入饱和状态。在仿真中，T_3、T_7 推进器便超过了最大输出推力，导致单自由度上推力不足。而 PSO-SQP 法与 SQP 法均能够合理地对推力进行分配，且克服了输出饱和问题，但 PSO-SQP 法相对于 SQP 法跳出了局部最优解，依靠 PSO 全局寻优能力，在满足推力的情况下有更低的功率消耗，其中各台推进器的能耗降低量如表 8.1 所示。

表 8.1　各台推进器的能耗降低量

推进器	T_2	T_3	T_4	T_5	T_6	T_7
能耗降低量 /%	3.2	8.5	3.0	3.9	7.8	2.5

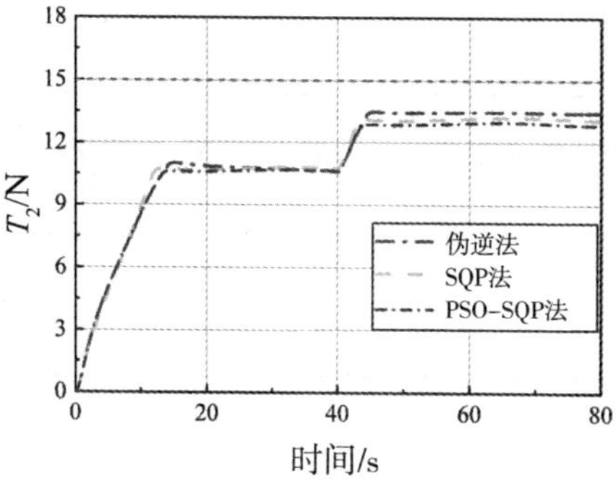

(a) 2# 推进器

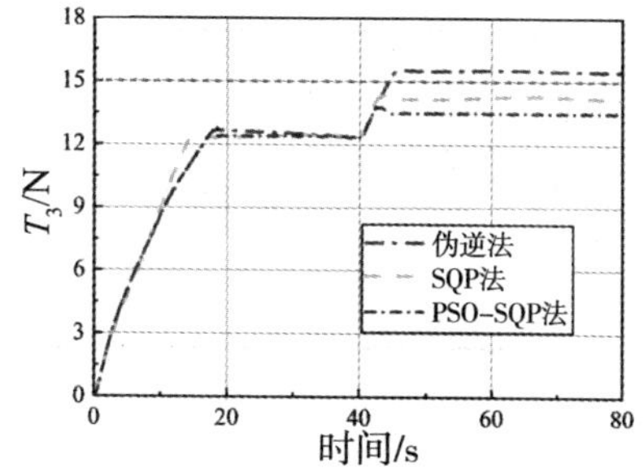

(b) 3# 推进器

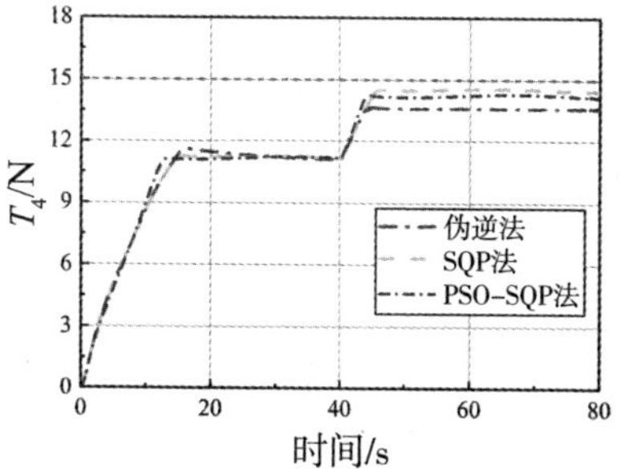

(c) 4# 推进器

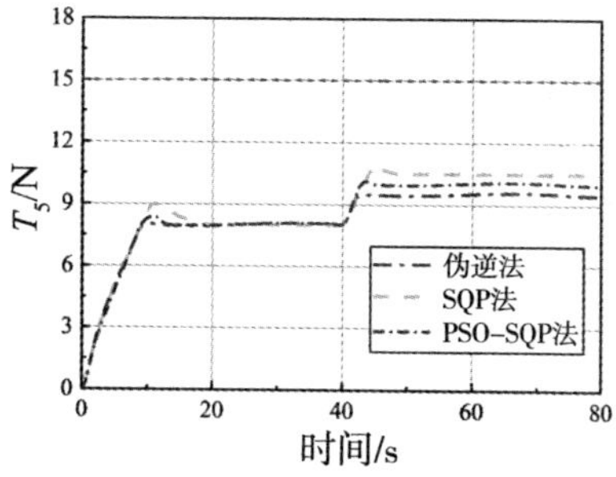

(d) 5# 推进器

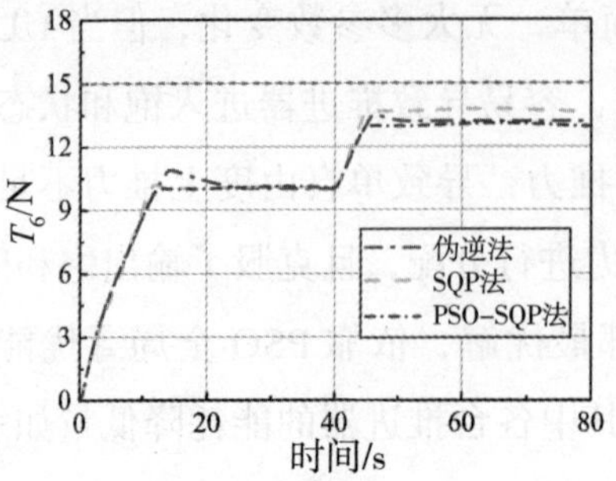

(e) 6# 推进器

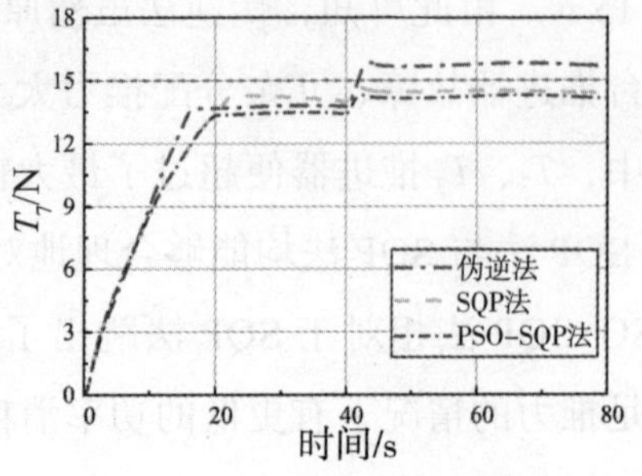

(f) 7# 推进器

图 8.4　非故障下 UUV 各推进器的推力输出曲线

图 8.5 中各自由度的推力补偿在 10 s 左右完成，且稳态误差小于 0.2 N，综合仿真结果，本章所提出的 PSO-SQP 法针对 UUV 容错控制的推力分配部分表现出良好的优化性能，相较于当下常用的伪逆法与 SQP 法，体现出了在非线性控制系统中的较强的鲁棒性与实用性。

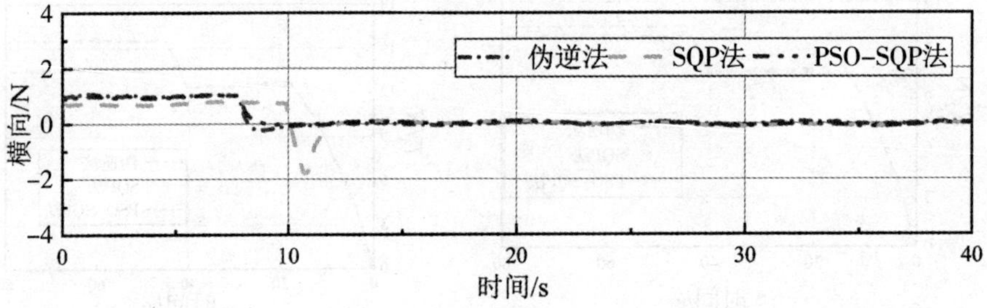

(a) 横向

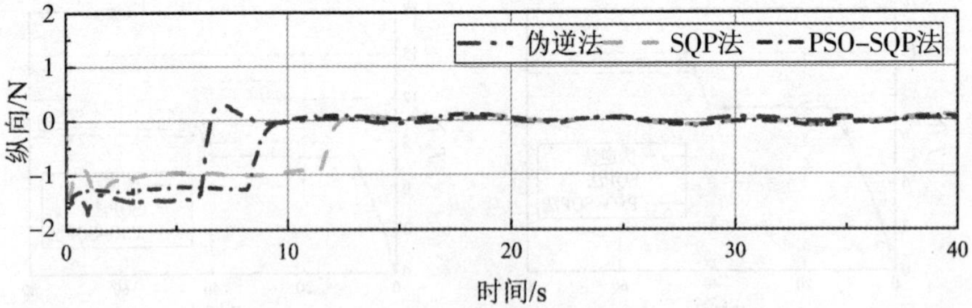

(b) 纵向

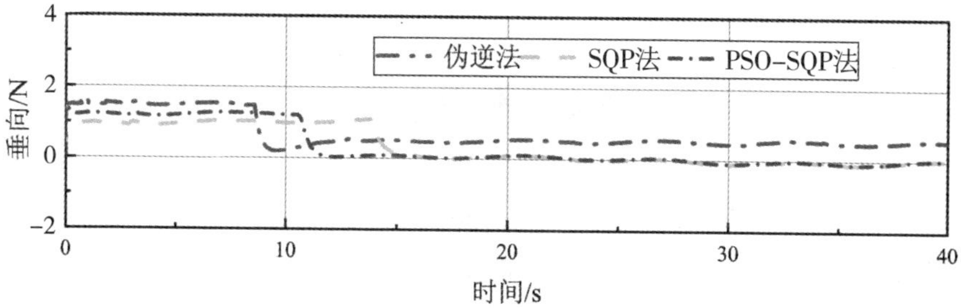

(c) 垂向

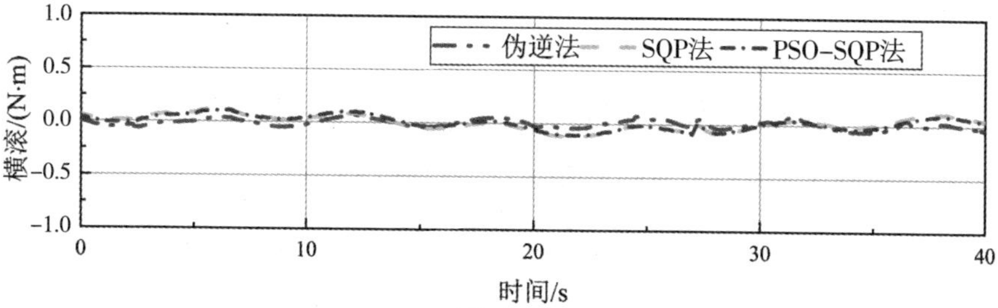

(d) 横滚

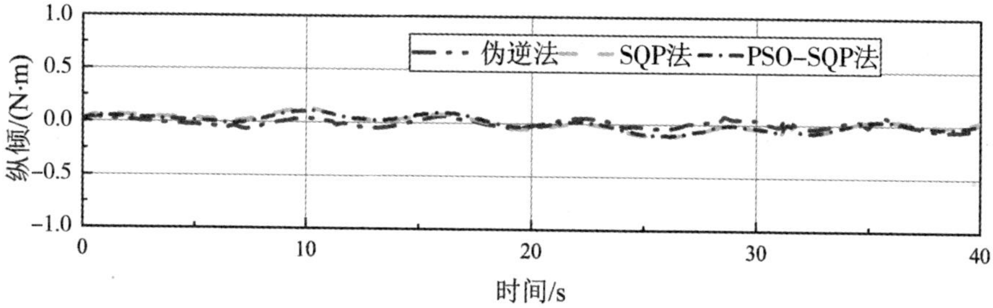

(e) 纵倾

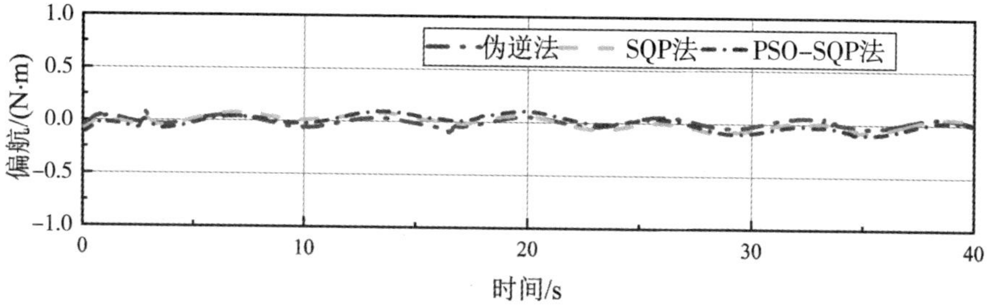

(f) 偏航

图 8.5　故障下 UUV 六自由度上的推力与期望值误差曲线

8.4 本章小结

本章针对UUV容错控制中推进系统出现的输出饱和与能耗高的问题，对UUV推进系统进行动力规划分配，提出基于PSO-SQP的推力分配方法。利用粒子群算法的全局寻优能力找出符合特定条件的全局最优解，将其作为SQP的初始值，在饱和约束下求解SQP法得到最佳推力分配方案，并且对比当下常用的伪逆法与SQP法，通过MATLAB仿真证明了本章提出的PSO-SQP法不仅解决了推力饱和问题，还找到了同时拥有全局与局部最优的极值，降低了输出能耗，提高了UUV工作时的稳定性与可靠性。

第 9 章　UUV 容错控制实验

9.1　引言

前面章节利用 MATLAB 仿真平台验证了所设计容错控制方法的优越性，为进一步了解其在实际应用中的有效性，本章对 UUV 的容错控制方法进行水池实验验证。该实验基于本书设计的容错控制器与推力分配方法，搭建了由 UUV 与水面控制台共同构成的实验平台，通过观察故障 UUV 在本书所提出方法下定深、定向巡航时的响应，将其分别与 PID 方法和伪逆法作对比验证，分析并证明了所提出方法的优越性。

9.2　实验设备及平台

本章实验用的 UUV 样机为 Chasing M2 UUV，如图 9.1 所示。该 UUV 机体采用开架式结构，其主体结构除本体框架之外，动力方面由水下电机与 8 组三叶螺旋桨推进器组成，探测方面包含 2 只大功率可调节照明灯、1 台高清 4K 摄像机。空间存储装置为 1 个电子舱，用来放置电池、控制装置、姿态传感器等电子设备，脐带电缆接入电子舱中，负责实时双向传输操控信号和数据图像。推进器采用全矢量对称布局，能够实现纵向、横向、垂向、横滚、纵倾和偏航六自由度的姿态运动，其最大下潜深度为 328 英尺（1 英尺 =0.3048 m），最大航行速度为 1.5 m/s。

(a) 样机 1

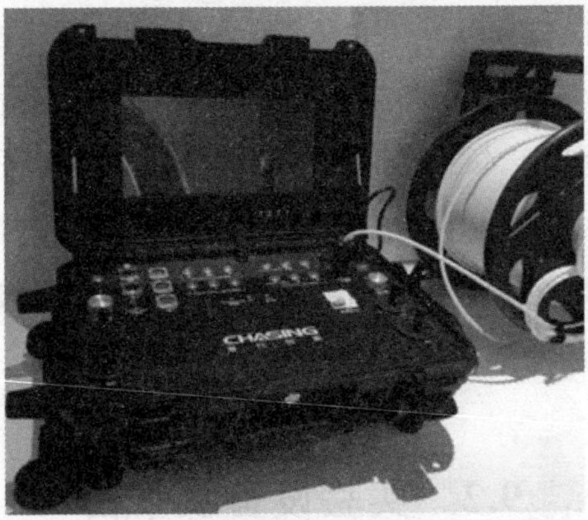

(b) 样机 2

图 9.1　水池实验 UUV 样机

水池实验平台包含水面与水下控制终端两部分，水面站作为水面控制系统，不仅拥有实时画面监测、位姿数据采集统计、续航温度等传感器信息，还能够实时对 UUV 运动状态及控制器参数作出调整，同时拥有航速、航向模式设置功能，与 UUV 通过 MAVLink 通信协议进行数据的连接与传输，将 Mission Planner 作为 UUV 与水面控制系统的上位机软件。其中，MAVLink 通信协议于 2009 年首次发布，常用于载具、地面站的通信，具有高效性、可靠性等特点，适应多种计算机语言，能够很好地契合人机交互系统。Mission Planner 作为地面站软件，能够在 UUV 完成实验后生成航行日志，也能够在实验过程中规划航线、模拟巡航，方便提取实验中 UUV 的位姿、速度、力矩等信息。

水池实验的水下控制系统主要由图像采集模块、照明模块、传感器模块、执行器模块、动力控制模块及连接模块组成，各组成模块由其相应结构单元构成，其具体组成部分如表 9.1 所示。UUV 的容错控制系统基本由传感器模块、执行器模块、动力控制模块共同组成。其中，动力控制模块是整个容错控制系统的核心部分，其内部采用双置控制器模式，主从控制器分别采用 STM32F427 处理器与 STM32F100 处理器，包含多个外部接口，能够同时多线程输出脉冲电流及接收来自传感器与计算机终端的信息指令。主从控制器通过异步发生器 UART 进行通信连接，处理 UUV 实时状态与连接模块的信号。

表 9.1　水下控制系统的模块及其组成部分

模块	组成部分
图像采集模块	高清摄像机、图形处理器
照明模块	LED 灯、补光灯
传感器模块	温度传感器、深度计、测距声呐
执行器模块	推进器、电子调速器
动力控制模块	运动控制器
连接模块	信息接收器、协同计算机、脐带电缆

在 UUV 巡航过程中，传感器将运动过程的探测信息进行分析处理后通过协同计算机传输给动力控制模块。容错控制器结合水面控制终端的控制指令，得到相应控制律并输出控制电压（作用于执行器模块），它们通过电子调速器作用于各台推进器，以补偿 UUV 的动力损失，最后通过脐带电缆的网络连接将传感器模块与图像采集模块的实时信息传输到水面控制终端。UUV 水下控制系统的具体结构如图 9.2 所示。

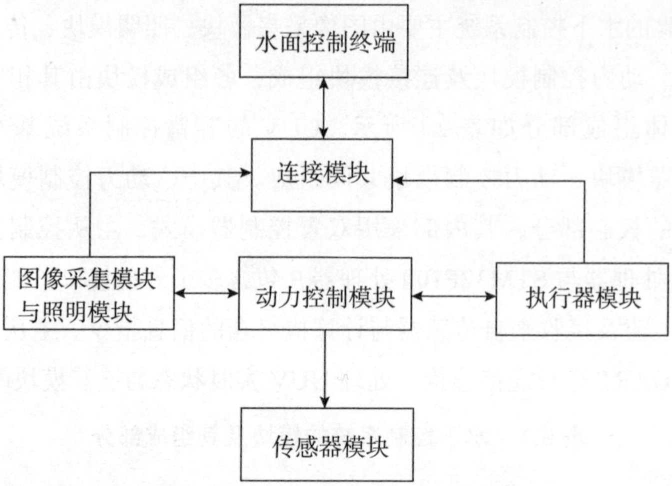

图 9.2　UUV 水下控制系统的具体结构

UUV 实验水池的长度、宽度、高度分别为 15 m、10 m、5 m，由于其为静水池，故忽略其外界干扰。在开始前，由地面终端调节控制器将相应参数及容错控制算法编码烧录入控制器；调节相应推进器的参数配置，在指定时间内限制所选推进器的输出，模拟故障。完成准备工作后，在实验过程中读取并记录 UUV 故障时的运动状态及各推进器的输出情况。UUV 水池实验现场环境如图 9.3 所示。

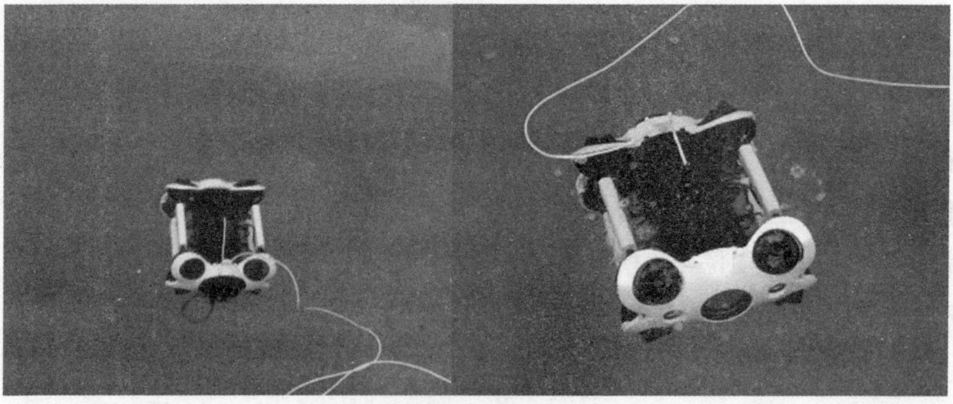

图 9.3　UUV 水池实验现场环境

9.3　基于容错控制方法的水池实验

此部分验证了本书第 3 章所提出的自适应 RBF 积分终端滑模方法在实际应用中的有效性，设定 UUV 的初始位姿信息为 $\boldsymbol{\eta}_d=(0,0,0,0,0,0)^{\mathrm{T}}$。开始时由地面终端发出指令，使 UUV 根据指定航迹航行，实验抽取纵荡与垂荡数据进行分析，目标航迹为 u_d =0.2 m/s, w_d =0.1 m/s，30 s 后定位在原处。在实验过程中，通过地面终端模拟 UUV 在第 20 s 出现的 T_1、T_5 与 T_8 推力部分损失情况，将本书方法与 PID 方法进行对比并在实验结束后读取日志数据，其中速度响应曲线与位移响应曲线如图 9.4、图 9.5 所示。

由图 9.4 可以看出，在两种控制器的作用下，UUV 的速度均在 5 s 内跟踪到设定值；在故障出现时，出现较小的波动并在短时间内恢复到正常的工作状态。相对于 PID 方法，本书方法的超调量在加速度大的区域降低了 25%，且响应速度提高了 30%，本书方法拥有更好的瞬态性能。

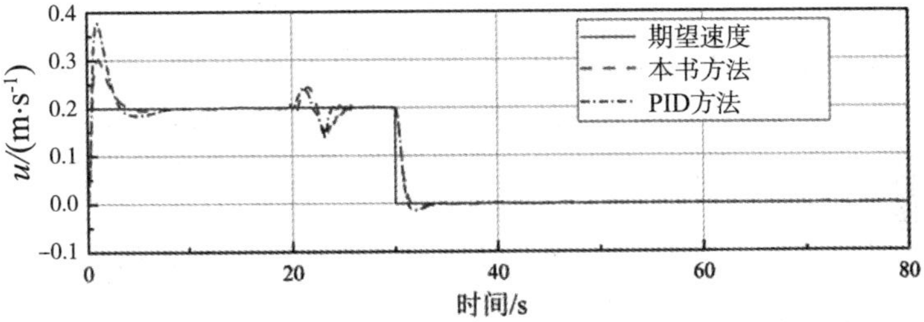

(a) u 速度响应曲线

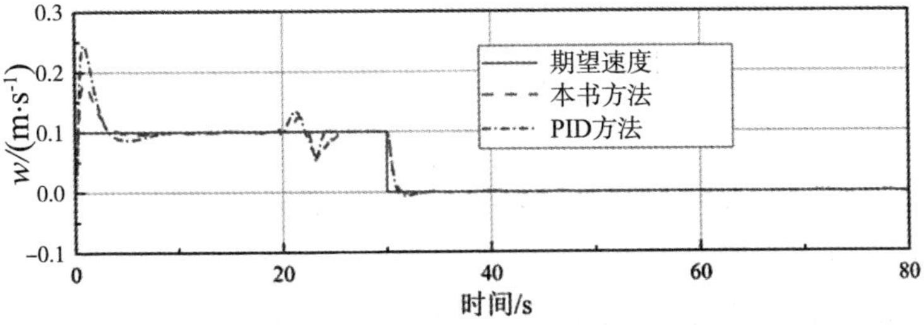

(b) w 速度响应曲线

图 9.4　速度响应曲线

由图 9.5 可知，UUV 能够较好地跟踪地面终端的位置指令，在故障发生后，两种控制方法均能够快速响应，能够在 30 s 后稳定完成定深任务，且稳态误差稳定在 0.1 m 之内，在实验过程中，本书方法在稳态性能上优于 PID 方法，在横荡与垂荡上其误差分别降低了 20% 与 7%。而且故障发生时，本书方法在垂荡自由度上表现出更快的响应速度。这证明了本书方法对于执行器故障容错的可行性，且相对于 PID 方法有更好的稳定性与鲁棒性。

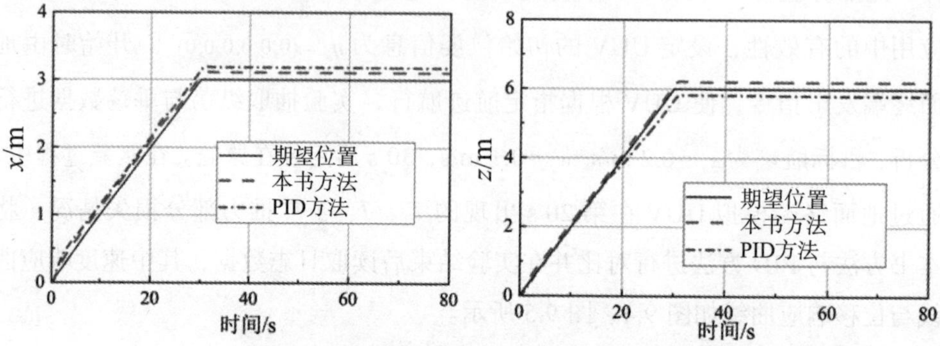

(a) x 方向上的位移响应曲线　　(b) z 方向上的位移响应曲线

图 9.5　位移响应曲线

9.4　基于推力分配方法的水池实验

本节实验针对容错控制过程中执行器的输出处理部分，基于第 4 章所提出的推力分配方法（PSO–SQP 法），验证其在实际应用中的性能。在实验过程中将本书方法与现阶段常用的伪逆法进行对比，设定初始位姿均为 0，实验完成后读取地面终端的日志数据并采用 MATLAB 软件绘制数据曲线。其中，推进器的输出曲线如图 9.6 所示。

由图 9.6 可以看出，本书提出的 PSO–SQP 法能够很好地处理来自控制器的控制信号，合理地规划推进器的输出，在控制信号突变与故障发生时能够快速响应，并在 4 s 内恢复到正常状态，30 s 后的定深指令处于很好的稳定状态，其稳态误差波动在 0.6 N 以内。相较于伪逆法，PSO–SQP 法有更小的超调量与更快的响应速度，更重要的是避免了推进器 T_2、T_6 的输出饱和现象。综上可知，本书提出的 PSO–SQP 法在 UUV 容错控制中的推力分配部分具有可行性，且相比伪逆法有更好的可靠性与稳定性。

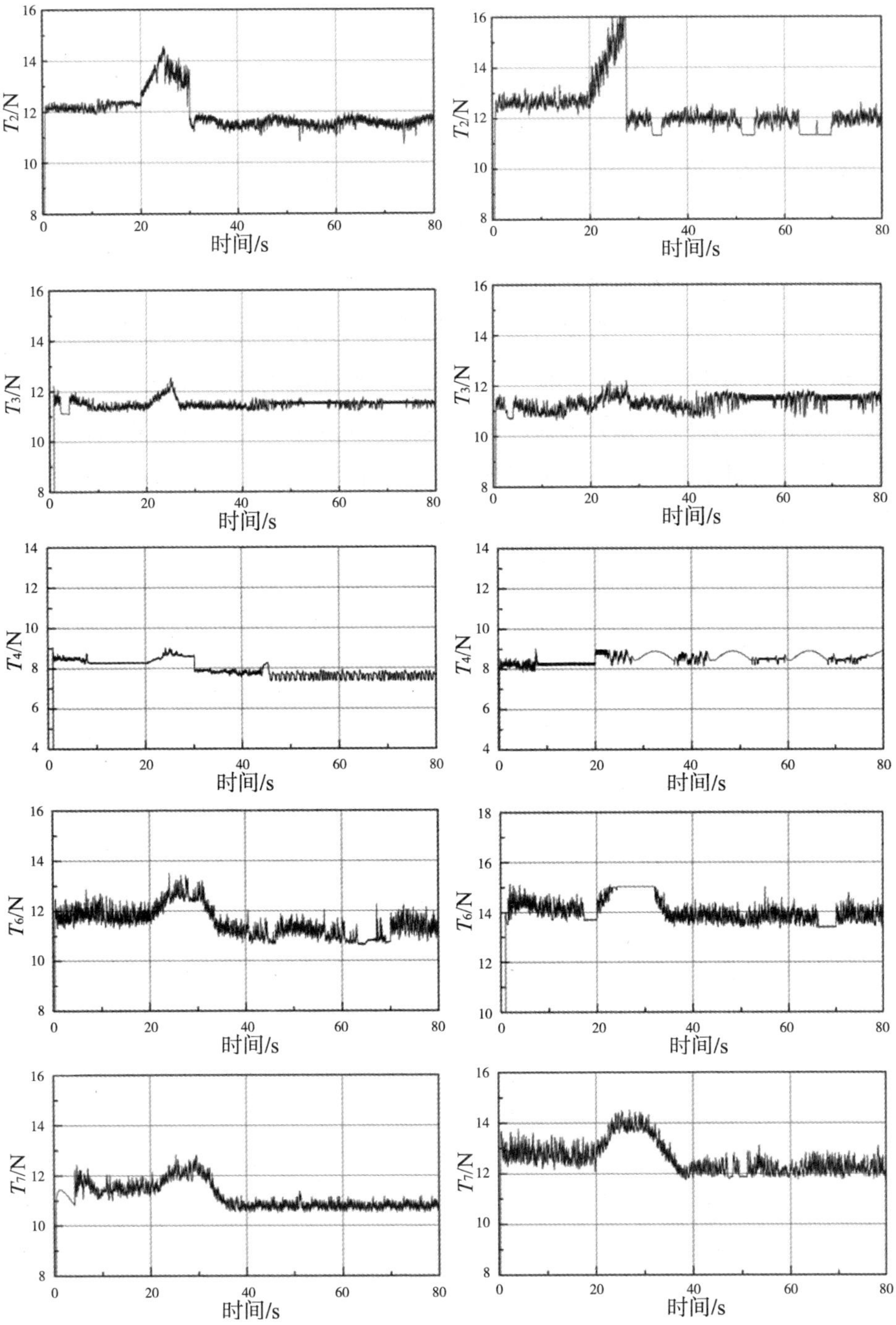

（a）PSO-SQP 法　　　　（b）伪逆法

图 9.6　推进器的输出曲线

9.5 本章小结

本章为验证 UUV 容错控制中所设计的容错控制器与推力分配方法在实际应用中的可靠性，搭建了水池实验平台并选择了一款 UUV 进行水池实验，对给定目标航迹的跟踪效果及在故障下的各数据的变化情况进行了分析。实验结果表明，本书提出的容错控制方法在航迹跟踪与推力分配上均表现出较好的效果，由于故障的加入与 UUV 的自身系统的不可建模因素及传感器误差，推进器输出抖振与 UUV 的运动速度出现了波动，但均在不影响 UUV 正常工作的范围之内，这可以证明自适应 RBF 积分终端滑模方法与 PSO-SQP 法在实际应用中的可行性，它们在性能上优于 PID 方法和伪逆法。

参考文献

[1] 王上，孟君，陈晓松，等 . 地球系统复杂性研究综述 [J]. 北京师范大学学报（自然科学版），2023，59（5）：796–805.
[2] 张宇伯 . 习近平关于海洋生态环境治理重要论述研究 [D]. 大连：大连海事大学，2023.
[3] 崔晓菁 . 中国海洋资源开发现状与海洋综合管理策略 [J]. 管理观察，2019（17）：63–64.
[4] 姜春起，金玉臣，高连烨，等 . 海洋平台作业状态监测系统应用 [J]. 船海工程，2021，50（3）：141–146.
[5] 金永明 . 新时代海洋强国战略的演进历程与重要成就 [J]. 国家治理，2024（2）：40–45.
[6] 王茹俊，王丹 . 习近平海洋生态文明观的历史演进、理论意蕴及价值取向 [J]. 江苏海洋大学学报（人文社会科学版），2022，20（3）：1–10.
[7] 盛亮，余鹏，赵莉，等 . 考虑海流影响的 AUV 航路规划算法对比研究 [J]. 海军工程大学学报，2021，33（4）：101–106.
[8] 张贺贺，张宝雷，孙冰 . 浅水观察小型 ROV 结构设计与优化 [J]. 船海工程，2023，52（2）：62–65.
[9] 党召凯 . 水下机器人运动姿态控制方法研究 [D]. 赣州：江西理工大学，2023.
[10] 黄琰，李岩，俞建成，等 .AUV 智能化现状与发展趋势 [J]. 机器人，2020，42（2）：215–231.
[11] 唐军，党召凯，洪枝敏，等 . 基于最小二乘的水下机器人磁力计标定 [J]. 电子器件，2023，46（4）：1140–1145.
[12] ZHU C，HUANG B，ZHOU B，et al. Adaptive model-parameter-free fault-tolerant trajectory tracking control for autonomous underwater vehicles[J].ISA Transactions，

2021，114：57–71.

[13] TANG J，DANG Z K，DENG Z C，et al. Adaptive fuzzy nonlinear integral sliding mode control for unmanned underwater vehicles based on ESO[J].Ocean Engineering，2022，266（5）：113154.

[14] KHAN A，WANG L Q，WANG G，et al. Concept design of the underwater manned seabed walking robot[J]. Journal of Marine Science and Engineering，2019，7（10）：366.

[15] 王永鼎，王鹏，孙鹏飞 . 自主式水下机器人控制技术研究综述 [J]. 世界科技研究与发展，2021，43（6）：636–648.

[16] 肖晴晗 . 水下机器人研究现状及趋势分析 [J]. 产业创新研究，2021（20）：25–27.

[17] 郑晓波 . 观测型 ROV 运动控制方法研究 [D]. 哈尔滨：哈尔滨工程大学，2020.

[18] 刘晓阳，杨润贤，高宁 . 水下机器人发展现状与发展趋势探究 [J]. 科技创新与生产力，2018（6）：19–20.

[19] KRISHNAN K S A，KADIYAM J，MOHAN S. Robust motion control of fully/over-actuated underwater vehicle using sliding surfaces[J]. Journal of Intelligent & Robotic Systems，2023，108（4）：60–81.

[20] 赵彦飞 . 水下机器人运动姿态控制技术研究 [D]. 西安：西安工业大学，2018.

[21] 王茜 . 有缆水下机器人运动控制技术研究 [D]. 大庆：东北石油大学，2023.

[22] OKUTANI T，IWASAKI N. Noteworthy abyssal mollusks（excluding vesicomyid bivalves）collected from the Nankai Trough off Shikoku by the ROV KAIKO of the Japan Marine Science & Technology Center[J]. Venus，2003，62（1/2）：1–10.

[23] BOWEN A D，YOERGER D R，TAYLOR C，et al. The Nereus hybrid underwater robotic vehicle for global ocean science operations to 11,000 m depth[C]//OCEANS 2008，Quebec city，Canada，September 15–18，2008. New York：IEEE，2009.

[24] RUA J R，MATEUS H I S，PORRAS W O，et al. Design and construction of a prototype for the launch and recovery of a "SAAB SEAEYE FALCON" ROV for the diving and salvage department of the Colombian Navy[J]. Ship Science and Technology，2019，13（25）：45–52.

[25] KAUFMANN J，LADE C. Sea Wasp combats underwater terrorism ROV detects, handles improvised explosive devices[J]. SEA TECHNOLOGY，2016，57（11）：21–24.

[26] 毕英明 . UUV 航渡过程中容错控制方法的研究 [D]. 哈尔滨：哈尔滨工程大学，2017.

[27] UCHIHORI H. The future of autonomous underwater vehicle control[J].Advanced Control for Applications，2021，3（3）：e86.

[28] 康帅，俞建成，张进 . 微小型自主水下机器人研究现状 [J]. 机器人，2023，45（2）：218–237.

[29] 封锡盛，李一平 . 海洋机器人 30 年 [J]. 科学通报，2013（增刊 2）：2–7.

[30] 梁波，赵宏宇，王楠 . 水下机器人在中国的早期发展 [J]. 科学，2022，74（3）：53–56.

[31] 付宏文 . 基于可旋转推进器的水下机器人控制方法研究 [D]. 沈阳：东北大学，2016.

[32] 徐刚，葛彤，朱继懋，等 ."海龙 –3500"深海潜水器的变长缆运动建模与仿真 [J]. 造船技术，2005（5）：22–26，21.

[33] 连琏，马厦飞，陶军 ."海马"号 4500 米级 ROV 系统研发历程 [J]. 船舶与海洋工程，2015，31（1）：9–12.

[34] 王海龙，张奇峰，崔雨晨，等 . 深海遥控无人潜水器脐带缆动态特性及张力抑制方法 [J]. 南京理工大学学报，2021，45（1）：105–115.

[35] 尚岩，王云飞，朱延雄，等 . 青岛市无人潜水器产业化建议 [J]. 中国科技信息，2018（1）：54–56.

[36] 许裕良，杜江辉，雷泽宇，等 . 水下机器人在渔业中的应用现状与关键技术综述 [J]. 机器人，2023，45（1）：110–128.

[37] 王永鼎，王鹏，孙鹏飞 . 自主式水下机器人控制技术研究综述 [J]. 世界科技研究与发展，2021，43（6）：636–648.

[38] 赵羿羽 . 水下遥控机器人最新发展动向 [J]. 中国船检，2020（8）：51–55.

[39] 王福利，任宝祥 . 我国自主 / 遥控水下机器人研究现状 [J]. 机械管理开发，2023，38（7）：94–96.

[40] 邱晨辉，任思远 . 10767 米！我国无人潜水器下潜新纪录诞生 [J]. 军事文摘，2016（20）：34–37.

[41] HOSSEINI M，NOEI A R，ROSTAMI S J S. Trajectory tracking control of an underwater vehicle in the presence of disturbance, measurement errors, and actuator dynamic and nonlinearity[J]. Robotica，2023，41（10）：3059–3078.

[42] WANG H J，REN J F，HAN M X，et al. Robust adaptive three-dimensional trajectory tracking control for unmanned underwater vehicles with disturbances and uncertain dynamics[J]. Ocean Engineering，2023，289：116184.

[43] MA C P，JIA J J，ZHANG T D, et al. Horizontal trajectory tracking control for underactuated autonomous underwater vehicles based on contraction theory[J]. Journal of Marine Science and Engineering，2023，11（4）：805.

[44] LI J J，XIANG X B，DONG D L，et al. Prescribed time observer based trajectory tracking control of autonomous underwater vehicle with tracking error constraints[J]. Ocean Engineering，2023，274（15）：114018.

[45] SEDGHI F，AREFI M M，ABOOEE A. Command filtered-based neuro-adaptive robust finite-time trajectory tracking control of autonomous underwater vehicles under stochastic perturbations[J]. Neurocomputing，2023，519：158–172.

[46] LONDHE P S，PATRE B M. Adaptive fuzzy sliding mode control for robust trajectory tracking control of an autonomous underwater vehicle[J]. Intelligent Service Robotics，2019，12（1）：87–102.

[47] BAO H，ZHU H T，LI X F，et al. APSO-MPC and NTSMC cascade control of fully-actuated autonomous underwater vehicle trajectory tracking based on RBF-NN compensator[J]. Journal of Marine Science and Engineering，2022，10（12）：1867.

[48] 孙旭瑶 . 基于高阶滑模控制的水下机器人轨迹跟踪算法研究 [D]. 秦皇岛：燕山大学，2023.

[49] 夏伦峰 . 基于神经网络的遥控水下机器人轨迹跟踪研究 [D]. 合肥：合肥工业大学，2022.

[50] 饶志荣，董绍江，王军，等 . 基于干扰观测器的 AUV 深度自适应终端滑模控制 [J]. 北京化工大学学报（自然科学版），2021，48（1）：103–110.

[51] 王震．缆控水下机器人水动力建模与运动控制研究 [D]. 济南：山东大学，2019.

[52] 周东华，孙优贤．控制系统的故障检测与诊断技术 [M]. 北京：清华大学出版社，1994.

[53] 邱帅，吕瑞，范辉，等．基于 CAM 矩阵的水下机器人容错控制方法 [J]. 水下无人系统学报，2021，29（1）：104–110.

[54] 李一强，王雪梅．针对传感器故障的容错控制方法研究 [J]. 石油化工自动化，2010（6）：14–17.

[55] FLOQUET T，EDWARDS C，SPURGEON S K. On sliding mode observers or systems with unknown inputs[J]. International Journal of Adaptive Control and Signal Processing，2007，21（8/9）：638–656.

[56] 周玉国．容错控制系统设计方法研究 [D]. 沈阳：东北大学，2002.

[57] 徐高飞．水下机器人故障诊断与试验测试方法研究 [D]. 北京：中国科学院大学，2019.

[58] 张铭钧，王玉甲，朱大奇，等．水下机器人故障诊断理论与技术 [M]. 哈尔滨：哈尔滨工程大学出版社，2016.

[59] 李勋．基于数据驱动的自主式水下机器人故障诊断 [D]. 青岛：中国海洋大学，2018.

[60] ZHANG Z T，ZHANG X F，YAN T H，et al. Data-driven fault detection of AUV rudder system: a mixture model approach[J].Machines，2023，11（5）：551.

[61] CHE G F，YU Z. ADP based output-feedback fault-tolerant tracking control for underactuated AUV with actuators faults[J].Journal of Intelligent & Fuzzy Systems，2023，45（4）：1–13.

[62] YU D C，ZHU C G，ZHANG M J，et al. Experimental study on multi-domain fault features of AUV with weak thruster fault[J].Machines，2022，10（4）：236.

[63] 王子威．四旋翼水下机器人运动控制与推进器故障诊断方法研究 [D]. 镇江：江苏科技大学，2022.

[64] 唐军，洪枝敏，罗瑞智，等．基于 PSO 优化的 LADRC 水下机器人深度控制 [J]. 舰船科学技术，2022，44（13）：111–116.

[65] 胡维莉，朱大奇，刘静．基于遗传算法的 UUV 的容错控制律重构方法 [J]. 控制工程，

2011，18（3）：413–416，428.

[66] 朱大奇，刘乾，胡震. 无人水下机器人可靠性控制技术 [J]. 中国造船，2009，50（2）：183–192.

[67] 杨光红，张志慧. 基于区间观测器的动态系统故障诊断技术综述 [J]. 控制与决策，2018，33（5）：769–781.

[68] KADIYAM J，PARASHAR A，MOHAN S，et al. Actuator fault-tolerant control study of an underwater robot with four rotatable thrusters[J].Ocean Engineering，2020，197：106929.

[69] FILARETOV V，ZUEV A，ZHIRABOK A. Development of fault-tolerant control system for actuators of underwater manipulators[J].International Journal of Mechanical Engineering and Robotics Research，2019，8（5）：742–747.

[70] DOS SANTOS C H F，CARDOZO D I K，REGINATTO R，et al. Bank of controllers and virtual thrusters for fault-tolerant control of autonomous underwater vehicles[J].Ocean Engineering，2016，121：210–223.

[71] REMMAS W，CHEMORI A，KRUUSMAA M. Fault-tolerant control allocation for a bio-inspired underactuated AUV in the presence of actuator failures: design and experiments[J].Ocean Engineering，2023，285（1）：115327.

[72] CAPOCCI R，OMERDIC E，DOOLY G，et al. Fault-tolerant control for ROVs using control reallocation and power isolation[J].Journal of Marine Science and Engineering，2018，6（2）：40.

[73] ISMAIL Z H，FAUDZI A A，DUNNIGAN M W. Fault-tolerant region-based control of an underwater vehicle with kinematically redundant thrusters[J].Mathematical Problems in Engineering，2014，2014（4）：1–12.

[74] CHOI J K，KONDO H，SHIMIZU E. Thruster fault-tolerant control of a hovering AUV with four horizontal and two vertical thrusters[J].Advanced Robotics，2014，28（4）：245–256.

[75] HOSSEINNAJAD A，MOHAJER N，NAHAVAND S. Novel barrier Lyapunov function-based backstepping fault tolerant control system for an ROV with thruster constraints[J].Ocean Engineering，2023，285（1）：115312.

[76] HOSSEINNAJAD A，LOUEIPOUR M. Velocity-based tuning of degree of homogeneity for finite-time stabilization and fault tolerant control of an ROV in the presence of thruster saturation and rate limits[J].Nonlinear Dynamics，2023，111（9）：8253–8274.

[77] MAZARE M. Distributed adaptive fault tolerant formation control for multiple underwater vehicles: free-will arbitrary time approach[J].Ocean Engineering，2023，286：115601.

[78] GUO G Y，ZHANG Q，ZHANG Y，et al. Adaptive neural network projection analytical fault-tolerant control of underwater salvage robot with event trigger[J].Frontiers in Neurorobotics，2023，16：1082251.

[79] 颜明重，刘乾，朱大奇，等 . 基于神经网络的水下机器人容错控制方法与实验研究 [J]. 船海工程，2009，38（5）：138–141，161.

[80] 孙啸天，曾庆军，尚乐，等 . 基于推力分配的自主水下机器人推进器容错控制研究 [J]. 软件导刊，2023（11）：118–122.

[81] 闵博旭，高剑，井安言，等 . 基于事件触发的水下滑翔机自适应容错俯仰控制 [J]. 兵工学报，2023，44（7）：2092–2100.

[82] 经慧祥，侯冬冬，王凯，等 . 水下作业机器人滑模自抗扰控制方法研究 [J]. 舰船科学技术，2023，45（1）：101–107.

[83] 张瀚文，王俊雄 . 基于自适应反步滑模的 AUV 推进器容错控制 [J]. 水下无人系统学报，2021，29（4）：420–427.

[84] 程相勤，曲镜圆，严浙平，等 . 水下无人潜航器航向 H_∞ 鲁棒容错控制器设计 [J]. 船舶与海洋工程学报（英文版），2010（1）：87–92.

[85] 尹庆华，王娜，李广有 . 基于观测器的自主式水下机器人反步容错控制 [J]. 控制工程，2024，31（1）：48–53.

[86] 王观道，向先波，李锦江，等 . 面向过驱动 UUV 推进器容错控制的非线性观测自适应推力分配 [J]. 中国舰船研究，2022，17（5）：175–183.

[87] YUAN C R，SHUAI C G，MA J G，et al. An efficient control allocation algorithm for over-actuated AUVs trajectory tracking with fault-tolerant control[J].Ocean Engineering，2023，273：113976.

[88] LIU F Q，TANG H，LUO J，et al. Fault-tolerant control of active compensation toward

actuator faults: an autonomous underwater vehicle example[J].Applied Ocean Research，2021，110：102597.

[89] XU J，WANG X，DUAN Q Y. Active fault tolerant control based on compound iterative learning observer for trajectory tracking of autonomous underwater vehicles[J].Ocean Engineering，2023，286：115540.

[90] WANG X，XU J，LIU P. Adaptive non-singular integral terminal sliding mode-based fault tolerant control for autonomous underwater vehicles[J].Ocean Engineering，2023，267：113299.

[91] 施生达 . 潜艇操纵性 [M]. 北京：国防工业出版社，2021.

[92] 王子梦 . 基于 MEMS 传感器的水下机器人姿态估计研究 [D]. 赣州：江西理工大学，2021.

[93] FOSSEN T I. Handbook of marine craft hydrodynamics and motion control[M]. New York：John Wiley & Sons Ltd.，2011.

[94] 周长鹤 . 小型观光潜水器结构设计及推力分配策略研究 [D]. 哈尔滨：哈尔滨工程大学 , 2020.

[95] ZOHRA M F，MOKHTAR B，BENYOUNES M. Sliding mode performance control applied to a DFIG system for a wind energy production[J]. International Journal of Electrical and Computer Engineering，2020，10（6）：6139–6152.

[96] 马瑞梓，张艺婕 . 基于 RBF 神经网络的鲁棒因子滑模变结构多自由度机械臂精确跟踪控制研究 [J]. 系统科学与数学，2023，43（1）：1–14.

[97] HUANG X Q，LIN W，YANG B. Global finite-time stabilization of a class of uncertain nonlinear systems[J]. Automatica，2005，41（5）：881–888.

[98] LEVANT A. Robust exact differentiation via sliding mode technique[J]. Automatica，1998，34（3）：379–384.

[99] 褚振忠，朱大奇，张铭钧 . 基于终端滑模观测器的水下机器人推进器故障重构 [J]. 上海交通大学学报，2015，49（6）：837–841.

[100] ZUO Z Y. Nonsingular fixed-time consensus tracking for second-order multi-agent networks[J]. Automatica，2015，54：305–309.

[101] 李新飞，马强，袁利毫，等 . 作业型 ROV 矢量推进建模及推力分配方法 [J]. 船

舶力学，2020，24（3）：332–341.

[102] 张法富，刘波，刘鸿雁，等．动力定位系统推力分配算法研究 [J]. 船海工程，2013，42（2）：125–129.

[103] 邹博，刘维亭，戴晓强．水下机器人姿态控制方法仿真研究 [J]. 计算机仿真，2018，35（9）：363–368.

[104] JEUNG Y C，LEE D C. Voltage and current regulations of bidirectional isolated dual-active-bridge DC-DC converters based on a double-integral sliding mode control[J]. IEEE Transactions on Power Electronics，2018，34（7）：6937–6946.

[105] ALMUTAIRI N B，ZRIBI M. Sliding mode control of coupled tanks[J]. Mechatronics，2006，16（7）：427–441.

[106] 雷荣华，付晓东，陈力．柔性空间机器人快速终端滑模容错抑振控制 [J]. 中国惯性技术学报，2023，31（9）：940–948.

[107] BHAT S P，BERNSTEIN D S. Continuous finite-time stabilization of the translational and rotational double integrators[J]. IEEE Transactions on Automatic Control，1998，43（5）：678–682.

[108] ZHANG M J，LIU X，YIN B J，et al. Adaptive terminal sliding mode based thruster fault tolerant control for underwater vehicle in time-varying ocean currents[J]. Journal of the Franklin Institute，2015，352（11）：4935–4961.

[109] 孙啸天，曾庆军，尚乐，等．基于推力分配的自主水下机器人推进器容错控制研究 [J]. 软件导刊，2023，22（11）：118–122.

[110] 王观道，向先波，李锦江，等．面向过驱动 UUV 推进器容错控制的非线性观测自适应推力分配 [J]. 中国舰船研究，2022，17（5）：175–183.

[111] 梅生伟，申铁龙，刘康志．现代鲁棒控制理论与应用 [M]. 2 版．北京：清华大学出版社，2008.

[112] YANG G H，YE D. Reliable H_∞ control of linear systems with adaptive mechanism[J]. IEEE Transactions on Automatic Control，2010，55（1）：242–247.

[113] APKARIAN P，TUAN H D，BERNUSSOU J. Continuous-time analysis, eigenstructure assignment, and H/sub2/ synthesis with enhanced linear matrix inequalities(LMI)

characterizations[J]. IEEE Transactions on Automatic Control，2001，46（12）：1941–1946.

[114] GAO Z F，HAN B，JIANG G P，et al. Active fault tolerant control design approach for the flexible spacecraft with sensor faults[J]. Journal of the Franklin Institute，2017，354（18）：8038–8056.

[115] 尹庆华，王娜，李广有．基于观测器的自主式水下机器人反步容错控制 [J]. 控制工程，2024，31（1）：48–53.

[116] 王三霞 .MIMO 非线性系统自适应控制与稳定性分析 [D]. 聊城：聊城大学，2022.

[117] 周丽芹，傅金辉，宋大雷，等 . 基于高阶干扰观测器的水下滑翔机迭代学习控制 [J]. 现代电子技术，2022，45（23）：97–104.

[118] DENG H，KRSTIC M. Stochastic nonlinear stabilization-I: a backstepping design[J]. Systems & Control Letters，1997，32（3）：143–150.

[119] WANG R，GAO D X，ZHANGYJ. Finite time command filtered adaptive fuzzy control for a twin roll inclined casting system[J]. Metalurgija，2024，63（1）：17–20.